Selbstwählfernverkehr in Bahnfernsprechanlagen

Von

Dr.-Ing. habil. Emanuel Hettwig
und
Dipl.-Ing. Walter Mai

Zweite, erweiterte Auflage

Mit 140 Abbildungen
im Text

Berlin
Springer-Verlag
1944

ISBN-13: 978-3-642-98575-1 e-ISBN-13: 978-3-642-99390-9
DOI: 10.1007/978-3-642-99390-9

Vorwort zur ersten Auflage.

Eine der Hauptaufgaben jeder Fernsprecheinrichtung ist es, niemals Selbstzweck zu sein, sondern sich stets dem betreffenden Einsatzgebiet weitgehend unterzuordnen, sich seinen Eigenheiten anzupassen und alle Sonderforderungen innerhalb der Wirtschaftlichkeit bestens zu erfüllen. Die Fernsprechtechnik hilft dabei nicht nur, den betreffenden Betrieb wirtschaftlicher, schneller, reibungsloser zu gestalten, sondern oft bildet sie überhaupt erst die Voraussetzung für organisatorische oder betriebliche Maßnahmen. Dies hat schon große Bedeutung für die Einrichtungen kleiner Unternehmen, gilt aber in verstärktem Maße für die Fernsprechanlagen großer Werke oder Behörden, von Verkehrsgesellschaften usw. mit oft sehr weitverzweigten Netzen.

Die Vielzahl der Möglichkeiten soll an den Einrichtungen gezeigt werden, die für den Selbstwählverkehr innerhalb großer Bahnfernsprechnetze geschaffen wurden. Das Buch gibt dadurch einen Überblick über ein besonders anspruchvolles Anwendungsgebiet, kennzeichnet aber gleichzeitig auch den hohen Stand der Fernsprechtechnik, die mehr mit allen Einrichtungen der Gegenwart verknüpft ist, als im allgemeinen erkannt wird.

Berlin, Juni 1938. **Die Verfasser.**

Vorwort zur zweiten Auflage.

Obwohl die Technik der Bahn-Fernsprechanlagen in ihrer Grundform in den vergangenen fünf Jahren keine wesentliche Änderung erfahren hat, ist in der zweiten Auflage eine nicht unerhebliche Vermehrung des Stoffes vorgenommen worden.

Die große Zahl von Bahn-Fernsprechanlagen, die in den vergangenen Jahren im In- und Ausland gebaut wurden, ergab neue Betriebserfahrungen. Die Verbreitung, die diese Anlagen über den Bahn-Fernsprechverkehr hinaus auch auf dem Nebenstellengebiet inzwischen gefunden haben, brachte neue Bedingungen mit sich. Dabei mußte naturgemäß in dem vorliegenden Buch entsprechend den Wünschen der verschiedenen Verwaltungen ein Überblick über sämtliche Möglichkeiten gegeben werden, wobei auch die noch in Betrieb befindlichen älteren Anlagen berücksichtigt wurden, selbst wenn deren Technik inzwischen durch neuere Entwicklungsformen abgelöst worden ist. Diese Neuentwicklungen wurden in die in Betracht kommenden Abschnitte eingearbeitet.

Schließlich wurde ein Abschnitt über Befehlsanlagen hinzugefügt. Wenn derartige Anlagen auch nicht unmittelbar zum Selbstwählfernverkehr gehören, so sind sie doch in Technik und Betrieb eng mit diesem Stoff verknüpft, so daß ihre Einfügung wünschenswert erschien.

In bezug auf die Schaltungszeichnungen wurde die im vergangenen Jahr durchgeführte Normung der Bildzeichen nur für neue Abbildungen benutzt. Eine Änderung sämtlicher Schaltungsdarstellungen der ersten Auflage konnte jetzt noch nicht durchgeführt werden.

Berlin, Juni 1943. **Die Verfasser.**

Inhaltsverzeichnis.

Einleitung.

Die Fortschritte im Eisenbahnwesen, einem Gebiet der Technik, das die Öffentlichkeit mit besonderem Interesse verfolgt, werden im allgemeinen schnell bekannt. Dies wird jeder auf Grund eigener Erfahrungen bestätigen können, dabei jedoch vorwiegend an Geschwindigkeitserhöhungen, neuartige Lokomotiven, Elektrifizierung von Bahnstrecken usw. denken. Daß aber hinter allem eine vorzügliche Überwachung arbeitet, wird schon weniger bewußt, und trotzdem ermöglicht sie es erst, die Schöpfungen auf dem Eisenbahngebiet so auszunutzen, daß die gegenwärtigen Beförderungsleistungen sowohl im gewöhnlichen Verkehr als auch in Sonderfällen erzielt werden können. Alle diese Leistungen, sei es im Personen- oder sei es im Güterverkehr, werden von einem sehr gut ausgebauten Nachrichtensystem überwacht und geregelt und können dadurch erst als Dauerzustand bestehen.

Die Bahnverwaltungen der verschiedensten Länder haben daher in der letzten Zeit ihr gesamtes Nachrichtenwesen in großzügiger Weise überholt und den gesteigerten Anforderungen angepaßt. Im Schrifttum (siehe Anhang) sind zahlreiche Kurzberichte über die Technik und Betriebsweise neuzeitlicher Bahn-Fernsprechanlagen — dieser Teil des Nachrichtenwesens soll hier allein behandelt werden — erschienen. Nachdem sich die Technik im praktischen Betrieb bewährt hat, ist es an der Zeit, diese Einzelberichte zu erweitern und durch inzwischen gewonnene Erfahrungen zu vertiefen.

In Zusammenarbeit mit den technischen Stellen zahlreicher Bahnverwaltungen der verschiedenen Länder ist von der Siemens & Halske A.-G. ein Fernsprechsystem entwickelt worden, das den Bedingungen dieses Verkehrs besonders angepaßt ist. Bahn-Fernsprechanlagen gehören zu den sog. nichtöffentlichen Anlagen, d. h. sie stehen nur einem bestimmten Personenkreis und nicht der Allgemeinheit zur Verfügung. Neben dem reinen Bahn-Fernsprechverkehr, der sich über das gesamte Land erstreckt, müssen sie gleichzeitig einen Verkehr mit den Teilnehmern des öffentlichen Netzes zulassen. Sie vereinen daher in sich die Betriebsbedingungen neuzeitlicher Nebenstellenanlagen und die anspruchsvollen Forderungen eines Weitverkehrs über große und größte Entfernungen.

Ein zeitgemäßes Fernsprechnetz nutzt soweit nur irgend möglich die wirtschaftlichen und betrieblichen Vorteile des Wählverkehrs aus. Neuzeitliche Bahn-Fernsprechanlagen, von denen schnellste Abwicklung des Fernsprechverkehrs gefordert wird, sehen daher den Teilnehmer-Selbstwählverkehr auch über größte Entfernungen vor. Durch diese Betriebsforderung werden naturgemäß auch Technik und Aufbau der örtlichen Anlagen beeinflußt. Bevor diese daher besprochen werden, ist ein kurzer Überblick über Fragen der Planung und Kennzahlenvergebung großer Bahn-Fernsprechnetze zweckmäßig. Da die Planung in den meisten Fällen vorhandene Netze berücksichtigen muß, wird sowohl auf die allgemeinen Grundsätze als auch auf Fragen eingegangen, die sich aus dem Umbau vorhandener Anlagen ergeben. Dabei sind Fernsprechnetze zugrunde gelegt, die in den letzten Jahren von der Siemens & Halske A.-G. zusammen mit den zuständigen Stellen der verschiedenen Verwaltungen geplant und ausgeführt worden sind.

Eine Netzplanung hat die jeweils auftretenden Betriebsbedingungen auf wirtschaftlichste Weise zu erfüllen. Eine starre Form, nach der etwa die gesamte Planung vorzugehen hat, besteht nicht. Vielmehr sind die verschiedenen Grundsätze der Leitungsausnutzung, der Übertragungstechnik u. a. m. so einzusetzen und auszuwerten, daß alle betrieblichen Fragen und die vorhandenen Mittel weitgehend berücksichtigt werden. Die hier angestellten Betrachtungen über Netzaufbau und Kennzahlenvergebung sind daher nicht die einzigen Lösungsmöglichkeiten für den Aufbau großer Fernsprechnetze. Andere Betriebseigenheiten können neue Aufgaben stellen und damit andere Wege zweckmäßig machen. Ferner wird jede Planung von den aufzuwendenden Mitteln beeinflußt. Im allgemeinen wird jedoch die grundsätzliche Gleichheit der Aufgabenstellung im Bahnbetrieb zumindest ähnliche Lösungen erfordern. Die Übersichtlichkeit und Anpassungsfähigkeit der Bauteile, Schaltungen und der Gruppierung im zugrunde gelegten Siemens-System ermöglichen es ohne weiteres, stets dem besonderen Betriebsfall Rechnung zu tragen.

I. Übersicht über das Leitungsnetz.

Schon seit vielen Jahren hat sich die Technik mit der Planung großer Fernsprechnetze unter Berücksichtigung der Fernwahl befaßt[1]. In großen Zügen zeigt ein Fernsprechnetz etwa folgenden Aufbau: Jede Sprechstelle ist im allgemeinen durch eine besondere Leitung an ihre Fernsprechanlage[2] angeschlossen. Neben diesen Teilnehmerleitungen gibt es Verbindungsleitungen, die die einzelnen Fernsprechanlagen miteinander verbinden und den Verkehr zwischen Teilnehmern verschiedener Anlagen übernehmen. Je nach der Betriebsart des Verbindungsverkehrs, ob Handvermittlung oder Wählverkehr, sind bestimmte Grundsätze für den Netzaufbau zu berücksichtigen.

Der handvermittelte Fernverkehr fordert unmittelbare Leitungen zwischen allen Fernsprechanlagen, zwischen denen ein besonderes Verkehrsbedürfnis besteht. Denn die Zahl der Schaltstellen muß im handvermittelten Verkehr aus Gründen der Zeitersparnis möglichst eingeschränkt werden, da jede Vermittlungsstelle eine gewisse Zeit für das Herstellen und Abbauen der Verbindung benötigt. Aus dieser Forderung entstand das „Maschennetz“ (Abb. 1), die Netzform des handvermittelten Fernverkehrs, in dem zahlreiche kleine Leitungsbündel die einzelnen Fernsprechanlagen unmittelbar miteinander verbinden.

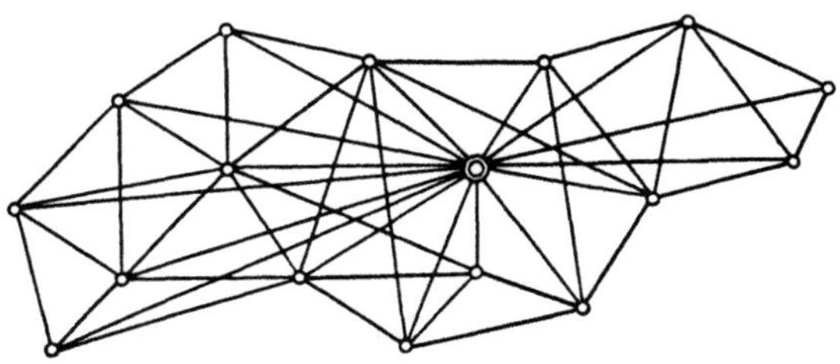

Abb. 1. Maschennetz.

---

[1] Langer, M.: Studien über Aufgaben der Fernsprechtechnik. 2. Teil: Fernverkehr. Oldenbourg 1943 (3. Auflage).

[2] Es wird hier im allgemeinen „Fernsprechanlage“, „Wählanlage“ usw. für „Fernsprechamt“, „Wählamt“ gesetzt. Es sollen dadurch Mißverständnisse vermieden werden, da „Amt“ im Eisenbahnwesen oft ein betrieblich festgelegter Begriff ist und ferner in der Nebenstellentechnik für den öffentlichen Verkehr (= Amtsverkehr) benutzt wird. Lediglich in einigen Fällen, in denen Mißverständnisse nicht möglich sind, wird aus Zweckmäßigkeit der Ausdruck „Amt“ beibehalten (z. B. Haupt- und Unteramt). Im übrigen findet man auch häufig die Bezeichnung „Basa“ (= Bahnselbstanschlußanlage).

Im Fernwählverkehr stellen entweder der Teilnehmer, der ein Gespräch wünscht, oder eine Vermittlungsperson die Verbindung durch Wählen her. Der Teilnehmer z. B. steuert dann mit seinem Nummernschalter die Wähleinrichtungen seiner eigenen Fernsprechanlage, der Fernsprechanlage des gewünschten Teilnehmers und die Einrichtungen der etwa dazwischenliegenden Anlagen. Die benötigten Leitungsabschnitte werden dabei im allgemeinen wartezeitlos schon während der Nummernwahl aneinandergereiht. Da die Schaltstellen in diesem Falle keinen Zeitverlust verursachen, brauchen sie nicht in dem Maße wie beim handvermittelten Verkehr vermieden zu werden. Die Verbindungen können ferner auf Umwegen zu der gewünschten Anlage geführt werden, sofern dies für die wirtschaftlichere Ausgestaltung des Netzes vorteilhafter ist. Wenige, aber starke Leitungsbündel, Zusammenfassung mehrerer Bündel an geeigneten Knotenpunkten und dadurch

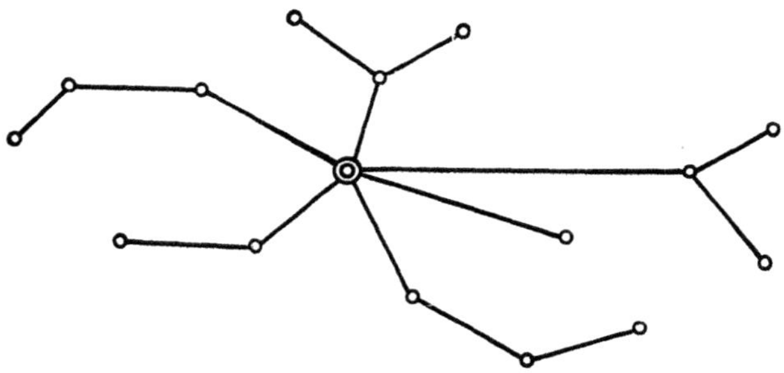

Abb. 2. Sternnetz.

höchste Leitungsausnutzung usw. sind die Kennzeichen für die Netzform im Fernwählverkehr. Das so entstehende Netz wird mit „Sternnetz" (Abb. 2) bezeichnet. Es enthält stets einen Netzmittelpunkt und mehrere Netzknoten. Am Mittelpunkt und an den Knotenpunkten sind die übrigen Anlagen angeschlossen, zwischen denen unmittelbare Leitungen (Querverbindungen) möglichst vermieden werden.

Bei der Einführung des Wählverkehrs wird das Maschennetz des handvermittelten Verbindungsverkehrs zweckmäßig nach wirtschaftlichen Gesichtspunkten der neuen Betriebsart angepaßt und eine mehr oder weniger große Zahl von Anlagen dem wirtschaftlichen oder betrieblichen Mittelpunkt eines Teilgebietes sternförmig zugeordnet. Die so entstehenden Teilgebiete, die in sich mehr oder weniger abgeschlossen sein können, werden aber gleichzeitig auch aus übertragungstechnischen Gründen gefordert; denn übertragungstechnisch stellt der Weitverkehr bedeutend höhere Anforderungen als der Nahverkehr. Der Verkehr über Nahverkehrsleitungen ist aber in seiner Gesamtheit um ein Vielfaches stärker als der über Weitverkehrsleitungen. Man wird daher die hohen Forderungen des Weitverkehrs nur an die reinen Weitverkehrsleitungen stellen, um die zahlreichen Nahverkehrsleitungen nicht mit hochwertigen Einrichtungen belasten zu müssen. Diese verschiedene Einordnung der einzelnen Leitungen ergibt zwangsweise mehrere Leitungsnetze, die sich in Güte und Länge der in ihnen zusammengefaßten Leitungen unterscheiden.

Das gesamte Netz wird daher einmal in Teilnetze aufgeteilt, innerhalb derer sich der Nahverkehr abwickelt. Diese Teilnetze sind gleich eingestuft; sie entsprechen etwa den oben erwähnten „betrieblichen" Teilgebieten. Aufgabe der Planung ist es, die aus übertragungstechnischen Grundsätzen entwickelten Teilnetze den aus betrieblichen Erfordernissen zu erstrebenden Teilgebieten anzupassen (vgl. Abb. 6).

Für den Weitverkehr verläßt die Verbindung das betreffende Teilnetz und wird über ein darübergelagertes „höheres" Netz nach einem anderen Teilnetz geführt. Sind größere Entfernungen zu überbrücken, so können mehrere dieser nächsthöheren Netze nebeneinander erforderlich sein, die wiederum über ein darübergelagertes Netz erreicht werden usw. Die Zahl der so „übereinander" gelagerten Netzebenen richtet sich einmal nach der Größe des Gesamtgebietes, das erfaßt werden soll; sie wird aber u. U. auch von betrieblichen Forderungen beeinflußt.

Die niedrigste Netzebene heißt *Netzgruppe;* sie zeigt die Verknotung der einzelnen Leitungsbündel zu einem reinen Sternnetz. Die höheren Netzebenen sind dieser Netzform ebenfalls angepaßt. Sie nähern sich jedoch mit wachsender Ausdehnung allmählich wieder dem Maschennetz. Dies ist dadurch begründet, daß im allgemeinen mit der Länge des Verbindungsweges die Verkehrshäufigkeit abnimmt, die Übertragungsschwierigkeiten aber zunehmen. In den höheren Netzebenen können daher unmittelbare Verbindungen und damit das Maschennetz einfachere Bedingungen schaffen und wieder wirtschaftlicher sein.

Die Größe der einzelnen Teilnetze innerhalb jeder der Netzebenen kann in günstigen Fällen nach übertragungstechnischen Gesichtspunkten festgelegt werden. Ihre räumliche Ausdehnung wird dann durch die in ihnen verwendeten Leitungsarten bestimmt. Sehr oft zwingen aber betriebliche Erwägungen dazu, diese „Grundwerte" zu überschreiten. Stets steigert sich jedoch die Güte der Leitungen mit der Stufe der Netzebenen. Unverstärkte und verstärkte Leitungen, Verstärkungsgrad, Belastungsart (Pupinisierung) usw. sind vorgeschrieben. Übertragungszeit, Übertragungsgeschwindigkeit, Echoerscheinungen usw. bekommen mit wachsender Länge der Leitungen, d. h. mit steigender Netzebene, immer größere Bedeutung.

Für die Bahn-Fernsprechnetze bestehen zum Teil weniger scharfe Bedingungen als für öffentliche Netze (Postverkehr, Amtsverkehr). Bei der Planung öffentlicher Netze ist eine weitgehende Rücksicht auf den zwischenstaatlichen und schließlich auf den Weltfernverkehr zweckmäßig. Von dem großen Ziel eines allgemeinen Weltfernsprechnetzes ist man in der Gegenwart zwar noch weit entfernt. Durch entsprechende Berücksichtigung der dafür auftretenden Forderungen auch bei einer innerstaatlichen Planung wird jedoch zum mindesten erreicht, daß eine spätere Einführung nicht durch entgegengerichtete Entwicklungen versperrt wird[1].

Diese Rücksicht braucht im Bahn-Fernsprechverkehr nicht in dem Maße genommen zu werden. Ein allgemeiner Fernsprechverkehr der einzelnen Reichs-, Bundes- und Staatsbahnen untereinander wird wohl kaum in absehbarer Zeit in Betracht kommen. Außerdem haben Ferngespräche in Bahnnetzen nicht, wie im öffentlichen Verkehr, einen Verkaufswert. Da es sich um eine unentgeltliche Benutzung für die Teilnehmer handelt, können z. B. eher Wiederholungen von Anrufen in Kauf genommen werden, wenn Verbindungsleitungen besetzt sind. Gegenüber dem öffentlichen Verkehr kann für den Bahn-Fernsprechverkehr also zusammenfassend gesagt werden:

1. Die Netzgestaltung braucht sich kaum mit dem Anschluß von Fernsprechnetzen der Nachbarstaaten zu beschäftigen; es ist höchstens ein beschränkter Grenzverkehr einzurichten, der jedoch keinen Einfluß auf die Gestaltung des Gesamtnetzes hat.

2. Die Forderungen für die noch zulässige Gesamtdämpfung sind im allgemeinen weniger scharf.

3. Sofern wirtschaftliche Gründe es erforderlich machen, können u. U. auch größere Verluste[2] zugelassen werden. In diesen Fällen muß jedoch schaltungstechnisch die Möglichkeit geschaffen werden, wichtige Verbindungen unter allen Umständen zustande zu bringen.

Zusätzliche Bedingungen gegenüber den öffentlichen Fernsprechanlagen ergeben sich dadurch, daß den betrieblichen Forderungen des Bahnverkehrs weitgehende Zugeständnisse gemacht werden müssen. Das wirkt sich nicht nur auf die Abwicklung des Verkehrs und damit auf die Technik der Anlagen, sondern auch auf die Netzgestaltung aus. Das gesamte Land ist z. B. für den Bahnverkehr im allgemeinen in Betriebsgebiete unterteilt, für die hier die Bezeichnung „Direktionen" übernommen werden soll. Innerhalb eines Direktionsbezirkes wickelt sich ein besonderer Geschäftsverkehr ab, wodurch sich ein großer Teil des Fernsprechverkehrs ebenfalls innerhalb dieses Gebietes zusammenballt. Dieser Fernsprechverkehr ist vorzugsweise auf den Sitz der Direktion hin gerichtet. Der Sitz der Direktion wird dadurch zwangsweise zum Mittelpunkt einer Netzebene, wobei keine Rücksicht auf seine örtliche

---

[1] LUBBERGER, F.: Das Weltfernsprechen. Oldenbourg 1934.

[2] Unter Verlust versteht man den Anteil der Verbindungen, die z. B. wegen Besetztseins von Verbindungswegen nicht zustande kommen.

Lage genommen werden kann. Aus den gleichen betrieblichen Gründen ist es sehr oft wenig zweckmäßig, das Gebiet einer Direktion fernsprechtechnisch zu unterteilen. Die vorgenommenen Untersuchungen haben daher im allgemeinen als vorteilhaft ergeben, das Gebiet einer Direktion als niedrigste Netzebene festzulegen. Die innere Gestaltung wird weiter dadurch beeinflußt, daß Bahnstrecken das Gebiet der Direktion beliebig durchschneiden. Wichtige Bahnstrecken erfordern aber stets einen gesteigerten Fernsprechverkehr.

Die Flächenausdehnung der „Bahnnetzgruppe" ist also nicht mehr mit einer Netzgruppe in Einklang zu bringen, die nach rein übertragungstechnischen Gesichtspunkten aufgestellt werden würde. Bahnnetzgruppen können beispielsweise Längenausdehnungen von 200 bis 300 km haben. Obwohl in ihnen gegenwärtig noch vielfach Freileitungen verwendet werden, erfordern die zu überbrückenden Entfernungen oft Verstärker. Die aus den übertragungstechnischen Netzstudien entwickelte Netzgruppe ist dagegen so bemessen, daß in ihr für den Netzgruppenverkehr verstärkte Leitungen — auch bei Verwendung von Kabeln — vermieden werden.

Neben dem reinen Netzgruppenverkehr ergeben die regen Fernsprechbeziehungen zwischen den einzelnen Direktionssitzen, also zwischen den Netzgruppen-Mittelpunkten, eine zweite Art von besonders starkem Fernsprechverkehr. Die Netzgruppen-Mittelpunkte sind daher durch zahlreiche Leitungen miteinander verbunden, die sich über das gesamte Bahngebiet, also über das ganze Land, erstrecken. Diese Leitungen, über die also der Weitverkehr abgewickelt wird, bilden die nächsthöhere Netzebene, für die hier die Bezeichnung „*Großnetz*" übernommen werden soll.

Auch das Großnetz überdeckt in vielen Fällen eine weitaus größere Fläche als in den angeführten Netzstudien[1] für die zweitniedrigste Netzebene vorgesehen wird. Betriebliche Vorteile machen es jedoch auch hier sehr oft zweckmäßig, von einer verschiedenen Einstufung der Großnetzleitungen und damit von einer Aufteilung des Großnetzes in weitere Netzebenen abzusehen.

In Abb. 3 ist die Gestaltung eines Bahn-Fernsprechnetzes angedeutet. Die untere Ebene zeigt die Netzgruppe, für die, wie schon gesagt, im Wählverkehr die Form des Sternnetzes zweckmäßig wird. Das Gebiet der Netzgruppe deckt sich mit dem einer Direktion. Der Sitz der Direktion wird zum Netzgruppen-Mittelpunkt (M) der Netzgruppe. Die Netzgruppenknoten (KN) dagegen werden nicht nach bahnbetrieblichen sondern nach geographischen und leitungstechnischen Gesichtspunkten fest-

[1] Mayer, H. F.: Die Grundzüge des allgemeinen Fernleitungsplanes. Europ. Fernsprechdienst 1932 Heft 30.

gelegt. Der Netzgruppen-Mittelpunkt bildet den Zugang zum Großnetz. Über ihn fließt also, mit wenigen Ausnahmen, der gesamte Verkehr, der die Netzgruppe verläßt und nach einer Anlage einer anderen Netzgruppe gerichtet ist.

Die obere Ebene, das Großnetz, überspannt das gesamte Land. Sie hat keinen einheitlichen Netzmittelpunkt, sondern in Abb. 3 z. B. drei einander gleichgeordnete Großnetzknoten (*KG*). Das Großnetz stellt also schon einen Übergang zum Maschennetz dar. Dadurch werden große Umwege vermieden, die dann entstehen würden, wenn alle Verbindungen über einen einzigen „Großnetz-Mittelpunkt" geleitet werden müßten. Diese Umwege würden wegen des räumlichen Umfanges, den

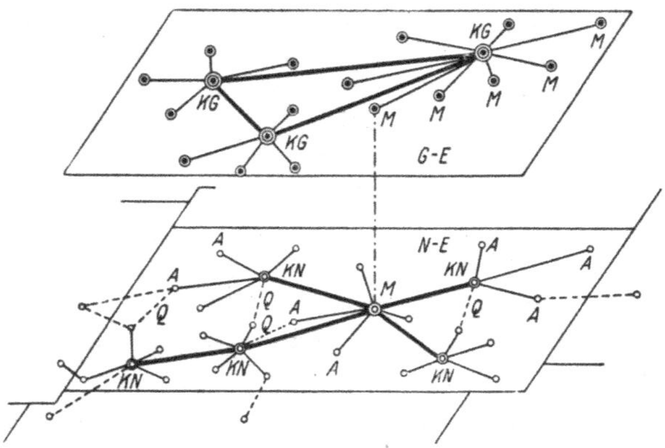

G-E = Großnetzebene, *N-E* = Netzgruppenebene, *A* = Fernsprechanlage, Ortsanlage, *KG* = Großnetzknoten, *KN* = Netzgruppenknoten, *M* = Netzgruppen-Mittelpunkt, Q = Querverbindungen.

Abb. 3. Netzebenen eines Bahn-Fernsprechnetzes.

derartige Großnetze haben können, einen unwirtschaftlichen Aufwand erfordern. Ein Großnetz-Mittelpunkt wird in dieser Netzebene ferner um so weniger benötigt, als dem Großnetz kein weiteres Netz übergeordnet ist, zu dem er als Zugang erforderlich wäre.

Die Planung wird also einmal durch die betrieblichen Forderungen beeinflußt. Sodann ist es aus wirtschaftlichen Gründen unumgänglich, die bereits vorhandenen Leitungen weitgehend in das neue Netz mit einzubeziehen; denn in fast allen Fällen wird es sich darum handeln, ein bereits bestehendes Netz den neuen Forderungen anzupassen. Dieses Netz stellt also bei der Einführung des Selbstwähl-Fernverkehrs den riesigen Behälter dar, dem die für die neue Netzgestaltung notwendigen Leitungen entnommen werden müssen.

Das vorhandene Netz ist aber wegen des bis dahin benutzten handvermittelten Fernverkehrs ein Maschennetz. Ein Teil der Leitungen wird ohne weiteres übernommen werden können (vgl. Abb. 1 u. 2). Eine Vielzahl der Leitungen führt ferner, da bei ihrer Verlegung vorwiegend die Bahnstrecken herangezogen worden sind, nicht in der Luftlinie sondern auf Umwegen über andere Fernsprechanlagen zu den miteinander verbundenen Punkten. Viele dieser Leitungen kann man daher in den neuen Leitungsplan einfügen, indem man sie an den Zwischenstellen „schneidet", d. h. in Abschnitte auftrennt, und sie abschnittsweise den entsprechenden Bündeln zuteilt.

Die übrigbleibenden Leitungen, die senkrecht zu den zum Mittelpunkt strebenden Bündeln verlaufen, müssen als „Querverbindungen" durch schaltungstechnische Maßnahmen in die Netztechnik einbezogen werden. Derartige Querverbindungen sind, da sie im allgemeinen nur durch wenige Leitungen gebildet werden, nach den Untersuchungen über Leitungsausnutzung nur unter bestimmten Voraussetzungen wirtschaftlich, so daß von einem Neubau in den meisten Fällen abgeraten werden muß[1]. Die Übernahme der zahlreich vorhandenen Querverbindungen ist jedoch eine Notwendigkeit; ihre Weiterverwendung in wirtschaftlicher Weise muß daher von der Schaltungstechnik ermöglicht werden.

Derartige Querverbindungen bestehen nicht nur zwischen den Anlagen derselben Netzgruppe, sondern greifen auch von einer Netzgruppe in die benachbarte über (Abb. 3). Sie können dann mit Hilfe geeigneter Schaltmittel zur Entlastung der Leitungen der höheren Netzebene benutzt werden. Dies ist ein wichtiger Gesichtspunkt, da die Bündelstärke in den Bahnnetzen gegenwärtig zum Teil noch nicht der Verkehrsstärke entspricht. Da solche Querverbindungen nur im reinen Endverkehr benutzt werden, d. h. sie werden nicht als Abschnitte einer längeren Verbindung eingesetzt, brauchen sie nicht den scharfen Forderungen des Weitverkehrs zu genügen.

Das bisher beschriebene Netz setzt sich aus Leitungen zusammen, mit denen die einzelnen Fernsprechanlagen untereinander verbunden sind. Neben diesen Verbindungsleitungen werden für den Bahn-Fernsprechbetrieb noch andere Fernsprechwege benötigt, die mit dem geschilderten Netz in mehr oder weniger losem Zusammenhang stehen.

Längs jeder Bahnstrecke ziehen sich Fernsprechleitungen entlang, die die einzelnen Bahnhöfe, Blockstellen, Stellwerke, Bahnwärterhäuschen usw. miteinander verbinden. Diese Fernsprechleitungen, Gesellschaftsleitungen, Bezirksleitungen, party lines usw. genannt, sind Doppelleitungen, an die die einzelnen Sprechstellen parallel angeschlossen sind. (Näheres siehe Abschnitt XIII.)

Die Gesellschaftsleitungen stehen im allgemeinen mit einer oder meh-

[1] LANGER, M.: Studien über Aufgaben der Fernsprechtechnik. Oldenbourg 1936.

reren Fernsprechanlagen in Verbindung (Abb. 4). Dadurch können die angeschlossenen Sprechstellen grundsätzlich mit beliebigen Teilnehmern des gesamten Fernsprechnetzes in Sprechverbindung treten. Allerdings gilt die später angegebene Dämpfungsaufteilung nicht für beliebige Weitverbindungen mit Sprechstellen von Gesellschaftsleitungen, da deren Dämpfung unter Umständen schon allein sehr große Werte annehmen kann.

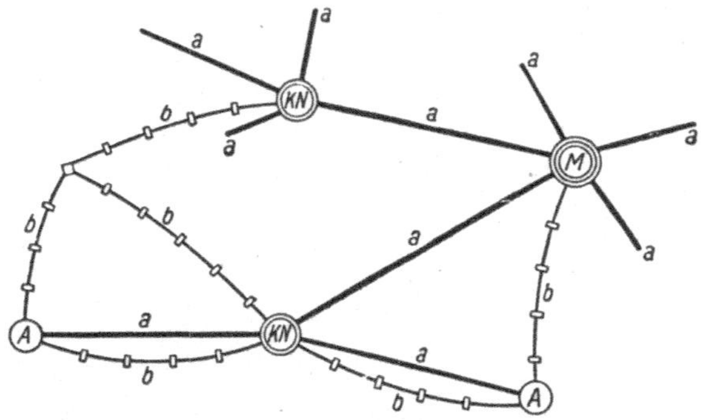

A = Fernsprechanlage, Ortsanlage, KN = Netzgruppenknoten, M = Netzgruppen-Mittelpunkt, a = Netzgruppenleitungen, b = Gesellschaftsleitungen.

Abb. 4. Ausschnitt aus einer Netzgruppe mit Gesellschaftsleitungen.

Abb. 5. Anschaltung eines tragbaren OB-Fernsprechers an die Strecken-Fernsprechleitung.

Die einzelnen Sprechstellen an den Bahnstrecken (Bahnhöfe, Blockstellen, Fernsprechbuden usw.) werden außerdem durch eine weitere Art von Fernsprechleitungen miteinander verbunden. Diese „Streckenfernsprechleitungen" sind ebenfalls Doppelleitungen. Die parallel angeschlossenen Sprechstellen erhalten stets OB-Fernsprecher mit Kurbelinduktor (Streckenfernsprecher). Streckenfernsprecher dienen nur dem Sprechverkehr längs kurzer Streckenabschnitte. Diese Leitungen sind daher vollkommen vom übrigen Fernsprechnetz getrennt. Vielfach besteht sogar die Vorschrift, daß sie niemals miteinander oder mit anderen Leitungen verbunden werden dürfen. Durch Anschaltung von tragbaren Fernsprechern (Abb. 5) kann mit ihnen jederzeit von freier Strecke aus ein Sprechverkehr mit den nahegelegenen Bahnhöfen usw. aufgenommen werden.

Ebenfalls gänzlich unabhängig von dem gemeinsamen Netz sind Sonderanlagen, wie z. B. Befehlsanlagen (Zug- und Betriebsüberwachungsanlagen, train-dispatching). Diesen Anlagen stehen eigene Leitungen mit besonderen Sprechstellen zur Verfügung, um jede Störung oder Beeinträchtigung des über sie abgewickelten Sonderverkehrs durch den ständigen Fernsprechverkehr auszuschalten. (Näheres s. Abschn. XIV.)

II. Dämpfungsaufteilung in großen Netzen.

Die bisherigen Betrachtungen geben das Ziel der Netzgestaltung an. Für die endgültige Form sind jedoch gleichzeitig Fragen der Übertragungstechnik, der Kennzahlenvergebung und Schaltungstechnik maßgebend.

Das Netz soll einwandfreie Verbindungen zwischen beliebigen Teilnehmern ermöglichen. Die Güte einer Sprachübertragung wird stark durch die Verluste beeinflußt, denen die Sprachwechselströme auf dem Wege zur Gegenstelle unterworfen sind. Beim handvermittelten Fernverkehr wurden diese Verluste bisher von Fall zu Fall durch Schnurverstärkung mit Handreglung ausgeglichen. Im Selbstwähl-Fernverkehr reiht der Teilnehmer durch die Nummernwahl die einzelnen Verbindungsabschnitte selbst aneinander. Diese Betriebsart macht daher von vornherein eine *feste* Ordnung der Übertragungsverhältnisse zweckmäßig.

Die Planung wird ganz allgemein von dem längsten Verbindungsweg, über den ein Gespräch geführt werden kann, ausgehen; denn dafür muß die notwendige Übertragungsgüte gewährleistet werden. Da im Weitverkehr der Dämpfungswert, der für eine ausreichende Sprechverständigung noch zulässig ist, bei weitem überschritten wird, müssen die einzelnen Leitungen entdämpft werden. Entsprechend dem Vorkommen verbessert man dabei, wie schon gesagt, die weniger zahlreichen Leitungen höherer Netzebenen besonders gut. Dadurch kann man die in weitaus größerer Anzahl vorkommenden Nahverkehrsleitungen möglichst wenig mit den hohen Anforderungen des Fernverkehrs belasten.

Die gleichen Leitungen können sowohl Teile einer Nahverbindung als auch Abschnitte einer Weitverbindung sein. Dies muß in einem Plan, in dem die zulässigen Dämpfungswerte für jede Leitung festgelegt sind, berücksichtigt werden. Dabei darf ein bestimmter Gesamtdämpfungswert von keiner Verbindung überschritten werden, die auf regelrechtem Wege hergestellt wird, einerlei ob es sich dabei um Nah- oder Weitverbindungen handelt.

Bei Planungen für bereits ausgeführte große Bahn-Fernsprechnetze wurden als Höchstdämpfung für die in einer Verbindung liegenden Leitungen und Fernsprechanlagen 4 N vorgesehen. Ein großer Teil der Verbindungsabschnitte überschreitet aber den dann für sie zulässigen Dämpfungswert. Für diese Leitungen wird also eine „Entdämpfung", d. h. die Einschaltung von Verstärkern, notwendig.

Die zweckmäßigste Form des Verstärkers für den hier behandelten Selbstwähl-Fernverkehr ist zunächst der Endverstärker. Endverstärker werden fest an die Enden der verstärkungsbedürftigen Leitung angeschlossen. Überschreitet die Dämpfung auch dann noch den im Dämpfungsplan festgelegten Wert, so werden zusätzlich Zwischenverstärker in die Leitung eingefügt.

Für den Grad der Entdämpfung der gesamten Verbindung sowie für die Art der Zusammenschaltung der einzelnen Leitungen sind übertragungstechnische Verhältnisse (Scheinwiderstand, Nachbildfähigkeit, Stabilität usw.) bestimmend. Dementsprechend unterscheidet man in bezug auf die Zusammenschaltung Durchgangsverkehr und Endverkehr. Als „Durchgangsverkehr" in einer Anlage bezeichnet man den Betriebszustand, in dem dort Großnetzleitungen und Netzgruppenleitungen untereinander zusammengeschaltet werden; man spricht dagegen von „Endverkehr", wenn derartige Leitungen auf Teilnehmerleitungen, Gesellschaftsleitungen usw. treffen. Im Durchgangsverkehr kann grundsätzlich eine „zweidrahtmäßige" (zweidrähtige) oder eine „vierdrahtmäßige" (vierdrähtige) Durchschaltung der Leitungen vorgesehen werden (vgl. S. 15).

Für den Weitverkehr zwischen beliebigen Fernsprechanlagen können also Netzgruppenleitungen, Großnetzleitungen und nochmals Netzgruppenleitungen aneinandergereiht werden (Abb. 6 u. 7). Über die Netzgruppenleitungen fließen daher zwei Verkehrsarten. Einmal wird über sie der Netzgruppenverkehr abgewickelt (Abb. 6, z. B. Verbindung von *A* über *B* nach *C*); sodann können sie Teile einer Weitverbindung sein und dabei mit Großnetzleitungen zusammengeschaltet werden (Abb. 6, Verbindung von *A* über *B*, *D*, *E* nach *F*). Der Weitverkehr stellt dabei die schärfsten Anforderungen und müßte daher auch die Güte der Netzgruppenleitungen bestimmen. Dabei können in den Weitverbindungen verschieden viele Großnetzabschnitte vorkommen. Ihre Anzahl spielt, in den technisch zulässigen Grenzen, für die Gesamtdämpfung der Verbindung dann keine Rolle, wenn die einzelnen Großnetzleitungen im Durchgangsverkehr mit der Dämpfung 0 N betrieben werden. In diesem Fall kann man also den Gesamtwert der Dämpfung den Netzgruppenanteilen zuordnen. Es entstehen dadurch für die Netzgruppenleitungen sowohl im Nah- als auch im Weitverkehr die gleichen oder zumindest ähnliche Bedingungen, so daß die zahlenmäßig überwiegenden Netzgruppenleitungen, wie verlangt, technisch möglichst einfach gehalten werden können.

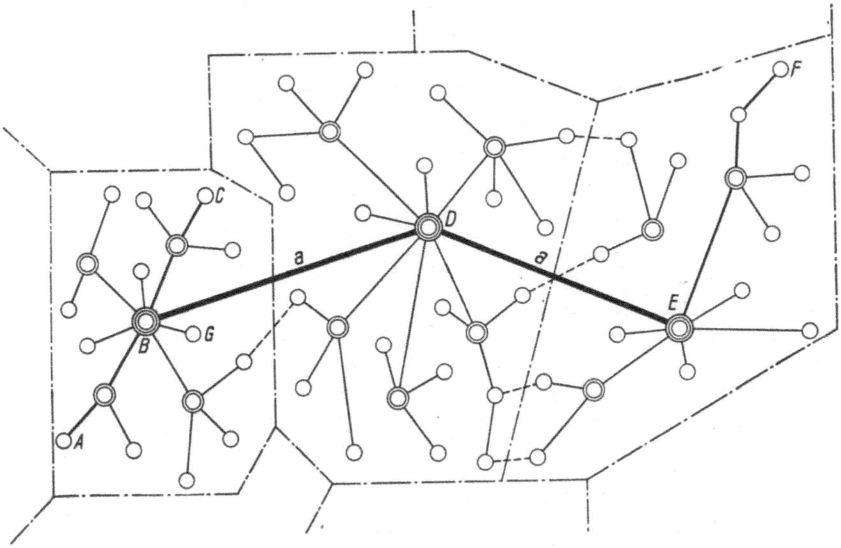

a = Großnetzleitungen.

Abb. 6. Übersicht über mehrere benachbarte Netzgruppen.

Der Verbindungsabschnitt, der bei einer Weitverbindung durch Großnetzleitungen gebildet wird, erhält also die Dämpfung von etwa 0 N. Von der Sprechstelle einer beliebigen Anlage bis zu dem Mittelpunkt der Netzgruppe, der den Zugang zum Großnetz bildet, verbleiben also 2 N Dämpfung. Läßt man für die Teilnehmerleitungen jeweils 0,5 N zu, so muß die Dämpfungsaufteilung für die Leitungen innerhalb der Netzgruppe derart durchgeführt werden, daß der Verbindungsabschnitt von der entferntesten Anlage bis zum Netzgruppen-Mittelpunkt im Höchstfall 1,5 N Dämpfung hat.

Eine Verbindung innerhalb der Netzgruppe würde dann im ungünstigsten Fall $0{,}5 + 1{,}5 + 1{,}5 + 0{,}5 = 4$ N Dämpfung für die Leitungen und eingeschalteten Fernsprechanlagen haben (Abb. 7). Eine Weitverbindung über das gesamte Netz, in der also eine oder mehrere Großnetzleitungen enthalten sein können, würde sich dann ebenfalls höchstens auf 0,5 + 1,5 + 0 + 0 + 0 + 1,5 + 0,5 = 4 N Dämpfung stellen.

Wegen der hohen Anforderungen, die an Großnetzleitungen übertragungstechnisch gestellt werden (Stabilität, Dämpfung, Rückkopplungsstellen usw.), sind im Großnetz nur Leitungen mit Vierdraht-Eigenschaften zu verwenden. Darunter versteht man neben den niederfrequent betriebenen Vierdrahtleitungen auch die hochwertigen Verbindungswege der Trägerfrequenz-Telephonie.

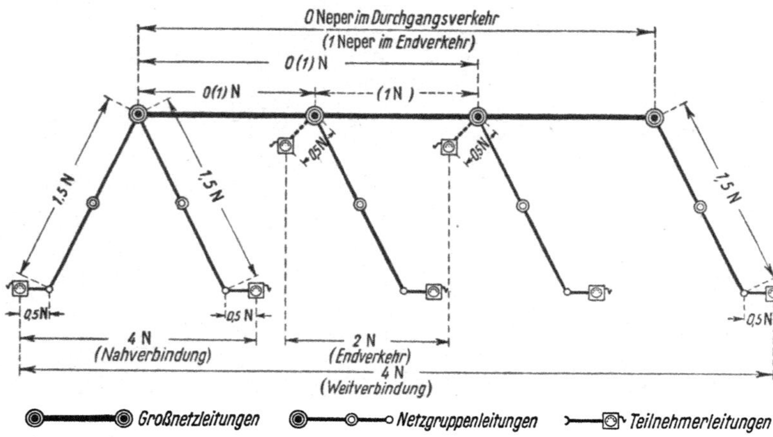

Abb. 7. Beispiel einer Dämpfungsverteilung in einem Bahn-Fernsprechnetz mit zwei Netzebenen.

Sollen jedoch die Leitungen mit der Dämpfung 0 N auch im Endverkehr betrieben werden, so werden zur Aufrechterhaltung der Stabilität bestimmte Maßnahmen erforderlich. Diese richten sich nach der Art der vorgesehenen Durchschaltung in den Anlagen.

Bei der bisher allgemein verwendeten „zweidrähtigen“ Durchschaltung stellt der durchschaltende Wähler zwei Adern für den Sprechkreis zur Verfügung. Leitungen mit Vierdrahteigenschaften werden dann über eine Gabelschaltung mit Nachbildung (vgl. z. B. Abb. 66, unten) zweidrahtmäßig an die Wähler herangeführt. Im Durchgangsverkehr werden solche Leitungen unmittelbar mit der Durchgangsdämpfung 0 N zusammengeschaltet. Im Endverkehr dagegen ist aus den obengenannten Gründen eine bestimmte Restdämpfung von beispielsweise 1 N erforderlich. Zur Erfüllung dieser beiden Bedingungen erhalten die entdämpften Leitungen (Durchgangsdämpfung 0 N) an jeder Seite je ein Dämpfungsglied von 0,5 N. Diese „Leitungsverlängerungen“ bleiben im Endverkehr eingeschaltet und werden im Durchgangsverkehr herausgenommen (Abb. 8). Das Ein- und Ausschalten der Leitungsverlängerungen wird selbsttätig in den Relaisübertragungen vorgenommen, mit denen jede Fernwahlleitung abgeschlossen wird (vgl. Abschnitt IX). Treffen also derartige Leitungen während des Verbindungsaufbaues zusammen, so wird selbsttätig geprüft, ob die angeschaltete Leitung den Bedingungen für Durchgangsverkehr entspricht. Tauschen zwei aufeinandertreffende

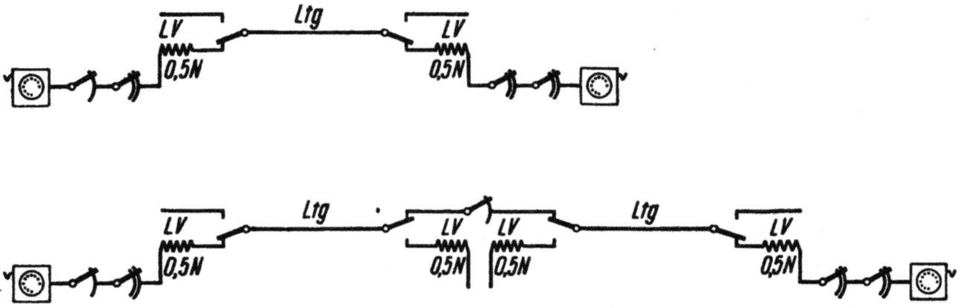

LV = Leitungsverlängerung.

Abb. 8. Ausschaltung von Dämpfungsgliedern (Leitungsverlängerungen) im Durchgangsverkehr.

Relaisübertragungen dieses besondere „Durchgangskennzeichen" aus, so schaltet jede von ihnen ihr Dämpfungsglied an der Schaltstelle aus, und die aneinandergeschalteten Leitungen arbeiten im Durchgangsverkehr.

Bei der „vierdrähtigen" Durchschaltung ist der Gedanke, der von Zweidrahtleitungen zu Vierdrahtleitungen zwecks Einsparens von Rückkopplungsstellen an den Zwischenverstärkern geführt hat, auch auf das Durchschalten in den Wählanlagen angewendet worden. Die Wähler

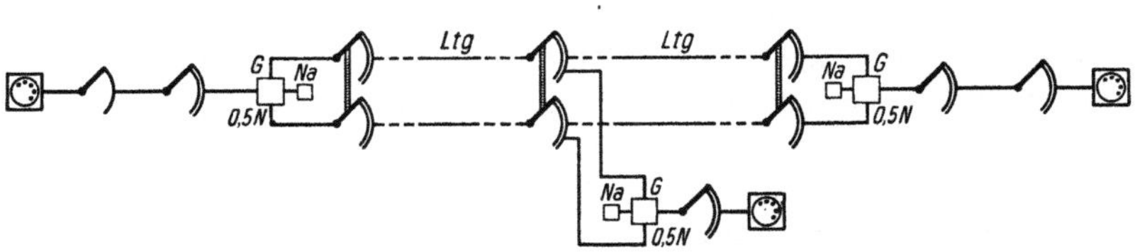

Abb. 9. Vierdrähtige Durchschaltung von Fernwahlleitungen.

erhalten vier Arme für die Sprechadern und können daher die beiden Sprechkreise unmittelbar durchschalten (Abb. 9). Im Durchgangsverkehr sind dann also bei Vierdrahtleitungen keine Gabeln mehr in den Schaltstellen erforderlich. Die im Endverkehr für die Anschaltung von Teilnehmerleitungen usw. vorzusehenden Gabeln sind bestimmten Wählern zugeordnet und gewährleisten die erforderliche Restdämpfung. Bei Zweidrahtleitungen mit Endverstärkern entfallen sinngemäß die Amtsgabeln. Netzgruppenleitungen ohne Endverstärker werden bei der vierdrähtigen Durchschaltung mit Gabeln und Leitungsnachbildungen ausgerüstet, so daß sie ebenfalls vierdrahtmäßig an die Wähler herangeführt werden können.

III. Kennzahlen und besondere Schaltmittel im Fernwählverkehr.

1. Allgemeine Gesichtspunkte für die Kennzahlenverteilung.

Netzaufbau und Übertragungstechnik, von denen einige Grundzüge in den bisherigen Ausführungen behandelt wurden, sind vollkommen unabhängig von der Art des Wählsystems, das in dem betreffenden Netz eingesetzt werden soll. Enger mit dem verwendeten System hängt die Kennzahlenverteilung zusammen. Unter „Kennzahl" versteht man den Teil der zu wählenden Nummer, durch den im Verbindungsaufbau die gewünschte Anlage bestimmt wird.

Einleitend muß festgestellt werden, daß es für die Kennzahlenverteilung keine festen Regeln gibt. Die Kennzahlen müssen vielmehr jeweils in ihrer Art und ihrem Einsatz die vorliegenden Verkehrsbeziehungen zwischen den einzelnen Anlagen genau erfassen. Zusammen mit der Technik haben sie sich den vorhandenen Verhältnissen, wie Lage der Anlagen, Stärke des Innen- und Verbindungsverkehrs usw., anzupassen. Aus betrieblichen Gründen haben die Kennzahlen möglichst einfach zu sein und einen klaren Verbindungsaufbau zu unterstützen, ohne dabei aber einen unwirtschaftlichen Aufwand zu verursachen. Auf der anderen Seite muß aber streng vermieden werden, etwa vorhandene technische Schwierigkeiten durch umständliche oder unübersichtliche Kennzahlenverteilung zu umgehen und so den Teilnehmern einen schwierigen Betrieb zuzumuten. Verwickelte Überlegungen, z. B. wie etwa der Verbindungsweg zusammengesetzt werden muß und welche Kennzahlen nacheinander für die Verbindung zu verwenden sind, oder vielstellige, schwer zu behaltende Kennzahlen können beim Teilnehmer zu Verärgerungen und zur Ablehnung des Selbstwähl-Fernverkehrs führen. Wirtschaftliche Forderungen und das Bestreben, dem Teilnehmer die Wahl weitgehend zu erleichtern und angenehm zu gestalten, müssen daher in Einklang gebracht werden.

Die Planung muß ferner schon von Anfang an die Kennzahlen einwandfrei festlegen. Werden zunächst nur Teilgebiete für den Selbstwählverkehr eingerichtet, so wird zweckmäßig schon für sie der Endausbau des Gesamtnetzes berücksichtigt, um nicht bei jeder Erweiterung ändern und neu anpassen zu müssen. Abgesehen davon, daß wiederholte Änderungen der Kennzahlen und damit auch der Teilnehmerverzeichnisse betrieblich nur Unannehmlichkeiten verursachen, ist auch aus wirtschaftlichen und technischen Gründen eine einmalige Kennzahlenverteilung oder zumindest deren eingehende Vorbereitung unter Berücksichtigung der Erweiterungen und Neuanschlüsse erwünscht.

2. Numerierungs-Systeme.

Bei der Kennzahlenverteilung unterscheidet man „offene" und „verdeckte" Kennzahlen[1].

Die *offene Kennzahl* wird dem Teilnehmer als besonderes Kennzeichen der fernen Anlage angegeben; sie erscheint für ihn also getrennt von der Teilnehmer-Rufnummer. Eine offene Kennzahl wird nur im Verbindungsverkehr gewählt; im Verkehr der Teilnehmer der betreffenden Anlage untereinander hingegen ist sie nicht notwendig.

Die *verdeckte Kennzahl* ist demgegenüber ein Bestandteil der dem Teilnehmer bekanntgegebenen Rufnummer, die sich in diesem Falle aus der Kennzahl und der eigentlichen Teilnehmernummer zusammensetzt. Sie wird sowohl im Verbindungs- als auch im Innenverkehr gewählt und daher vom Teilnehmer nicht als besondere Kennzahl empfunden.

Über die Verwendung der beiden Kennzahlenarten kann in großen Zügen folgendes gesagt werden.

Offene Kennzahlen finden vor allem in größeren Netzen Verwendung, in denen die örtliche Trennung der einzelnen Anlagen dem Teilnehmer bewußt ist. Voraussetzung ist dabei, daß der Teilnehmer ohne Mühe erkennt, ob die gewünschte Sprechstelle zu seiner eigenen oder einer anderen Anlage gehört, und daß man ihm also zumuten kann, selbst die Verkehrausscheidung durch Wahl einer besonderen Kennzahl vorzunehmen. Dadurch bleibt dem Teilnehmer für den größten Teil seiner Verbindungen — denn der Innenverkehr wird dann im allgemeinen gegenüber dem Verbindungsverkehr überwiegen — das Mitwählen der Kennzahlen erspart.

Verdeckte Kennzahlen dagegen werden verwendet, wenn der Innenverkehr zahlenmäßig hinter dem Verbindungsverkehr zurücktritt oder die örtliche Trennung mehrerer Anlagen für die Teilnehmer nicht deutlich ist bzw. nicht in Erscheinung treten soll. So gehören bei verdeckten Kennzahlen im Unteramtsverkehr die an das „Unteramt" angeschlossenen Teilnehmer dem Teilnehmerverzeichnis nach ohne weiteres zum „Hauptamt". Auch mehrere Hauptämter, z. B. im öffentlichen Verkehr die Ämter eines größeren Stadtgebietes, können durch eine derartige Numerierung zu einer Einheit zusammengefaßt werden. Den Teilnehmern bleibt dadurch die Feststellung erspart, ob die gewünschte Verbindung die eigene Anlage verlassen muß oder zu einem ebenfalls dort angeschlossenen Teilnehmer führen soll, ob sie also eine Kennzahl zu wählen haben oder nicht.

Liegen die Verkehrsbeziehungen derart, daß den Verhältnissen durch keine der beiden Kennzahlenarten einwandfrei entsprochen wird, so

---

[1] Hettwig, E.: Fernsprech-Wählanlagen. Oldenbourg 1942 (2. Auflage).

setzt man je nach Bedarf beide Systeme ein. Die Teilnehmer sehen dabei Anlagen, die durch die Numerierung mit verdeckten Kennzahlen zusammengefaßt sind, gefühlsmäßig als ein einziges „Amt“ an; das Gesamtnetz scheint ihnen daher, obwohl beide Kennzahlenarten vorkommen, nur offene Kennzahlen zu enthalten.

Da in größeren Netzen für den Verkehr zwischen den einzelnen Anlagen oder den eben geschilderten zusammengefaßten „Ämtern“ im allgemeinen offene Kennzahlen eingesetzt sind, werden diese in folgendem allein betrachtet. Den verdeckten Kennzahlen und ihrer Technik bleibt ein späterer Abschnitt „Unteramtsverkehr“ (Abschnitt VII) vorbehalten.

3. Offene Kennzahlen in größeren Netzen.

Wie schon angedeutet, müssen wirtschaftliche Gesichtspunkte und das Bestreben, dem Teilnehmer einen einfachen und angenehmen Betrieb zu bieten, in Einklang gebracht werden. Technisch würde man die einfachsten Verhältnisse erhalten, wenn die Kennzahl lediglich die betreffende Verbindung nach der gewünschten Anlage berücksichtigt, ohne gleichzeitig auf den übrigen Netzverkehr abgestimmt zu sein. Die Kennzahlen könnten dann ein- oder mehrstellig sein und würden stets die geringste Stellenzahl haben, die für den betreffenden Fall möglich ist. Sie würden also lediglich von der Größe der betreffenden Anlage, von der Anzahl der abgehenden Richtungen und von der Anzahl der Verbindungsabschnitte bzw. Anlagen abhängen, über die die Verbindung aufgebaut wird.

Durch diese Lösung müßte aber, wenn man von komplizierten und betrieblich unübersichtlichen Umrechnungseinrichtungen absieht, jede Fernsprechanlage mehrere Kennzahlen erhalten, die dann von dem Ort abhängen würden, von dem aus die Verbindung aufgebaut werden soll. Dies stellt eine Erschwerung für den Teilnehmer dar, der sich vor der Wahl erst an Hand von Leitkarten die erforderlichen Kennzahlen zusammensuchen müßte, und wird daher für einen anspruchsvolleren Verkehr nach Möglichkeit vermieden. Für den Bahn-Fernsprechverkehr aber wäre eine derartige Lösung besonders störend, da ein Teil der Beschäftigten im Dienst nicht ortsgebunden ist. Verschiedene Kennzahlen für die gleiche Fernsprechanlage je nach dem Standort des Wählenden bedeuten dadurch eine betriebliche Erschwerung. Ferner müßte für jede Betriebsstelle, die eine eigene Fernsprechanlage besitzt, ein besonderes Fernsprechverzeichnis ausgearbeitet und auf dem laufenden gehalten werden. Dieses Verzeichnis müßte jeweils den gesamten Netzverkehr erfassen und könnte nur für die betreffende Stelle verwendet werden. Die wirtschaftlichen und organisatorischen Nachteile dieser Lösung erkennt man sofort, wenn man bedenkt, daß ein Großteil der zahlreichen Bahn-Betriebsstellen mit kleineren Anlagen ausgerüstet ist. Für die hier behandelten Netze ist es daher eine Hauptbedingung, daß die *gleiche* Fernsprechanlage möglichst von jeder anderen mit der *gleichen* Kennzahl angewählt wird.

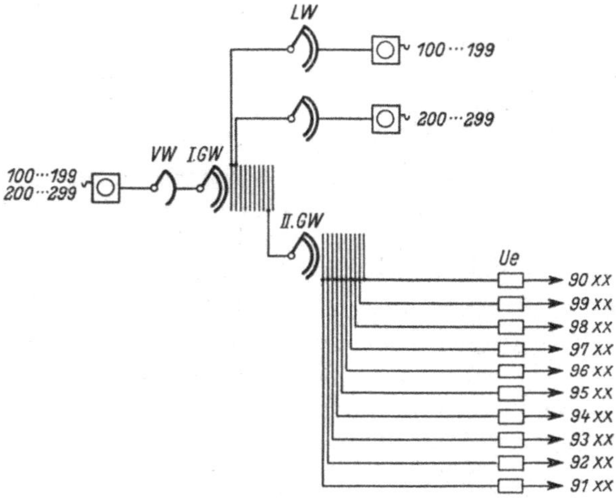

100 . . . 199 } = Teilnehmer-Rufnummern (dreistellig),
200 . . . 299 }
91xx . . . 90xx = Kennzahlen (z. B. vierstellig) des Fernverkehrs.

Abb. 10. Ausschnitt aus einer Fernsprechanlage in einem Netz mit vielstelligen Kennzahlen.

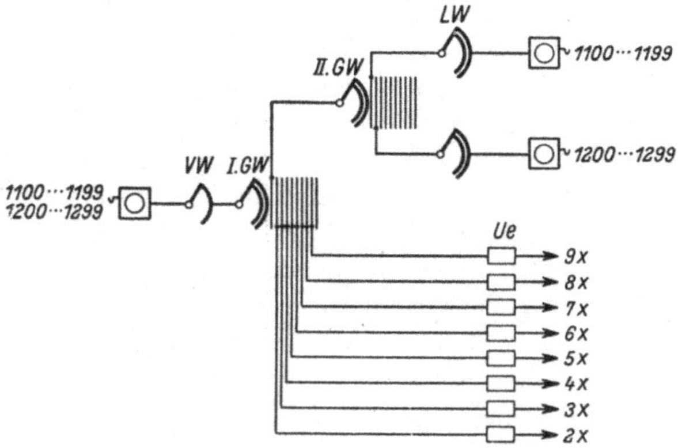

1100 . . . 1199 } = Teilnehmer-Rufnummern (vierstellig).
1200 . . . 1299 }
2x . . . 9x = Kennzahlen (z. B. zweistellig) des Fernverkehrs.

Abb. 11. Ausschnitt aus einer Fernsprechanlage in einem Netz mit Kennzahlen geringer Stellenzahl.

Durch die Stellenzahl der Kennzahl wird der Aufwand an Schalteinrichtungen bzw. Wahlstufen bestimmt. Vielstellige Kennzahlen unterstützen zwar eine starke Bündelung; sie würden aber für den Netzverkehr zahlreiche Wähler erfordern, da jede Ziffer einer besonderen

Wahlstufe entspricht. Da in diesem Falle der gesamte Fernverkehr z.B. von einer einzigen Dekade des I. Gruppenwählers (I. GW) abgenommen werden kann, stehen dem Innenverkehr fast alle übrigen Dekaden zur Verfügung (Abb.10). Der Innenverkehr kommt dadurch mit der Mindestzahl von Wahlstufen aus.

Senkt man die Stellenzahl der Kennzahlen, so werden im Netzverkehr GW-Stufen und damit Wähler eingespart; um eine gleich gute Bündelung zu erzielen, müssen aber dann Sondereinrichtungen, wie Weichen, Umsteuerwähler usw., vermehrt eingesetzt werden. Zweistellige Kennzahlen z.B. würden nur zwei GW-Stufen für die Fernwahl, dafür aber einen großen Aufwand an Sondereinrichtungen erfordern. Gleichzeitig würde in größeren Netzen der gesamte Innenverkehr u. U. auf eine Dekade der I. GW zusammengedrängt werden (Abb. 11). Das würde aber eine Vermehrung der Wahlstufen und damit der Wähler für den Innenverkehr bedeuten. Auch kann die Erfüllung bestimmter Betriebsforderungen dadurch erschwert werden.

Unter Abwägung der genannten Vor- und Nachteile ist also innerhalb der wirtschaftlichen Grenzen eine möglichst geringe Stellenzahl für die Kennzahlen zu erstreben. Auf Grund wirtschaftlicher und betrieblicher Erwägungen haben sich dreistellige Kennzahlen oft als zweckmäßig erwiesen, wobei Innen- und Verbindungsverkehr am I. GW derart unterschieden werden, daß dem Innenverkehr möglichst viele Dekaden vorbehalten bleiben (ähnlich Abb. 10). Mit der ersten Ziffer der Kennzahl, die deshalb auch „Verkehrausscheidungsziffer“ genannt wird, drückt der Teilnehmer sein Verlangen aus, eine Verbindung mit einer anderen Fernsprechanlage zu erhalten. Sie dient daher nicht zur Unterscheidung der einzelnen Anlagen selbst, sondern nur zur Trennung des Innen- und Fernverkehrs. Mit dreistelligen Kennzahlen können demnach ohne weiteres nur 100 verschiedene Anlagen oder, wenn man zwei Verkehrausscheidungsziffern verwendet, im günstigsten Falle nur 200 verschiedene Anlagen gekennzeichnet werden. Bei einer größeren Zahl von Anlagen muß es eine geeignete Netzgestaltung und Kennzahlenvergebung ermöglichen, trotzdem mit dreistelligen Kennzahlen auszukommen.

Dies ist bei der hier zugrunde gelegten Planung, nach der z. B. ein großes Bahn-Fernsprechnetz mit über 1000 Anlagen gestaltet wurde, durch Aufteilung des Gesamtnetzes in Netzgruppen und Großnetz durchgeführt worden, eine Aufteilung, die gewissermaßen den beiden Hauptverkehrsarten (Netzgruppen- und Großnetzverkehr) entspricht. Für jede der beiden Verkehrsarten wurde eine besondere Verkehrausscheidungsziffer vorgesehen. Grundsätzlich kann natürlich auch die gleiche Verkehrausscheidungsziffer verwendet werden. Für große Anlagen hat sich jedoch die erste Lösung mit verschiedenen Ziffern als besonders zweckmäßig erwiesen.

Wird für den Netzgruppenverkehr z. B. die Verkehrausscheidungsziffer 8 genommen, d. h. sind alle Verbindungsleitungen dieses Verkehrs an die 8. Dekade der I. GW angeschlossen, so stehen die Kennzahlen 800 . . . 899 zur Verfügung. Diese 100 Kennzahlen werden wohl stets für die Verteilung innerhalb einer Netzgruppe unter Berücksichtigung des Querverbindungsverkehrs in andere Netzgruppen und des weiter unten näher behandelten Nachbarverkehrs ausreichen; mit ihnen können einschließlich Netzgruppen-Mittelpunkt bis 10 Netzgruppenknoten, von denen jeder bis 9 weitere Anlagen zusammenfassen kann, gekennzeichnet werden. Außerdem können zusätzlich Unterämter derart eingefügt werden, daß die allgemeine Kennzahlenvergebung durch ihren Anschluß nicht beeinflußt wird.

Im Gesamtnetz dagegen wird sich ein Teil der Kennzahlen wiederholen. Um eindeutige Verhältnisse zu behalten, dürfen dann nur die Anlagen der eigenen Netzgruppe mit der Netzgruppenkennzahl erreicht werden, während dies für die in anderen Netzgruppen gelegenen Anlagen gleicher Kennzahl nicht mehr der Fall sein darf. Da für diesen Weitverkehr das Großnetz benutzt werden muß und jeweils nur der Netzgruppen-Mittelpunkt den Zugang zum Großnetz bildet, kann diese Vorschrift ohne weiteres erfüllt werden. Will man beispielsweise die Anlage 835 der eigenen Netzgruppe anwählen, so genügt die Wahl dieser Kennzahl. Wünscht man dagegen eine Verbindung nach einer Anlage 835 einer anderen Netzgruppe, so muß vor dieser Kennzahl noch eine Kennzahl des Großnetzverkehrs gewählt werden. Bei planmäßiger Verteilung der Kennzahlen bleibt die Wahl also eindeutig.

Es ist jedoch Bedingung, daß von vornherein auf benachbarte Netzgruppen Rücksicht genommen wird, da die Netzgruppen vielfach durch Querverbindungen in die benachbarten Gebiete übergreifen. Eine einzige Netzgruppe allein mit Kennzahlen auszurüsten, ohne daß sich später Schwierigkeiten ergeben, ist daher kaum möglich. Es muß vielmehr die Kennzahlenverteilung des Gesamtnetzes ausgearbeitet und der Anschluß später hinzukommender Anlagen berücksichtigt werden, um eine zweckmäßige und endgültige Anordnung zu erhalten.

Wie das Aneinanderreihen der Kennzahlen für Weitverbindungen im einzelnen stattzufinden hat und wieweit Vereinfachungen durch den Nachbarverkehr oder durch besondere Schaltungsmaßnahmen geschaffen werden können, wird in Abschnitt IV gezeigt.

Als Grundlage für die anschließend besprochenen besonderen Schaltmittel wird kurz zusammengefaßt, wie der Aufbau einer Verbindung nach einer beliebigen Anlage innerhalb der Netzgruppe bei dreistelligen Kennzahlen vonstatten gehen kann. Die Verkehrausscheidungsziffer bedeutet, daß der Teilnehmer den Netzgruppenverkehr in Anspruch nehmen will. Durch Wahl dieser Ziffer werden von jeder Anlage aus sofort Leitungen bis zum Netzgruppen-Mittelpunkt zusammengeschaltet. Nach Wahl der zweiten Ziffer wird von dort aus eine Leitung nach dem Netzgruppenknoten belegt, dessen Gebiet durch diese Ziffer gekennzeichnet ist. Die dritte Ziffer schließlich führt zu der gewünschten Anlage.

4. Weichen, Mischwähler und Umsteuerwähler.

Um die Kennzahl niedrig zu halten, um möglichst wenig Leitungen im Verbindungsaufbau zu belegen und um gleichzeitig das Zusammenfassen getrennter Bündel weitestgehend durchzuführen, sind für den Verbindungsverkehr, wie schon angedeutet, besondere Schaltmittel entwickelt worden. Auf diese Einrichtungen — Weichen, Mischwähler und Umsteuerwähler — soll an dieser Stelle kurz eingegangen werden.

In den Netzen liegen häufig mehrere Fernsprechanlagen hintereinander. Anlagen mit besonderen Verkehrsbeziehungen werden in solchen Fällen im handvermittelten Verbindungsverkehr durch unmittelbare Leitungen miteinander verbunden (Abb. 12). Für den Wählverkehr faßt man aus Gründen der Leitungsausnutzung derartige getrennte Bündel zusammen[1]. Die Leitungen zwischen *A* und *B* werden dann beispielsweise sowohl für den Verkehr zwischen *A* und *B* als auch zwischen *A* und *C* verwendet. Das Bündel *AC* wird dafür in *B* aufgetrennt, „geschnitten", und in die Bündel *AB* und *BC* einbezogen.

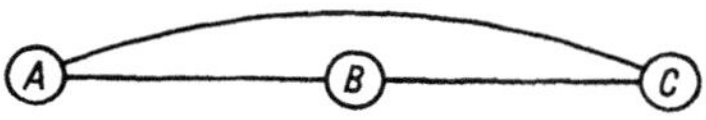

Abb. 12. Fernsprechanlagen mit unmittelbaren Verbindungsleitungen.

Würden die beiden Verbindungsabschnitte *AB* und *BC* in *B* über Gruppenwähler (GW) miteinander verbunden werden (Abb. 13), so müßten die Teilnehmer in *A* zwei Ziffern (z. B. 88); die Teilnehmer in *B* dagegen nur eine Ziffer (z. B. 8) wählen, um nach *C* zu gelangen. Diese Betriebsart würde aber gegen die Grundforderung verstoßen, das Fernsprechnetz mit einheitlichen Kennzahlen auszurüsten. Die Aufwendung einer zusätzlichen GW-Stufe in *B*, lediglich um auch für den Verkehr *BC* zweistellige Kennzahlen zu erhalten, ist im allgemeinen wirtschaftlich nicht vertretbar.

Durch Verwendung von **Weichen** dagegen erzielt man sowohl einheitliche Kennzahlen als auch wirtschaftlichste Ausführung. Weichen ermöglichen es, den Verkehr verschiedener Richtungen am Anfang eines Leitungsbündels zusammenzufassen und ihn ohne Aufwendung einer besonderen Gruppenwahlstufe am Ende des Bündels wieder in die gewünschten Richtungen aufzuteilen. Sie werden im Netzverkehr daher überall dort eingesetzt, wo durch Belegung einer Fernwahlleitung sofort an ihrem Ende auf eine bestimmte von mehreren Richtungen (Wählergruppen, Fernwahlleitungen usw.) durchgeschaltet werden soll. Der

[1] HETTWIG, F.: Fernsprech-Wählanlagen. Oldenbourg 1942 (2. Auflage).

Ausdruck „Weichen“ ist von der entsprechenden Gleiseinrichtung im Zugverkehr übernommen worden. Die Relaisübertragung am Leitungsende — jede Verbindungsleitung hat an ihren beiden Seiten je eine Relaisübertragung (Ue), mit der u. a. die erforderliche Umformung der über die Leitung gegebenen Zeichen vorgenommen wird — erhält dabei

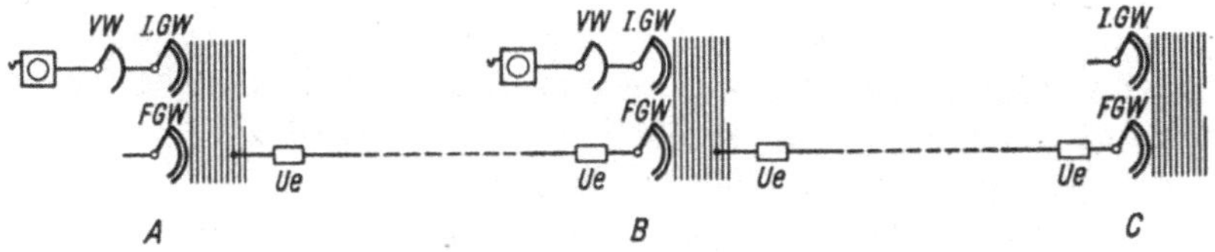

VW = Vorwähler, *I. GW* = I. Gruppenwähler, *FGW* = Ferngruppenwähler, *Ue* = Relaisübertragung.

Abb. 13. Zusammenschalten zweier Leitungsbündel in *B* über Gruppenwähler.

einen besonderen Empfänger, der von einem Sender am Leitungsanfang eingestellt wird.

In Abb. 14 sind die Ue des Bündels *AB* in *A* mit Weichensendern, in *B* mit Weichenempfängern ausgerüstet. Die Relaisübertragung mit Weichensender (UeWS) kann über mehrere Eingänge belegt werden; die

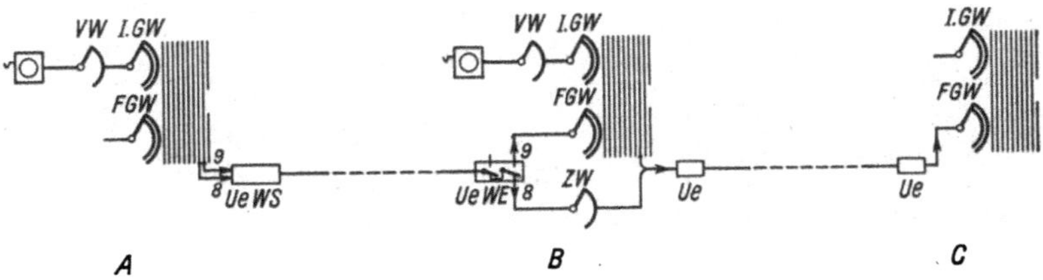

MW = Mischwähler, *Ue* = Relaisübertragung, *UeWE* = Relaisübertragung mit Weichenempfänger, *UeWS* = Relaisübertragung mit Weichensender.

Abb. 14. Zusammenschalten zweier Leitungsbündel in *B* über Weichen.

Relaisübertragung mit Weichenempfänger (UeWE) hat die gleiche Anzahl von Ausgängen. Entsprechend dem Eingang, über den der Weichensender belegt wird, stellen besondere Belegungsstromstöße den Weichenempfänger auf die Richtung ein, die dem benutzten Eingang der Gegenseite entspricht. In Abb. 14 wird von *A* aus z. B. bei der Wahl einer 9 in *B* ein Ferngruppenwähler (FGW), bei Wahl einer 8 über den Mischwähler (MW) sofort die Leitung nach *C* erreicht (vgl. auch Abschnitt X).

Mischwähler (MW), auch „Zwischenwähler“ genannt, sind jeweils einem Ausgang eines Bündels bzw. einer Gruppe fest zugeordnet und suchen in freier Wahl einen beliebigen Eingang zur nächsten Stufe (z. B. Wähler, Verbindungsleitung usw.) aus. Mit ihnen können vollkommene Bündel gebildet und dadurch Leistungssteigerungen in den nachfolgenden Stufen erzielt werden. MW werden also eingesetzt, um Wähler bzw.

Verbindungsleitungen einzusparen oder um einen stärkeren Verkehr über die Wählergruppe bzw. das Leitungsbündel abzuwickeln. Gleichzeitig dienen sie als Zwischenglieder zwischen verschieden großen Leitungsbündeln. Ihr Einsatz im Weichenbetrieb ist aus Abb. 14 ersichtlich. Das Leitungsbündel *BC* in *B* kann nämlich sowohl von den UeWE als auch von der I. GW-Stufe aus erreicht werden. Es wäre unwirtschaftlich, diesen beiden Gruppen besondere Leitungen fest zuzuteilen, da dann die Vorteile der Bündelung wieder verlorengingen. Die UeWE müssen daher Einrichtungen erhalten, eben diese MW, die ebenso wie die GW in freier Wahl das Leitungsbündel *BC* absuchen können.

Dieses Absuchen muß aber in einer möglichst kurzen Zeit vorgenommen werden, da die Zusammenschaltung der beiden Verbindungsleitungen ebenfalls zwischen zwei Stromstoßreihen stattzufinden hat und bereits Zeit durch die freie Wahl des GW in *A* usw. verbraucht wird. Es sind also hierfür besondere Maßnahmen in der Mischwahlstufe zu treffen, durch die die Zusammenschaltung in kürzester Zeit vorgenommen wird (vgl. Abschnitt X).

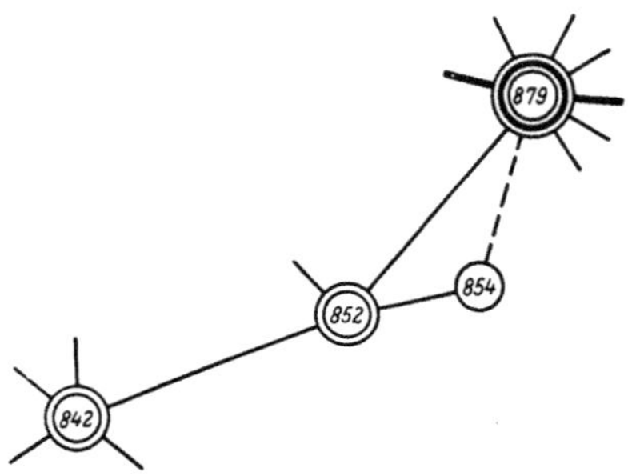

Abb. 15. Ausschnitt aus einer Netzgruppe mit dreistelligen Kennzahlen.

Ein weiteres Schaltmittel für den Verbindungsverkehr ist der **Umsteuerwähler,** oft auch „Richtungswähler" genannt. Umsteuerwähler (UW) verlassen, angereizt durch eine Kennzahl, einen einmal belegten Ausgang und stellen sich auf einen neuen einer anderen Richtung ein. Durch sie können also vorbereitend belegte und danach im Verbindungsaufbau nicht mehr benötigte Verbindungsmittel (Leitungsabschnitte, Wähler usw.) freigegeben werden. In Abb. 15 soll beispielsweise eine Verbindung von der Anlage 842 nach 854 aufgebaut werden. Durch die Wahl einer 8 werden, wie bereits erwähnt, Leitungen bis zum Netzgruppen-Mittelpunkt 879 zusammengeschaltet. Durch Wahl der 5 wird der Knoten 852 als nächstes Ziel bezeichnet. Ohne Umsteuerwähler in 852 müßte eine zweite Leitung des Bündels 879—852 belegt werden, an die sich dann durch Wahl der dritten Ziffer (4) eine Leitung nach 854 fügt. In einer derartigen Verbindung wären dann zwei Leitungen (852—879 und 879—852) enthalten, die für das Gespräch unnötig sind, deren Belegung während des Gespräches also unwirtschaftlich ist. Durch Verwendung von Umsteuerwählern ist es möglich, wirtschaftlichere Verhältnisse zu schaffen.

In Abb. 16 ist ein Auszug aus der Wählerübersicht einer Netzgruppe wiedergegeben, an dem die Wirkungsweise des Umsteuerwählers (UW) kurz erklärt werden soll. Bei Wahl der 8 eines Teilnehmers von 842 wird, wie vorher, ein Verbindungsweg bis zum Netzgruppen-Mittelpunkt 879 vorbereitet. Das Zusammenschalten der einzelnen Abschnitte in 852 wird durch einen UW vorgenommen, der zu diesem Zweck eine freie Leitung seiner Hauptrichtung belegt, also wie ein Mischwähler arbeitet. Um dieses Zusammenschalten in möglichst kurzer Zeit durchzuführen, steht der UW voreingestellt auf einer freien Leitung dieses Bündels. Jede weitere Stromstoßreihe, die den UW durchläuft, wird von seinem Mitlaufwerk geprüft. Entsprechen die eintreffenden Stromstoßreihen

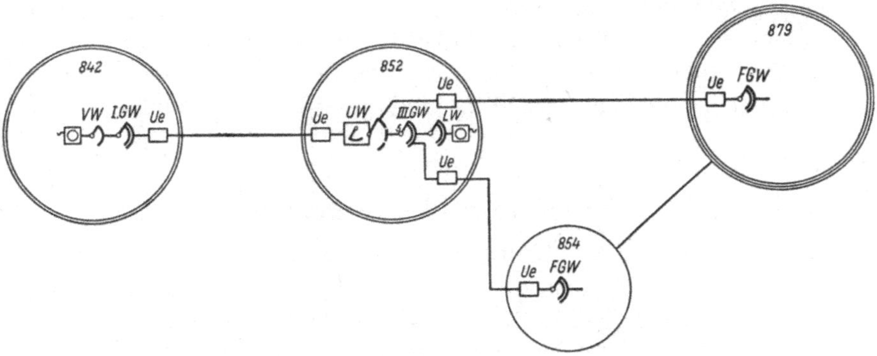

UW = Umsteuerwähler, *LW* = Leitungswähler.

Abb. 16. Auszug aus der Wählerübersicht einer Netzgruppe zur Erklärung der Arbeitsweise eines Umsteuerwählers.

einer der eingestellten Kennzahlen, so prüft er diese Umsteuerrichtung auf freie Ausgänge. Findet der UW einen freien Ausgang in der neuen Richtung, so steuert er auf diesen um und gibt die vorher belegte Hauptrichtung wieder frei. In Abb. 16 z. B. verläßt der UW bei Wahl einer 5 als zweiter Ziffer die Leitung 852—879 und belegt statt dessen einen Wähler der III. GW-Stufe, über den dann durch die dritte Stromstoßreihe (4) die Verbindung weiter nach 854 aufgebaut wird. In bestimmten Fällen kann auch die III. GW-Stufe durch diese UW eingespart werden. Die Umsteuerung würde in diesem Falle erst dann vorgenommen, wenn durch Wahl der vollständigen Kennzahl (in Abb. 16 also 852 oder 854) die endgültige Richtung gekennzeichnet ist. Die LW von 852 bzw. die Leitungen 852—854 wären dann unmittelbar an die betreffenden Umsteuerrichtungen der UW angeschlossen (vgl. z. B. die Anordnung in Abb. 95).

Umsteuerwähler sind also Einrichtungen, die bei Anreiz bestimmter, vorher eingestellter Kennzahlen einen vorbereitend belegten Ausgang freigeben und auf eine andere Richtung umsteuern. Sowohl in der zuerst eingenommenen Hauptrichtung als auch in jeder späteren Umsteuerrichtung wird in freier Wahl einer der vorhandenen Ausgänge belegt

(Voreinstellung in der Hauptrichtung). Die Anzahl der Umsteuerrichtungen, auf die nach der ersten oder zweiten Ziffer umgesteuert werden kann, und die der angeschlossenen Leitungen bestimmen die Größe des Umsteuerwählers (vgl. auch Abschnitt X).

Sind alle Ausgänge der gewünschten Umsteuerrichtung bereits besetzt, so gibt der UW je nach Verdrahtung entweder das Besetztzeichen oder er behält seine Anfangsstellung bei. Die von ihm geprüften Ziffern haben nämlich inzwischen die Wähler z. B. in dem Netzgruppen-Mittelpunkt usw. eingestellt, so daß die Verbindung unter Umständen auf einem anderen Wege zustande kommen kann (Umwegverkehr). Die geschilderte Umsteuerung spielt sich innerhalb der Zeit zwischen zwei Stromstoßreihen ab. Der Teilnehmer merkt also nichts von diesen Vorgängen und erhält auf dem einen oder anderen Wege eine einwandfreie Verbindung.

IV. Kennzahlenvergebung.

1. Netzgruppenverkehr.

In den meisten Fernsprechanlagen stellt der Innenverkehr den größten Teil des Gesamtverkehrs. Man ist also bestrebt, die Teilnehmer-Rufnummer, als die am häufigsten zu wählenden Zahlen, mit den niedrigsten Ziffern beginnen zu lassen, d. h. der Innenverkehr wird möglichst über die unteren Dekaden der ersten Wahlstufe geleitet. Den geringsten Anteil wird der Verkehr in das öffentliche Netz (Post- oder Amtsverkehr) haben, schon deshalb, weil im allgemeinen nur ein Teil der Sprechstellen für ihn zugelassen ist. Die Leitungen in das öffentliche Netz werden daher oft durch die Ziffer 0 erreicht. Die davorliegenden Dekaden (z. B. 9. und 8. Dekade) werden dann zweckmäßig dem Verbindungsverkehr vorbehalten, da dieser Verkehr, auf den Teilnehmer bezogen, schwächer als der Innenverkehr, aber stärker als der Verkehr in das öffentliche Netz ist.

Um einen Überblick über die praktische Durchführung der bisher mehr grundsätzlich behandelten Fragen zu haben, sollen an Hand eines Beispiels die Kennzahlenvergebung und die dafür verwendeten Schaltmittel beschrieben werden. Abb. 17 gibt einen Auszug aus einer Netzgruppe, bei der entsprechend einem ausgeführten Bahnfernsprechnetz dreistellige Kennzahlen zugrunde gelegt wurden. Als Verkehrausscheidungsziffer ist dabei die Ziffer 8 verwendet worden. Netzgruppenknoten und die netztechnisch zugehörigen Fernsprechanlagen haben in ihren Kennzahlen an zweiter Stelle die gleiche Ziffer. Für die an den Netzgruppen-Mittelpunkt unmittelbar angeschlossenen Anlagen (876, 878, 870) übernimmt dieser ebenfalls die Aufgaben eines Netzgruppenknotens.

Abb. 18 gibt einen Auszug aus der Wählerübersicht dieser Netzgruppe. Um den Überblick nicht zu erschweren, sind von jeder der Anlagen — es sind die in Abb. 17 hervorgehobenen Anlagen dargestellt — nur die für die Erläuterung wichtigen Einrichtungen herausgezeichnet worden.

Ein Teilnehmer der Anlage 835 stelle eine Verbindung nach einem Teilnehmer von 865 her. Er belegt beim Abheben, wie üblich, über seinen Vorwähler (VW) einen freien I. Gruppenwähler (I. GW). Dieser wird durch die Wahl der Verkehrausscheidungsziffer (8) in die 8. Dekade gehoben und belegt über die Hauptrichtung eines dort angeschlossenen Umsteuerwählers (UW) die Relaisübertragung (in diesem Falle UeWE)

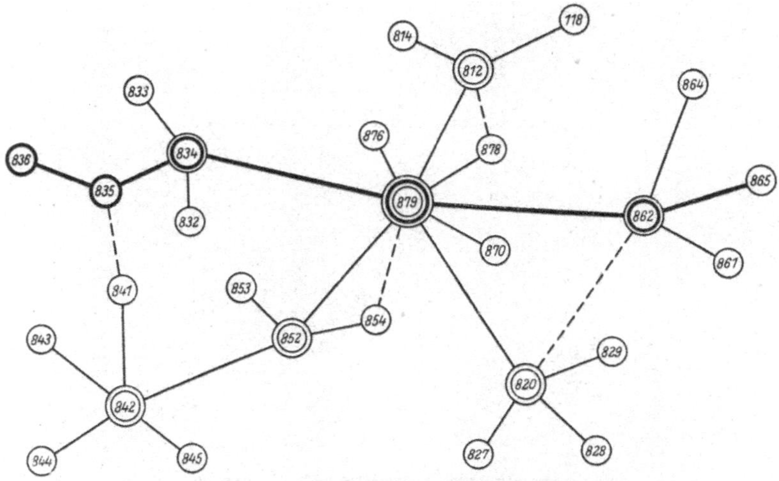

Der hervorgehobene Teil entspricht dem Auszug für Abb. 18.

Abb. 17. Beispiel zur Kennzahlenvergebung in einer Netzgruppe.

einer freien Leitung nach 834. Dort schaltet sich die Verbindung selbsttätig von der UeWS über einen weiteren UW und eine Leitung 834—879 bis zu einem II. GW des Netzgruppen-Mittelpunktes 879 durch.

Die hier zugrunde gelegte Netztechnik ist dadurch gekennzeichnet, daß die II. GW des Netzgruppenverkehrs stets nur im Netzgruppen-Mittelpunkt aufgestellt sind. Für jede Verbindung wird also sofort nach Wahl der Verkehrausscheidungsziffer ein Weg bis zum Netzgruppen-Mittelpunkt vorbereitet. Die UW-Stufen in 835 und 834 haben die Aufgabe, diesen vorbereiteten Weg sofort ganz oder abschnittweise wieder freizugeben, wenn die weitere Wahl kennzeichnet, daß die gewünschte Verbindung nicht so weit verläuft.

Die zweite Stromstoßreihe (6) steuert demnach bereits im Netzgruppen-Mittelpunkt einen II. GW, der eine Verbindungsleitung nach dem Netzgruppenknoten 862 und dort einen III. GW belegt.

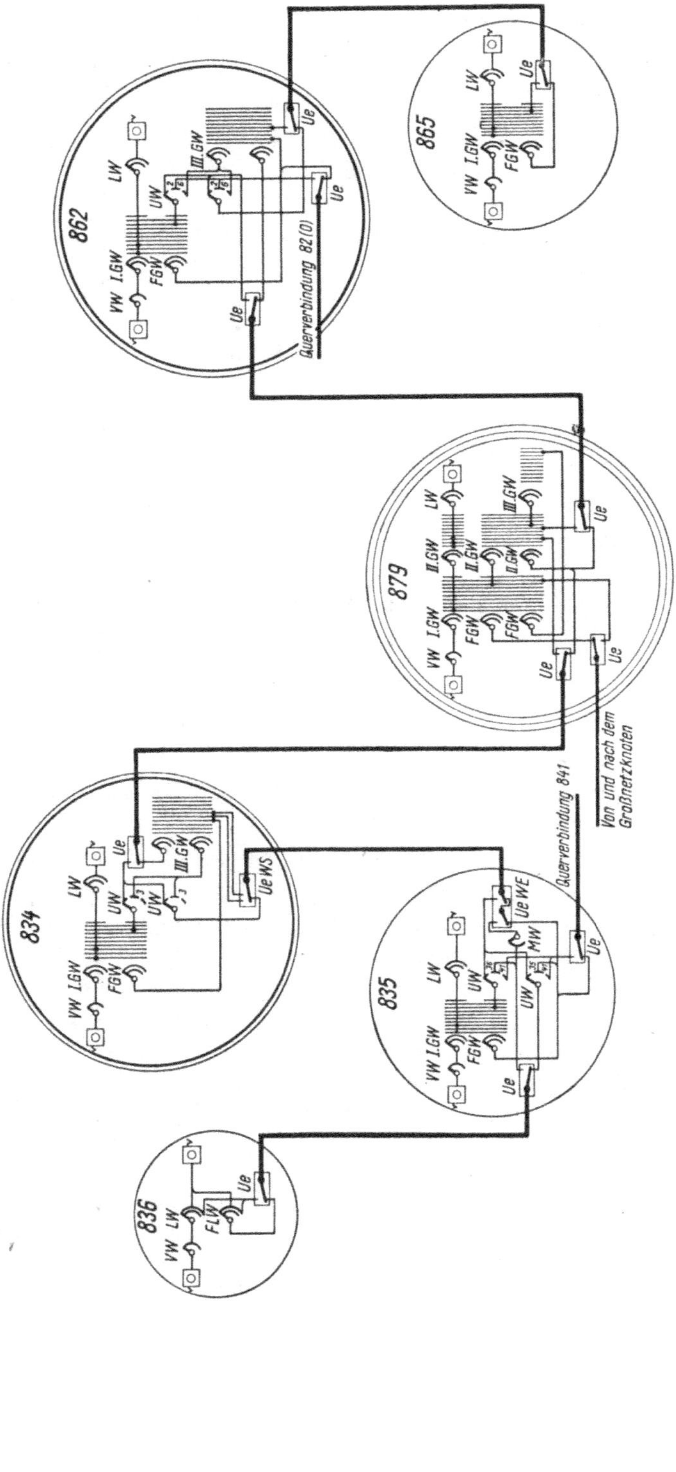

Abb. 18. Auszug aus der Wählerübersicht einer Netzgruppe.

Die III. GW-Stufe ist in der hier verwendeten Technik stets den einzelnen Netzgruppenknoten zugeordnet; über sie findet die endgültige Kennzeichnung der gewünschten Anlage statt. Da der Netzgruppen-Mittelpunkt für die unmittelbar angeschlossenen Anlagen (876, 878, 870 in Abb. 17) gleichzeitig die Obliegenheiten eines Netzgruppenknotens übernimmt, sind auch im Netzgruppen-Mittelpunkt III. GW vorhanden.

Die dritte Stromstoßreihe (5) stellt also einen III. GW in 862 auf die 5. Dekade ein, wodurch die Verbindung bis zur Fernsprechanlage 865 aufgebaut wird. Dort wird ein Ferngruppenwähler (FGW) belegt, dessen Ausgänge mit denen der I. GW dieser Anlage, mit Ausnahme der 0. Dekade, vielfachgeschaltet sind. Durch Wahl der Teilnehmer-Rufnummer wird der gewünschte Teilnehmeranschluß erreicht.

Der ferne Teilnehmer hat also nach Wahl der Kennzahl 865 die gleiche Wahlstufe erreicht wie ein Teilnehmer der Anlage 865, der gerade seinen Handapparat abgehoben und dadurch einen der mit den FGW vielfachgeschalteten I. GW belegt hat. Lediglich die 0. Dekade, d. h. der Verkehr in das öffentliche Netz, ist für ihn versperrt, da die Bedingung besteht, daß jeder Teilnehmer nur in seiner eigenen Fernsprechanlage Zugang zum öffentlichen Netz erhalten darf. Es ist also nicht möglich, eine Verbindung über große Entfernungen in dem bahneigenen Fernsprechnetz aufzubauen und erst in der fernen Anlage das öffentliche Netz zu benutzen und so den Postfernverkehr zu umgehen. Diese Bedingung kann auf einfachste Art z. B. dadurch erfüllt werden, daß in der 0. Dekade die Vielfachschaltung zwischen der I. GW- und der FGW-Stufe fehlt.

Bei einer Verbindung von 835 nach 834 wird ebenfalls durch Wahl der Ziffer 8 ein Verbindungsweg bis zum II. GW des Netzgruppen-Mittelpunktes 879 vorbereitet. Für das Gespräch selbst ist jedoch der Abschnitt 834—879 in diesem Fall nicht notwendig; er muß also schnellstens wieder freigegeben werden. Schon durch die Wahl einer 3 als zweiter Ziffer kennzeichnet der Teilnehmer, daß er entweder den eigenen Netzgruppenknoten selbst oder eine an ihn unmittelbar angeschlossene Anlage erreichen will. Der UW in 834 prüft daher die betreffende Umsteuerrichtung, steuert auf einen freien Ausgang um und belegt einen der III. GW in 834; gleichzeitig wird die Leitung 834—879 frei. Die dritte Ziffer (4) stellt dann den belegten III. GW in diesem Fall auf einen FGW des Netzgruppenknotens 834 ein.

Bei einer Verbindung von 835 nach 836 gibt der UW in 834 bei der zweiten Ziffer (3) ebenfalls den Abschnitt 834—879 frei. Bei Wahl einer 6 als dritter Ziffer wird auch Abschnitt 835—834 für das Gespräch überflüssig. Der UW in 835 steuert daher auf eine unmittelbare Leitung nach 836 um und gibt die Leitung 835—834 wieder frei. In 836 wird, im Gegensatz zu dem oben beschriebenen Beispiel, ein Fernleitungswähler

(FLW) belegt, da es sich hier um eine 100er-Anlage handelt. Diese FLW-Stufe ist mit den LW in der gleichen Weise vielfachgeschaltet wie in größeren Anlagen die FGW- mit der I. GW-Stufe.

Ein Kennzeichen der hier beschriebenen Technik ist, daß sofort nach dem Wählen der Verkehrausscheidungsziffer ein Verbindungsweg bis zum Netzgruppen-Mittelpunkt belegt wird. In vielen Fällen wird er auch später für die Verbindung benutzt. Bei einer geringeren Zahl von Verbindungen allerdings wird ein Teil des vorbereitend aufgebauten Weges überflüssig und dann sofort nach Wahl der betreffenden Ziffer der Kennzahl wieder freigegeben. Die Belegungszeiten der in diesem Falle ,,unnötig'' belegten Leitungen sind jedoch so kurz, daß sie keinen fühlbaren Einfluß auf die Gesamtbelastung der Verbindungsleitungen ausüben. Durch Wahl einer anderen Technik ist es jedoch möglich, diese Vorbereitung ohne sofortige, vollständige Belegung durchzuführen. Auch hier werden wirtschaftliche Gesichtspunkte jeweils die zu benutzende Technik bestimmen.

Die beiden Anlagen 835 und 836 liegen hintereinander an dem Verbindungsweg 834—835—836. Bei Verwendung von Weichen werden daher beide Anlagen über das gleiche Leitungsbündel 834—835 erreicht. Wird also eine Verbindung z. B. vom Netzgruppen-Mittelpunkt 879 dorthin aufgebaut, so wird bei Wahl der dritten Ziffer (5 oder 6) die Relaisübertragung mit Weichensender (UeWS) in 834 vom III. GW über einen ihrer beiden Eingänge belegt. Der Belegungsstromstoß des Weichensenders steuert dann den Weichenempfänger in 835 entweder auf einen FGW in 835 oder über einen Mischwähler (MW) auf eine Leitung nach 836 um.

Dabei muß jedoch betont werden: In dem geschilderten Beispiel ist für den Teilnehmer die gewünschte Anlage erst dann tatsächlich erreicht, wenn er die *volle* Kennzahl gewählt, wenn er also einen FGW bzw. FLW der betreffenden Anlage belegt hat. Eine Verbindung nach dem Netzgruppen-Mittelpunkt ist demnach niemals vollständig, wenn durch die Wahl einer 8 dort ein II. GW bereitgestellt worden ist. Es müssen vielmehr für eine Verbindung dorthin noch zwei weitere Ziffern (hier 7 und 9) gewählt werden, mit denen über einen III. GW ein FGW von 879 belegt wird.

Wie schon die angeführten Beispiele zeigen, werden Netzaufbau, Kennzahlen, Leitungsbündelung usw. durch Verwendung von Umsteuerwählern und Weichen übersichtlicher und einfacher. Die Umsteuerwähler werden dabei im Netzgruppenverkehr ganz allgemein für den Verkehr in Richtung zum Netzgruppen-Mittelpunkt, die Weichen für den Verkehr in entgegengesetzter Richtung benötigt. Mischwähler befinden sich beispielsweise stets an den Ausgängen der Weichenempfänger, die eine Leitung aus einem weitergehenden Bündel belegen müssen.

2. Großnetzverkehr.

Das Großnetz dient in dem gewählten Beispiel in der Hauptsache dem Fernsprechverkehr zwischen den Netzgruppen-Mittelpunkten, d. h. zwischen den Direktionssitzen. Daneben wird das Großnetz aber auch für den Weitverkehr beliebiger Teilnehmer des gesamten Netzes benutzt, die zu diesem Zweck Netzgruppenleitungen, Großnetzleitungen und nochmals Netzgruppenleitungen aneinanderzureihen haben. Da der Verkehr zwischen den Direktionssitzen in vielen Fällen überwiegen wird, ist diesem Betriebszustand aus wirtschaftlichen Gründen in bezug auf

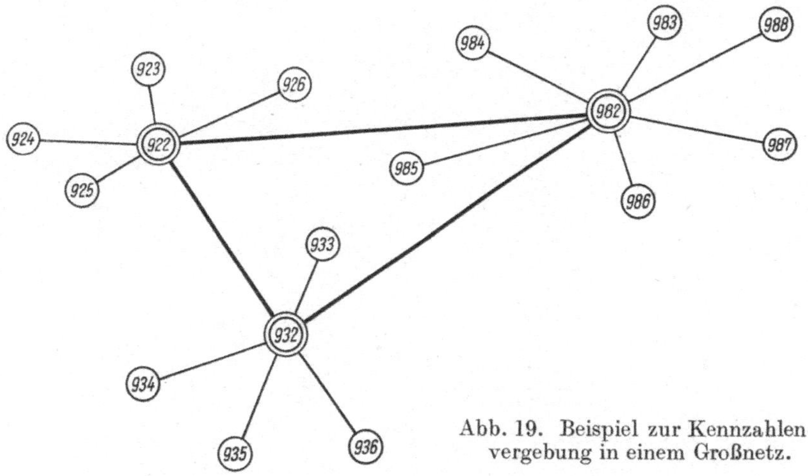

Abb. 19. Beispiel zur Kennzahlenvergebung in einem Großnetz.

Technik und Kennzahlenvergebung Rechnung zu tragen. Eine der möglichen Ausführungen soll näher erläutert werden.

Die Teilnehmer, die unmittelbar an die Fernsprechanlagen der Netzgruppen-Mittelpunkte angeschlossen sind, können jede andere Anlage des Großnetzes ebenfalls mit einer dreistelligen Kennzahl erreichen. Als Verkehrausscheidungsziffer für den Großnetzverkehr sei beispielsweise die Ziffer 9 vorgesehen. In Abb. 19 sind die Verbindungsleitungen, die das Großnetz bilden, aus dem Gesamtnetz herausgezeichnet. Die Einordnung der Wahlstufen entspricht derjenigen für Netzgruppen. Allerdings fehlt, wie schon erwähnt, ein „Großnetz-Mittelpunkt"; die ihn kennzeichnenden II. GW sind im Großnetz vielmehr aufgeteilt und den einzelnen Großnetzknoten zugeordnet, so daß man netztechnisch von einem „aufgeteilten Großnetz-Mittelpunkt" sprechen könnte. Neben den II. GW befinden sich in den Großnetzknoten die III. GW, die auch hier ebenso wie in der Netzgruppe den Netzknoten kennzeichnen.

Der Aufbau einer Verbindung zwischen zwei beliebigen Großnetzanlagen, z. B. zwischen **923** und **983** (Abb. 20), vollzieht sich folgender-

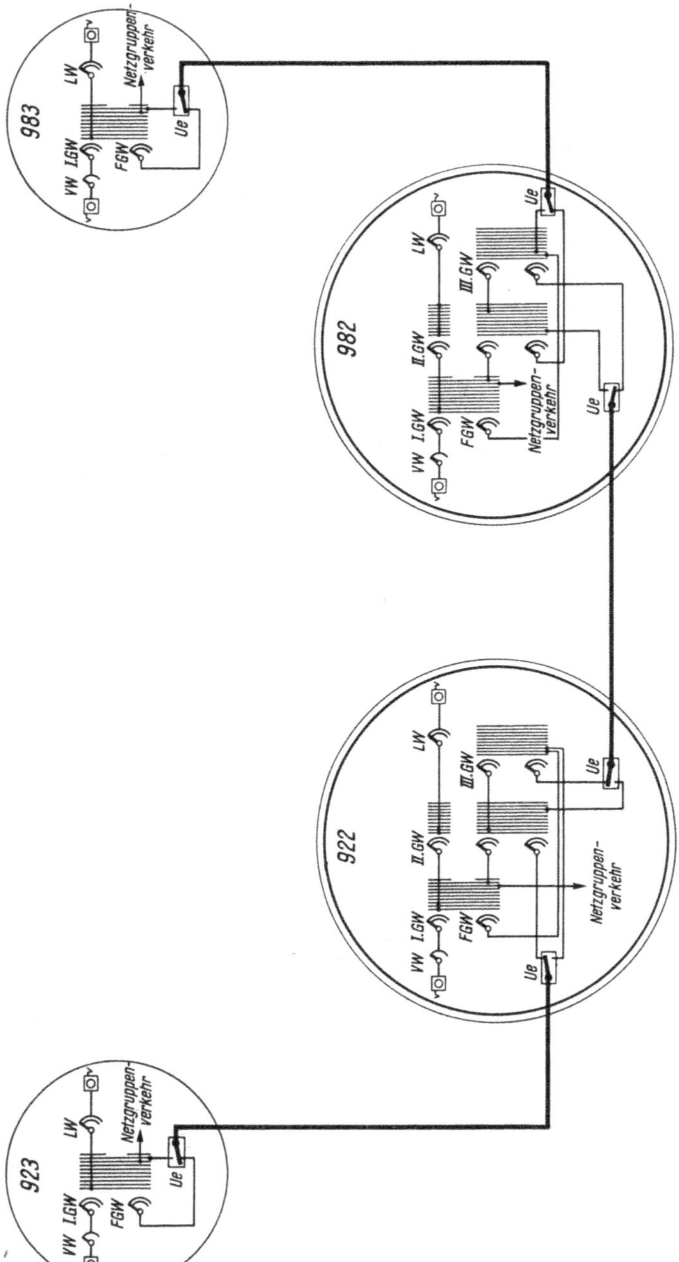

Abb. 20. Auszug aus der Wählerübersicht eines Großnetzes.

maßen: Durch die Wahl der Verkehrausscheidungsziffer 9 stellt der Teilnehmer in 923, wie üblich, seinen I. GW ein und belegt eine Leitung nach seinem Großnetzknoten (922) und dort einen II. GW. Diesem Vorgang entspricht im Netzgruppenverkehr die vorbereitende Belegung eines Verbindungsweges bis zum II. GW des Netzgruppen-Mittelpunktes. Durch die zweite Ziffer wird die Verbindung weiter bis zu einem III. GW desjenigen Großnetzknotens geführt, an den die gewünschte Anlage angeschlossen ist. Dies kann entweder einer der fernen oder der eigene Großnetzknoten sein. Da im geschilderten Fall als zweite Ziffer eine 8 gewählt wird, baut sich die Verbindung bis zu einem III. GW des Großnetzknotens 982 auf. Die dritte Ziffer (3) vervollständigt dann die Verbindung bis zum FGW der gewünschten Anlage 983.

In dem gewählten Beispiel (Abb. 19) sind drei Großnetzknoten vorgesehen. Sollten mehr Großnetzknoten erforderlich sein, so kann eine entsprechende Lösung mit unmittelbaren Leitungen zwischen allen Großnetzknoten oder auch ohne unmittelbare Verbindungen, z. B. mittels Weichen, getroffen werden.

3. Verbindungsverkehr zwischen beliebigen Anlagen verschiedener Netzgruppen.

Neben dem „reinen" Netzgruppenverkehr und dem „reinen" Großnetzverkehr bestehen auch für beliebige Netzgruppenanlagen Verkehrsbeziehungen nach fremden Direktionssitzen und darüber hinaus nach beliebigen Fernsprechanlagen des Gesamtnetzes (in Abb. 6 z. B. von *A* nach *E* oder *F*). Da dieser Verkehr seiner Häufigkeit nach hinter den anderen beiden Fernverkehrsarten zurücktritt, belastet die Wahl mehrerer Kennzahlen den Teilnehmer kaum. Ist die Gesprächshäufigkeit anders verteilt, so kann natürlich, wie noch später angedeutet wird, eine andere Lösung getroffen werden.

In der hier zugrunde gelegten Anordnung erreichen die Teilnehmer einer beliebigen Anlage das Großnetz nur über ihren Netzgruppen-Mittelpunkt. Zu diesem Zweck muß also zuerst dessen Kennzahl (8xx) gewählt werden, in Abb. 18 z. B. 879. Dadurch wird die Verbindung bis zu einem FGW von 879 aufgebaut, an dessen 9. Dekade die Großnetzleitungen zum zugehörigen Großnetzknoten angeschlossen sind. Durch Wahl der Großnetzkennzahl des Mittelpunktes der gewünschten Netzgruppe (9xx) wird dort ein FGW belegt. Wird ein Teilnehmer des Netzgruppen-Mittelpunktes selbst verlangt, so schließt sich nunmehr die Wahl der Teilnehmer-Rufnummer an. Soll jedoch die Verbindung nach einer beliebigen Anlage der angewählten Netzgruppe führen, so ist zusätzlich die Kennzahl der gewünschten Anlage (8xx) und danach erst die Teilnehmer-Rufnummer zu wählen.

Für diesen Weitverkehr sind also zwei oder drei Kennzahlen zu wählen.

Diese Lösung erfordert den geringsten Aufwand; denn durch das Aneinanderreihen der Kennzahlen braucht in den Netzgruppen-Mittelpunkten lediglich ein Übergang zwischen dem Wählerteil des Netzgruppenverkehrs und dem des Großnetzverkehrs vorgesehen zu werden. Dem verminderten Aufwand steht eine gewisse Mehrarbeit der Teilnehmer gegenüber, die ihnen jedoch wegen der geringeren Gesprächshäufigkeit dieses „allgemeinsten" Weitverkehrs ohne weiteres zugemutet werden kann.

Ist eine andere Verkehrsverteilung zu berücksichtigen und will man dem Teilnehmer nicht das häufige Wählen vieler Ziffern zumuten, so kann durch eine entsprechende Technik ein Weitverkehr mit geringerer Stellenzahl für die zu wählenden Nummern geschaffen werden. Diese weitgehende Anpassungsfähigkeit an jede Betriebseigenheit ist einer der großen Vorzüge des zugrunde gelegten Schrittschaltsystems. Durch Einfügen von Weichen könnte z. B. von jeder beliebigen Anlage aus schon durch Wahl der Verkehrausscheidungsziffer 9 sofort ein Verbindungsweg über den Netzgruppen-Mittelpunkt nach dem zugehörigen Großnetzknoten zusammengestellt werden. Der Netzgruppenteilnehmer würde dann die gewünschte Großnetzanlage durch Wahl der Großnetzkennzahl allein erhalten. Nach einer anderen Lösung, die diese Weichen vermeidet, könnte der Übergang zum Großnetz bereits an einer Dekade der II. GW-Stufe des Netzgruppen-Mittelpunktes stattfinden. In diesem Falle hätte der Netzgruppenteilnehmer vor der Wahl der Großnetzkennzahl lediglich die Verkehrausscheidungsziffer 8 zu wählen. Bei jeder Planung ist jedoch genau zu untersuchen, ob Aufwand und Betriebsabwicklung den vorliegenden Verkehrsverhältnissen entsprechen; dabei ist zu bedenken, daß die aufgewendeten Schaltmittel bei großen Netzen stets in einer Vielzahl erforderlich werden.

An Hand eines Beispiels, das den Wähleraufbau eines Großnetzknotens behandelt (Abb. 21), seien nochmals alle Verkehrsmöglichkeiten innerhalb einer derartigen Anlage zusammengestellt. Der abgebildete Großnetzknoten ist, wie fast jede Anlage des Großnetzes, gleichzeitig Netzgruppen-Mittelpunkt. Er hat dadurch zwei Kennzahlen: einmal die Großnetzkennzahl 982 für den Großnetzverkehr, sodann als Netzgruppen-Mittelpunkt die Netzgruppenkennzahl 882. Beide Kennzahlen unterscheiden sich nur durch ihre Verkehrausscheidungsziffer. Diese Reglung erleichtert naturgemäß das Behalten der Kennzahlen und damit den praktischen Fernsprechbetrieb; ihr muß aber von vornherein bei der allgemeinen Planung Rechnung getragen werden, d. h. die Kennzahlenvergebung im Großnetz und in den Netzgruppen kann nicht unabhängig voneinander vorgenommen werden.

Entsprechend den beiden Verkehrausscheidungsziffern sind zwei Wählerteile vorgesehen. Der eine, der abgehend über die 8. Dekade der I. GW-Stufe erreicht wird, verarbeitet den Netzgruppenverkehr. Über den zweiten, der abgehend an die 9. Dekade der I. GW-Stufe angeschlossen ist, wird der Großnetzverkehr abgewickelt. Beide Teile sind über die FGW- bzw. I. GW-Stufe zu erreichen, so daß dort auch der Übergang zwischen beiden Verkehrsarten stattfindet.

Der ankommende und abgehende Netzgruppenverkehr wickelt sich über die Bündel *a* und *b*, der Großnetzverkehr über *c* und *d* ab. Beide

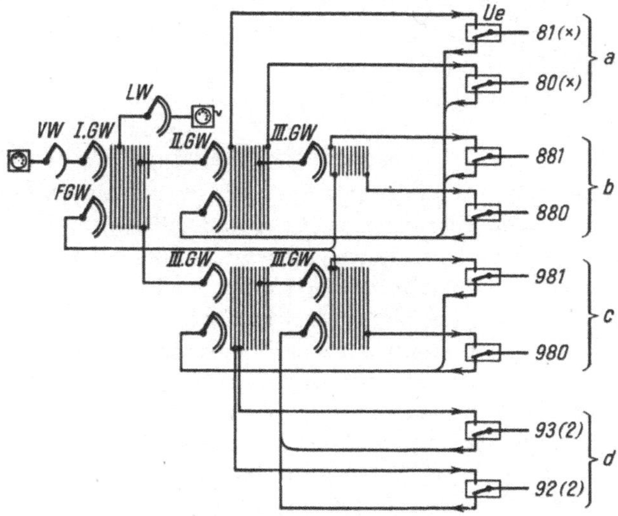

a = von und nach den Netzgruppenknoten; *b* = von und nach den Anlagen, die unmittelbar an dem Netzgruppen-Mittelpunkt (882) angeschlossen sind; *c* = von und nach den Netzgruppen-Mittelpunkten, die dem Großnetzknoten (982) zugeordnet sind; *d* = von und nach den übrigen Großnetzknoten, z. B. 922 und 932.

Abb. 21. Auszug aus der Wählerübersicht eines Großnetzknotens (982 bzw. 882).

Verkehrsarten, für sich betrachtet, benutzen die entsprechenden II. und III. GW-Stufen. Der in 882 bzw. 982 verbleibende Verkehr gelangt über die 2. Dekade der III. GW-Stufen des Netzgruppen- bzw. Großnetzverkehrs zur FGW-Stufe, die mit der I. GW-Stufe von 882/982 vielfachgeschaltet ist. Die gleiche FGW-Stufe wird benutzt, wenn der Verkehr von der Netzgruppe in das Großnetz bzw. umgekehrt übergehen soll.

Da jede Netzgruppenverbindung nach Wahl der Verkehrausscheidungsziffer (8) den Netzgruppen-Mittelpunkt ansteuert, enden alle Netzgruppenleitungen ankommend an der II. GW-Stufe von 882. Abgehend werden die Netzgruppenleitungen über die II. GW-Stufe erreicht, wenn sie nach Netzgruppenknoten führen (Bündel *a*), über die III. GW-Stufe, wenn sie nach unmittelbar an 882 angeschlossenen Netzgruppenanlagen verlaufen (Bündel *b*).

Die Großnetzleitungen enden sowohl an II. GW als auch an III. GW des Großnetz-Wählerteils. Von Großnetzanlagen, die dem Großnetzknoten 982 unmittelbar zugeordnet sind (Bündel *c*), wird dort durch Wahl der Verkehrausscheidungsziffer (9) ein II. GW belegt. Leitungen von den anderen Großnetzknoten (Bündel *d*) führen zur III. GW-Stufe, da in diesem Falle die zweite Ziffer zur Ansteuerung von 982 bereits gewählt ist. Abgehend werden die Leitungen nach den unmittelbar zugeordneten Großnetzanlagen über die III. GW-Stufe (Bündel *c*), nach den übrigen Großnetzknoten über die II. GW-Stufe (Bündel *d*) erreicht.

Die Nummerngabe, die in Abb. 21 den eingeklammerten Ziffern entspricht (Bündel *a* und *d*), wirkt sich abgehend jeweils in den fernen Anlagen aus und steuert dort einen III. GW.

4. Nachbarverkehr.

Wie in früheren Abschnitten ausgeführt wurde, müssen übertragungstechnisch hohe Anforderungen an die Großnetzleitungen gestellt werden. Ein Teil der vorhandenen Leitungen zwischen den Netzgruppen-Mittelpunkten wird diesen Anforderungen nicht genügen. Sie können nur im Endverkehr mit einer bestimmten Restdämpfung verwendet, aber nicht in das Großnetz einbezogen werden. Man schließt sie dann zweckmäßig ebenfalls an eine III. GW-Stufe des Netzgruppenverkehrs an (z. B. Bündel *b* in Abb. 21) und kann über sie von jeder Anlage der Netzgruppe den betreffenden Mittelpunkt einer benachbarten Netzgruppe durch Wählen der dreistelligen Netzgruppenkennzahl (8xx) erreichen. Neben dem wirtschaftlichen Vorteil, Leitungen verwenden zu können, die nicht den Anforderungen des Großnetzes entsprechen, erhält man ohne zusätzliche Aufwendungen die Möglichkeit, benachbarte Netzgruppen-Mittelpunkte ebenfalls mit dreistelligen Kennzahlen anzuwählen und gleichzeitig das Großnetz durch Herausnahme dieses „Nachbarverkehrs“ zu entlasten.

V. Systembedingungen.

Ein Wählsystem, das für die Anlagen in einem derartigen Netz eingesetzt wird und allen Sonderforderungen gerecht werden soll, hat die verschiedensten Bedingungen zu erfüllen. Erstens stellt der Selbstwählfernverkehr bestimmte Anforderungen. Da ferner ein Teil der angeschlossenen Teilnehmer mit den Sprechstellen des öffentlichen Netzes verkehren muß, sind die hohen Betriebsbedingungen zeitgemäßer Nebenstellenanlagen sowie die einschlägigen Vorschriften der betreffenden Postverwaltung (z. B. Fernsprechordnung der Deutschen Reichspost) zu berücksichtigen. Schließlich sind die betrieblichen Sonderforderungen des Bahn-Fernsprechverkehrs zu erfüllen, und es müssen höchste Wirtschaftlichkeit und umfassende Einsatzmöglichkeit gewährleistet werden. Daraus ergeben sich neben den allgemeinen Grundbedingungen, die ein neuzeitliches Wählsystem erfüllen muß, folgende Einzelaufgaben, deren Bedeutung und Einfluß in den folgenden Abschnitten jeweils noch besonders betont werden:

1. Schnelle Wahlbereitschaft; sowohl im Innen- als auch im Verbindungsverkehr keine Zwangspausen zwischen dem Wählen der einzelnen Ziffern.

2. Mindestmaß an Stromstoßumsetzungen innerhalb des Verbindungsaufbaues; weitgehende Durchschaltung der Sprechadern unter Verwendung von Schleifenstromstoßgabe; besonders geringe Sprechdämpfung innerhalb der Anlagen; möglichst vollkommene Symmetrie während des Verbindungsaufbaues, während der Hörzeichengabe und im Gesprächszustand; Unempfindlichkeit gegenüber Starkstrombeeinflussungen.

3. Anschluß jeder Art von Leitungen an die Anlagen, wie z. B. Fernwahlleitungen, halbselbsttätige Fernleitungen, Gesellschaftsleitungen jeder Betriebsform.

4. Einsatz sämtlicher Fernwahlarten (Gleichstrom-, Wechselstrom-, Induktiv- und Tonfrequenzwahl), um jeweils die technisch und wirtschaftlich beste Form für die unterschiedlichen Entfernungen und Leitungsarten (Freileitungen und Kabel, verstärkte und unverstärkte Leitungen, Zweidraht- und Vierdrahtleitungen, niederfrequente und trägerfrequente Verbindungswege) heranziehen zu können.

5. Verwendbarkeit für Anlagen jeder Größe (100er-, 1000er-Bauart usw.); Speisung des Angerufenen und Anrufenden vom Leitungswähler aus (bei Innenverbindungen), unabhängig vom Vorhandensein von Gruppenwahlstufen.

6. Leitungswähler mit Durchschaltemöglichkeit im Verbindungsverkehr; selbsttätiges Eindrehen mit anschließender freier Wahl schon nach dem Wählen *einer* Ziffer (gruppenwählermäßiges Arbeiten des LW).

7. Aufschaltemöglichkeit; zwangsweise Aufschalteverhinderung bei unerlaubten Eingriffen.

8. Besondere Kennzeichen, wie z. B.:

Meldekennzeichen, das die gesamte Verbindung entgegen der Aufbaurichtung durchläuft; es wird z. B. zur Steuerung von Anschlußübertragungen des halbselbsttätigen Verkehrs, zur endgültigen Durchschaltung der Sprechadern bei Tonfrequenzwahl ausgenutzt.

Endverstärker-Durchgangskennzeichen, das die Ausschaltung der Dämpfungsglieder im Durchgangsverkehr bei zweidrähtiger Durchschaltung veranlaßt.

9. Anschluß von Sprechstellen verschiedener Berechtigung:

a) in bezug auf den Verkehr in das öffentliche Netz: Nebenstellen (voll und halb amtsberechtigt) und Bahnstellen (nicht amtsberechtigt);

b) in bezug auf den Bahnverkehr: Bahnstellen und beschränkte Bahnstellen.

10. Schnurlose Vermittlung (Tasten, Kippschalter); Relaissteuerung; Verbindungsherstellung mittels Zugnummernschalter oder Zahlengeber; gleichzeitiger Anruf an zwei parallelgeschalteten Vermittlungstischen.

11. Im Amtsverkehr (öffentliches Netz): Rückfrage, Gesprächsumlegung, Aufschalten, Trennen von Amtsverbindungen durch die Vermittlung, selbsttätiger Wiederanruf, selbsttätige Gesprächsauslösung, Warteschaltung, Nachtschaltung, Flackern durch die Vermittlungsperson nach einem öffentlichen Handamt, Flackern durch den Teilnehmer nach seiner Vermittlung (= Rückrufen), 20-s-Sperrung im Verkehr mit Handämtern, Fernhalten der Betriebszeichen der Bahn-Fernsprechanlagen vom öffentlichen Netz usw.

12. Bei halbselbsttätigen Fern- und OB-Gesellschaftsleitungen: Aufschalten, Trennen entsprechender Verbindungen durch die Vermittlung, selbsttätiger Wiederanruf, selbsttätige Gesprächsauslösung, Anrufmöglichkeit über halbselbsttätige Leitungen auch bei belegter Leitung usw.

13. Nachrufen über halbselbsttätige Fernleitungen und Abgabe von Morsezeichen auf OB-Gesellschaftsleitungen mittels Ruftaste (Vermittlungsperson) bzw. Nummernschalter (Teilnehmer).

14. Überwachung für Fernwahlleitungen: Kennzeichnung des Belegtzustandes; Eintreten der Vermittlungsperson in bestehende Verbindungen; Trennmöglichkeit.

15. Umschaltung jeder Art von Fern*wahl*leitungen auf halbselbsttätigen Betrieb, z. B. zur Abwicklung des Unfallverkehrs.

16. Sofortige Herstellung von Verbindungen innerhalb des Gesamtnetzes unabhängig vom Zustand der benötigten Leitungen (Freimachen belegter Leitungen; besondere Dringlichkeitskennzeichen am Vermittlungsplatz).

17. Auslösen der Verbindung nach Gesprächsschluß durch den zuerst auflegenden Teilnehmer: Auslösung durch den Anrufenden, Rückauslösung durch den Angerufenen; wichtig z. B. für halbselbsttätige Leitungen.

18. Anschluß von Zweieranschlüssen.

19. Erweiterungen der Systembedingungen durch Zusatzeinrichtungen, wie z. B. Fangmöglichkeit zur Feststellung des Anrufers, Abwerfeinrichtung zum Freimachen der ersten Wahlstufe, Teilnehmerwarteschaltung usw.

Derartige Forderungen können durch ein Schrittschaltsystem besonders einfach, zweckmäßig und wirtschaftlich erfüllt werden, ganz gleich, ob es sich dabei um den Einsatz in Groß- oder Kleinanlagen handelt.

Schon seit einigen Jahrzehnten bestehen Wählsysteme und Vermittlungseinrichtungen, die den verschiedensten Betriebsbedingungen der

Bahn-Fernsprechanlagen Rechnung tragen. Ihre Entstehung fällt etwa mit den großen Entwicklungsstufen in der Wähltechnik zusammen; denn die im Laufe der Zeit erkannten allgemeinen Verbesserungen wurden naturgemäß auch nacheinander für den Bahn-Fernsprechbetrieb übernommen. An den in großen Bahn-Fernsprechnetzen vorhandenen Fernsprechanlagen kann daher oft ein großer Teil der Entwicklungsgeschichte des Wählverkehrs — sowohl in schaltungstechnischer als auch in konstruktiver Beziehung — erkannt werden.

Für größere Anlagen, denen im Gesamtnetz meistens als Knotenpunkt oder Netzgruppen-Mittelpunkt eine gewisse Bedeutung zukommt, wurden sog. „große Bahnsysteme" eingesetzt, die in Anlehnung an die Systeme für öffentliche Netze die Speisung für den Anrufenden vom I. Gruppenwähler beziehen. Der I. GW ist durch Ringübertrager oder Kondensatoren abgeriegelt; die Stromstoßgabe wird umgesetzt. Kleinere Anlagen wurden mit sog. „kleinen Bahnsystemen" ausgerüstet, in denen die Teilnehmerspeisung grundsätzlich vom Leitungswähler bezogen wird, da Anlagen unter 100 Teilnehmern für den Innenverkehr keine Gruppenwähler enthalten. Bei Erweiterungen ist jedoch der Nachbau von Gruppenwählern ohne weiteres möglich; die Speisung wird dann jeweils nach Einstellung der Wähler von der nächsten Wahlstufe übernommen.

Mit der ständig wachsenden Bedeutung der Wähltechnik griff diese Betriebsart auch auf den Verbindungsverkehr über mit dem Endziel, den Selbstwählverkehr zwischen beliebigen Sprechstellen des betreffenden Bahn-Fernsprechnetzes zu ermöglichen. Neben einer umfassenden Netzumgestaltung und neben der Durcharbeit der Übertragungstechnik wurde es zur Erfüllung dieses Planes auch zweckmäßig, die zahlreichen Wähleinrichtungen aneinander anzupassen. Gleichzeitig damit war es erwünscht, die Bauteile für die künftig neu einzurichtenden Anlagen zu vereinfachen und zu vereinheitlichen. Nach Prüfung der betrieblichen Notwendigkeiten und technischen Möglichkeiten entstand eine neue Bauart: *das Einheitssystem für Bahn-Fernsprechanlagen (= Einheits-Basa = Einheitssystem für Bahnselbstanschlußanlagen).* In dieser Neuentwicklung wurden in Zusammenarbeit mit verschiedenen Bahnverwaltungen die bisher gemachten Erfahrungen weitgehend berücksichtigt und die Bedingungen dementsprechend gewählt. Diese Entwicklung stellt dabei kein vollkommen neues System dar, sondern sie benutzt die bewährten Bauteile und Schaltungsgrundsätze des Siemens-Systems und ist hier nur den besonderen Wünschen der Bahnverwaltungen angepaßt worden. Die Eignung dieses Systems für den Bahn-Fernsprechverkehr kann u. a. daraus ersehen werden, daß es von der Deutschen Reichsbahn als Einheitsbauart angenommen worden ist[1].

[1] Dobmaier, A.: Aus Selbstanschlußtechnik und Selbstanschlußbetrieb. Z. ges. Eisenb.-Sicher.Wes. 1935, Nr. 10, 11, 12.

Aus wirtschaftlichen Gründen wurde versucht, die neu zu schaffende Bauart durch Weiterentwicklung einer der bestehenden Bauarten zu erhalten. Die sog. ,,alten Bahnsysteme" kamen sowohl aus schaltungstechnischen als auch aus konstruktiven Gründen nicht in Betracht. Die ,,24-V-Systeme" schieden wegen der niedrigen Spannung aus, die sie für einen ausgedehnten Verbindungsverkehr nicht zweckmäßig macht. Die sog. ,,großen Bahnsysteme" schließlich mußten wegen ihrer Nichteignung für kleinere Anlagen ausgeschaltet werden. Es verblieb nur das sog. ,,neue kleine Bahnsystem", das schon eine Vielzahl neuzeitlicher Forderungen erfüllte (Baujahr 1930) und dessen Weiterentwicklung das ,,Einheitssystem" ergab.

Bestehende Anlagen älterer Bauart können wegen des angelegten Kapitals nicht einfach durch neue Anlagen ersetzt werden, um so weniger, da ihre Lebensdauer im allgemeinen noch ein vieljähriges einwandfreies Arbeiten, allerdings im Rahmen der jeweiligen Entwicklung, erwarten läßt. Um sie jedoch vollwertig in den Selbstwählverkehr innerhalb des gesamten Bahnnetzes einfügen zu können, müssen sie in grundsätzlichen Fragen, z. B. soweit es der Verbindungsverkehr erfordert, den im Einheitssystem festgelegten Bedingungen angepaßt werden. Dadurch kann die Einheitlichkeit der Technik gewahrt werden, die innerhalb des Gebietes großer Verwaltungen zweckmäßig ist.

Die nachfolgenden Abschnitte geben einen eingehenden Überblick über das ,,Siemens-Einheitssystem für Bahn-Fernsprechanlagen" und darüber hinaus über ein neuzeitliches Schrittschaltsystem, das umfassende Anforderungen zu erfüllen vermag. Grundsätzlich werden zum Aufbau der verschiedenen Fernsprechanlagen nach dem Einheitssystem stets die gleichen Schalteinrichtungen benutzt, so daß Erweiterungen leicht durchgeführt werden können. Die Verwendung der gleichen Bauteile erleichtert die Amtspflege und vereinfacht die Ausbildung des Pflegepersonals. Eine Ausnahme der einheitlichen Bauart bildet lediglich ein Teil der Kleinanlagen, für die aus wirtschaftlichen Gründen gewisse Sonderausführungen entwickelt wurden.

VI. Das Wählsystem.

1. Die Bauteile.

Jede Selbstanschlußanlage setzt sich aus einer Vielzahl von Schalteinrichtungen zusammen, die dem Teilnehmer zum Verbindungsaufbau und während des Gespräches zur Verfügung stehen. Die einzelnen Schalteinrichtungen bestehen wieder aus verschiedenen Bauteilen (Schaltungsteilen) — Wähler, Relais usw. —, die nach bestimmten Stromläufen miteinander verdrahtet sind und dadurch in ihrem Zusammenarbeiten die gestellten Systembedingungen erfüllen[1].

Das Einheitssystem verwendet die bewährten Bauteile des Siemens-Systems, in der Hauptsache „Schrittschalt-Hebdrehwähler“, „Schrittschalt-Drehwähler“, „Motorwähler“ und neben einigen Relaissonderbauarten insbesondere „Flachrelais“.

Der Hebdrehwähler, der sog. *Siemens-Viereckwähler* (Abb. 22), ist 100-teilig, d. h. er hat für jeden seiner drei Schaltarme 10 Dekaden mit je-

Abb. 22. 100teiliger Hebdrehwähler, sog. „Siemens-Viereckwähler“.

weils 10 Ausgängen. Nach Bedarf können kleine Kontaktsegmente (Sammelkontakte) eingebaut werden, die von einem vierten Arm bestrichen und z. B. zur Auswahl einer freien Leitung bei Sammelanschlüssen verwendet werden. Eine Reihe von Wählerkontakten, die nach Bedarf an den Wähler angebaut werden können, gestattet es, schaltungstechnisch mit geringem Relaisaufwand für die Steuerung des Wählers auszukommen; die hauptsächlichsten Wählerkontakte sind Kopfkontakt, Wellenkontakt, Drehmagnetkontakt, Dekadenkontakt und der bereits erwähnte Sammelkontakt. Der Viereckwähler wird durch zwei getrennte Bewegungen, nämlich durch die „Hebbewegung“ und die „Drehbewegung“,

[1] HETTWIG, E.: Fernsprech-Wählanlagen. Oldenbourg 1942 (2. Auflage).

auf den gewünschten Ausgang eingestellt. Er dient als Einstellwerk für Gruppen- und Leitungswähler, in Sonderfällen auch als Mitlaufwerk.

Schrittschalt-Drehwähler (Abb. 23) werden in den verschiedensten Größen benötigt. Bei grundsätzlich gleicher Bauart sind sie je nach Verwendungszweck mit 10, 17, 25, 34 oder 50 Ausgängen ausgerüstet; im Gegensatz zum Hebdrehwähler, der im allgemeinen nur mit drei Armen versehen ist, kann bei Drehwählern die Zahl der Schaltarme je nach Verwendung verschieden sein. Zum Antrieb werden je nach ihrer

Abb. 23. Schrittschalt-Drehwähler verschiedener Größe mit 10, 17, 25, 34 und 50 Ausgängen (von links nach rechts).

Größe und Armzahl zwei Ausführungen von Magnetsystemen benutzt, die sich nur durch ihre Kraftreserve unterscheiden. Drehwähler werden für die verschiedensten Zwecke eingesetzt. Als Vorwähler, Mischwähler oder Umsteuerwähler haben sie die Aufgabe, eine Leitung in freier Wahl aus einer Gruppe von Leitungen auszusuchen und sie selbsttätig mit einer anderen zu verbinden. Als Mitlaufwerk werden sie schrittweise durch die Nummernwahl gesteuert und können die verschiedensten Vorgänge einleiten, die nur von bestimmten Stromstoßreihen abhängig durchgeführt werden sollen (z. B. Umsteuerung auf andere Richtungen, Sperrung bestimmter Ausgänge).

Der *Motorwähler* (Abb. 24) ist ein 2×50teiliger Drehwähler, der durch einen kleinen Motor angetrieben wird. Die Kontaktbank besteht aus Kontaktkränzen mit je 50 (51) Lamellen. Je zwei Kontaktkränze werden nacheinander von zusammengehörigen Schaltarmen (Schaltarmpaar) durchlaufen, die um 180° gegeneinander versetzt sind und verschiedene Kontaktkränze bestreichen. Die bisher größte Ausführung sieht zehn derartiger Schaltarmpaare bzw. 1020 Lamellen vor. Der Motor des Wählers besteht aus zwei Elektromagneten, zwischen denen ein kleiner drehbarer Weicheisenanker angeordnet ist. Einige Wählerkontakte (Mo-

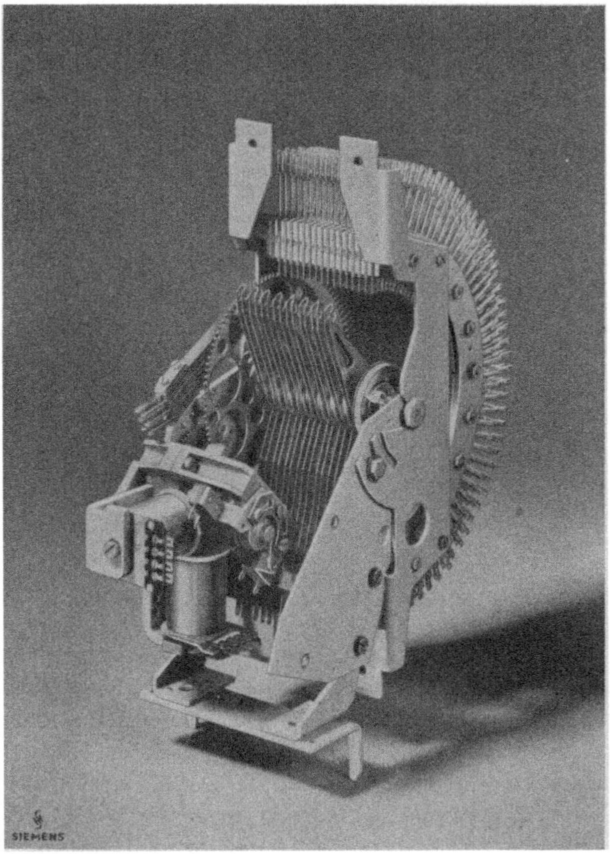

Abb. 24. 100teiliger Motorwähler.

torkontakte, Einzelschrittkontakte, Nullkontakt) werden für schaltungstechnische Maßnahmen verwendet. Die Einsatzmöglichkeiten des Motorwählers sind außerordentlich vielseitig. Zur Zeit wird der Motorwähler hauptsächlich für Sonderzwecke eingesetzt, in denen der Hebdrehwähler wegen der erforderlichen Anzahl von Schaltarmen bzw. Kontaktlamellen nicht benutzt werden kann. Es sei hierbei besonders auf die vierdrähtige Durchschaltung von Fernleitungen hingewiesen.

Relais sind in jeder Schalteinrichtung in mehr oder weniger großer Zahl vorhanden. In der Hauptsache wird heute das *Flachrelais* (Abb. 25) verwendet. Dieses erhält je nach Bedarf zwei- bis fünffedrige Kontakte (Arbeits-, Ruhe-, Umschalte-, Arbeitsruhe-, Folgekontakte usw.), die im allgemeinen in zwei oder drei Lochreihen untergebracht werden. Daneben wird auch das *Doppelrelais* benutzt. Seine Verwendung ist allerdings auf bestimmte Schalteinrichtungen beschränkt. In Bahn-Fernsprechanlagen wird es neuerdings im Vorwähler (vgl. S. 47), in Teilnehmerschaltungen bei Anrufsucherzentralen (vgl. S. 73) und in Relaiszentralen (vgl. S. 77) verwendet. Das Doppelrelais (Abb. 25) ist die Vereinigung von zwei getrennt arbeitenden Relais; es hat demnach zwei Spulen mit je einem

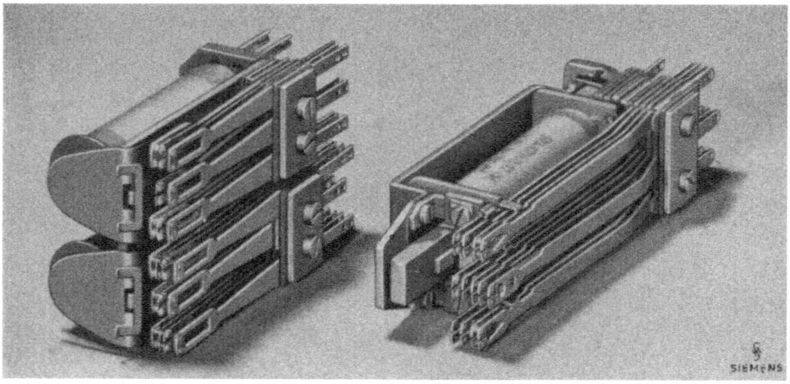

Abb. 25. Doppelrelais und Flachrelais.

Anker, jedoch nur ein gemeinsames Joch. Ebenso wie beim Flachrelais können zwei- bis fünffedrige Kontakte aufgesetzt werden, die auf zwei oder drei Lochreihen verteilt sind. Für Sonderfälle stehen noch einige andere Bauarten zur Verfügung, die den jeweiligen technischen oder betrieblichen Forderungen angepaßt sind. Auf sie wird später an den betreffenden Stellen besonders eingegangen werden.

2. Grundsätzliches über den Aufbau einer Verbindung.

Jede Sprechstelle ist über eine Doppelleitung, die sog. Teilnehmerleitung, mit der Wählanlage verbunden; ihr ist dort ein Vorwähler (VW) fest zugeordnet. Daran schließen sich verschiedene Wahlstufen an, in denen dem Teilnehmer während des Verbindungsaufbaues nacheinander freie Wähler zur Verfügung gestellt werden (Abb. 26).

Die Zahl der Wahlstufen hängt von der Größe der betreffenden Anlage ab. Anlagen nach der 100er-Bauart enthalten keine Gruppenwähler (GW), d. h. der VW prüft unmittelbar auf einen Leitungswähler

(LW) auf. Größere Anlagen haben zwischen der VW- und LW-Stufe eine oder mehrere GW-Stufen. Sie sind dann nach der 1000er-, 10000er-Bauart usw. eingerichtet. 1000er-Bauart heißt, daß die Anlage bis 1000 Anschlüsse aufnehmen kann, die vom Teilnehmer durch Wahl von drei Ziffern erreicht werden. Die Zahl der Teilnehmeranschlüsse, d. h. der Anschlüsse, die nach Sprechstellen führen, richtet sich danach, wieviel Dekaden durch Kennzahlen vergeben sind und an welche Wahlstufen die betreffenden Verbindungs- oder Amtsleitungen angeschlossen werden.

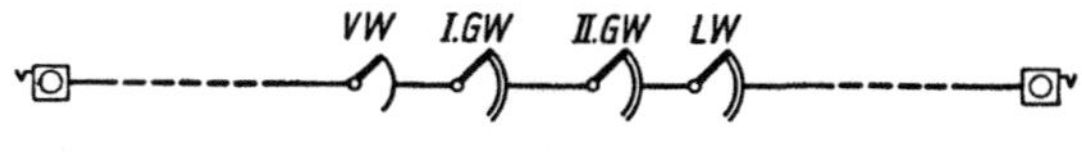

Abb. 26. Grundsätzliche Darstellung einer Anlage mit vierstelligen Anrufnummern (10000er-Anlage).

Im Verlauf der Nummernwahl werden GW und LW nacheinander durch die Stromstoßreihen der Nummerngabe des Teilnehmers eingestellt. Bevor auf die Vorgänge im einzelnen eingegangen wird, sollen die für den Verbindungsaufbau notwendigen Schaltmittel innerhalb der Anlage und an der Sprechstelle näher behandelt werden.

3. Sprechstelle und Schalteinrichtungen für den Verbindungsaufbau innerhalb einer Anlage.

Die **Sprechstellen** erhalten Wählfernsprecher mit und ohne Taste, die unter Umständen noch durch Beikästen, zweite Wecker usw. ergänzt werden können. Im allgemeinen sind jedoch alle Teile, die beim Teilnehmer zum Verbindungsaufbau und Gespräch benötigt werden, bereits im Fernsprecher zusammengefaßt. Dieser kann als Tisch- oder Wandfernsprecher ausgeführt sein. Abb. 27 zeigt die neueste Bauart des Tischfernsprechers der Siemens & Halske AG aus Isolierpreßstoff.

Beim Abheben des Handapparates schalten Kontakte des Gabelumschalters die beiden Sprechadern der Teilnehmerleitung zusammen; es wird die Teilnehmerschleife geschlossen (Abb. 28). Bei der Nummernwahl unterbricht der Stromstoßkontakt (nsi) die Teilnehmerschleife entsprechend der vom Teilnehmer gezogenen Ziffer, nachdem der Überbrückungskontakt (*nsr*) bereits vorher geöffnet hat. Dieser Überbrückungskontakt ist in dem sog. *Leerlauf*-Nummernschalter eingebaut. Durch den „Leerlauf" wird einwandfreies Wählen gewährleistet, auch wenn der Nummernschalter überschnell betätigt wird. Die Zwangspause, die bei normaler Wählgeschwindigkeit das Wählen praktisch nicht verlängert, wird durch zwei zusätzliche Stromstöße des *nsi*-Kontaktes hervorgerufen, die der *nsr*-Kontakt jeweils überbrückt. Im ankommenden Verkehr wird der Rufstromkreis durch die Adern der Teilnehmerleitung und den zwischen ihnen liegenden Wecker mit Kondensator gebildet. Der Kondensator trennt diesen Kreis gleichstrommäßig auf.

Abb. 27. Wählfernsprecher aus Preßstoff mit Leerlauf-Nummernschalter.

Für den Fernsprecher wird eine Schaltung mit „Rückhördämpfung“ verwendet. Durch diese „Dämpfungsschaltung“ gelangt nur ein Teil der vom eigenen Mikrophon ausgehenden Ströme in den eigenen Hörer; dieser gibt also alles, was an der eigenen Sprechstelle aufgenommen wird, nur stark gedämpft wieder. Dadurch wird das „Telephonieren“ angenehmer und gleichzeitig eine akustische Rückkopplung zwischen Telephon und Mikrophon vermieden. Die Rückhördämpfung ist nicht vollkommen, da das genaue Abgleichen an die jeweilige Teilnehmerleitung einen zu großen Aufwand erfordern würde. Außerdem würde das gänzliche Fehlen der eigenen Sprache im Hörer von den Teilnehmern als unangenehm empfunden und den Eindruck eines „toten“ Gerätes vermitteln.

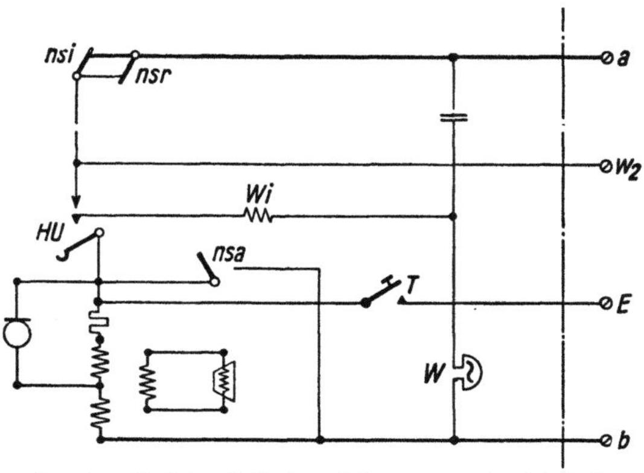

a/b = Anschluß der Teilnehmerleitung, w_2 = Anschluß eines zweiten Weckers, *E* = Erdanschluß, *HU* = Hakenumschalter, *nsi* = Stromstoßkontakt, *nsa* = Steuerkontakt, *nsr* = Überbrückungskontakt (Leerlauf).

Abb. 28. Schaltung eines Wählfernsprechers.

Durch eine Funkenlöschung werden Rundfunkstörungen während der Betätigung des Nummernschalters vermieden. Für besonders schwierige Fälle ist der Anschluß weiterer Störschutzmittel in Form eines kleinen Zusatzkästchens vorgesehen.

Die Taste am Fernsprecher (vgl. Abb. 98) erdet beim Drücken die Teilnehmerschleife und liefert dadurch ein zusätzliches Mittel, die Wähleinrichtung zu steuern (z. B. in der Nebenstellentechnik).

Das Einstellwerk des **Vorwählers** (VW) ist ein 10teiliger Drehwähler mit Nullstellung (Abb. 29). Dieser hat fünf Schaltarme: *a*- und *b*-Arm für die Durchschaltung der Sprechadern, *c*-Arm für Prüfzwecke und einen Arm mit durchgehendem Rücklaufsegment (gesonderte 11. Lamelle) zur Steuerung des Heimlaufes in die Nullstellung; ein weiterer Arm dient zur Ausscheidung von amtsberechtigten und nicht amtsberechtigten Anschlüssen im Postverkehr, d. h. zur Sperrung von Sprechstellen, von denen aus keine Verbindungen in das öffentliche Netz hergestellt werden dürfen (Postsperrung). Wählt ein solcher Teilnehmer die Kennzahl für den Amtsverkehr (0), so wird über die Erde, die an diesen Arm des VW angelegt wird, im GW ein Relais erregt, das die Prüfung des GW in der 0. Dekade verhindert.

Zu jedem VW gehören, wie üblich, zwei Relais bzw. ein Doppelrelais. 10 VW werden zusammen mit Sicherungen und Lötverteiler in einen 10teiligen VW-Rahmen eingebaut (Abb. 29). An dem Verteiler kann jeder VW bestimmten Relaisübertragungen (z. B. im halbselbsttätigen

Verkehr) angepaßt werden. Der gesamte 10teilige VW-Rahmen ist vorn und hinten mit einer Schutzkappe versehen (Kapselung), um

Abb. 29. Gekapselter VW-Rahmen (10teilig), Vorderkappe abgenommen.

Wähler und Relais vor Verstaubung und Berührung zu schützen. Die vordere Kappe enthält ein Fenster (Abb. 30), durch das das Arbeiten des Wählers beobachtet werden kann. Neben dieser Ausführung gibt

Abb. 30. 10teiliger VW-Rahmen, gekapselte Ausführung.

es auch Rahmen, bei denen lediglich die Relais unter einer Kappe angeordnet sind (Abb. 31). Zehn 10teilige VW-Rahmen werden im allgemeinen in einem 100teiligen VW-Gestellrahmen zusammengefaßt (Abb. 31), der außerdem gemeinsame Einrichtungen, wie Hauptsicherungen, Verteilerstreifen, Relaisunterbrecher zum Antrieb der Drehwähler, Signaleinrichtungen usw., enthält. Dieser VW-Gestellrahmen bildet in der Vorwahlstufe die Einheit für 100 Anschlüsse.

Die Vorwahlstufe hat die Aufgabe, dem Anrufenden beim Abheben des Handapparates einen freien Verbindungsweg zuzuordnen. Zu diesem Zweck sind die Ausgänge einer größeren Anzahl von VW vielfachgeschaltet; jeder dieser vielfachgeschalteten Ausgänge führt zu einem I. GW. In größeren Anlagen kann bei bestimmten Verhältnissen die Einschaltung von II.VW — die anderen VW werden zur Unterscheidung mit „I.VW" bezeichnet — vorteilhaft werden. Die II. VW sind dann an die Ausgänge der I. VW angeschlossen, so daß die Teilnehmer über sie Zugang zu einer größeren Zahl von I. GW erhalten. Besonders durch die sog. „Sparschaltung", in der die ersten Ausgänge der I. VW unmittelbar nach I. GW, die weiteren Ausgänge jedoch über II. VW dorthin führen, können oft wesentliche Ersparnisse in der Zahl der I. GW erzielt werden.

Abb. 31. 100teiliger VW-Gestellrahmen.

Das Schaltwerk des **Gruppenwählers** (GW) ist der 100teilige Viereckwähler. Für jeden der drei Schaltarme (*a*-, *b*- und *c*-Arm) sind 100 Kontaktlamellen in 10 Dekaden zu je 10 Ausgängen vorgesehen. Die erforderlichen Relais sind auf einer Grundplatte angeordnet, die mit dem Wähler fest verbunden ist (Abb. 32). Wähler und Relaissatz zusammen werden auswechselbar über Messerleisten im allgemeinen in 20teilige Gestellrahmen eingebaut (Abb. 33). Für andere Aufbauarten sind auch 5- und 15teilige GW-Rahmen vorgesehen.

Bei der Einstellung wird der GW durch die Stromstöße der Nummernwahl in eine bestimmte Dekade gehoben. Danach findet die Umsteuerung von „Heben" auf „Drehen" statt; der GW dreht selbsttätig ein und sucht in freier Wahl die Kontakte der betreffenden Dekade nach einem freien Ausgang ab. Ist ein freier Ausgang gefunden, so wird er belegt und gegen weitere Belegungen gesperrt. Ist kein Ausgang mehr frei, so wird der GW auf dem 11. Schritt stillgesetzt (Durchdrehen); der Teilnehmer erhält dann das Besetztzeichen.

Die Schaltung des GW sieht im Gegensatz zu Systemen der öffentlichen Fernsprechämter und älteren Bahnsysteme keine Abriegelung vor; die Teilnehmerschleife wird nach Einstellung des GW durchgeschaltet, d. h. zum nächsten Wähler weitergeführt. Diese Technik ermöglicht es, den I. GW, II./III. GW und Ferngruppenwähler (FGW) für den Verbindungsverkehr einheitlich auszubilden.

Für die bereits erwähnte „Amts- oder Postsperrung" ist ein Kontakt k_0 vorgesehen. Dieser wird in Verbindung mit dem Sammelkontakt nach Bedarf eingebaut und schaltet ein Relais an die Ader, die zu dem besonderen Arm des VW führt. Ist die betreffende anrufende

Abb. 32. Ausschnitt aus einem GW-Rahmen.

Sprechstelle nicht amtsberechtigt, so spricht dieses Relais bei Wahl einer 0 über die Erde des VW an und verhindert das Aufprüfen des GW in dieser Dekade. Der GW dreht durch, und der Teilnehmer erhält das Besetztzeichen.

Falls ein GW belegt wird, ohne daß der Teilnehmer wählt, wird der GW bei Anschluß einer Abwerfeinrichtung nach einer bestimmten Zeit wieder freigeschaltet. Der VW belegt dann nacheinander die an seinen Ausgängen angeschlossenen freien GW und wird auf dem 11. Schritt stillgesetzt. Durch diese Maßnahme werden Dauerbelegungen der Wähler durch gestörte Teilnehmerleitungen oder durch nachlässige Teilnehmer unmöglich gemacht. Die Abwerfeinrichtung ist als Zusatzeinrichtung entwickelt und kann je nach Bedarf eingebaut werden. Im allgemeinen wird sie für $1\frac{1}{2}$ GW-Gestellrahmen (20teilig, also für 30 GW) vorgesehen; sie kann im Höchstfall 34 GW zugeordnet werden. Die Abwerfeinrichtung arbeitet in der Weise, daß durch die Belegung des GW ein Drehwähler angereizt wird, der als Sucher den belegten GW ansteuert. Verzögerungszeiten, abhängig vom 10-s-Kontakt der Signalmaschine, verhindern zu häufiges Drehen und vorzeitiges Abwerfen.

Auch beim **Leitungswähler** (LW) wird als Schaltwerk der 100teilige Viereckwähler benutzt. Die erforderlichen Relais sind auf einer Grundplatte zu einem besonderen Relaissatz vereinigt, der mit dem Wähler über Messerleisten verbunden ist (Abb. 34). Relaissatz und Wähler sind ebenfalls auswechselbar im allgemeinen in einen 20teiligen LW-Gestellrahmen eingebaut (Abb. 35), der ferner neben Haupt- und Einzelsicherungen, Signallampen, Klinken, Tasten usw. einen Relaissatz für die Signale enthält (Abb. 35, unten). Für den Einbau in „kombinierte Gestelle" werden 3-, 5- und 7teilige LW-Rahmen benutzt, die wahlweise zusammen mit anderen Einrichtungen in gemeinsamen Gestellrahmen untergebracht werden können (vgl. Abb. 37). Die Kontaktbänke sind ebenso wie bei den GW in den Gestellrahmen bzw. bei kleineren Anordnungen in den Einzelrahmen fest eingebaut. In Abb. 36 ist z. B. ein 3teiliger LW-Rahmen dargestellt. Da nur ein LW eingesetzt ist, sind die Führungen, in die die Relaissätze nach Einbau der Hebdrehwähler eingeschoben werden, gut erkennbar. Auf der rechten Seite sind die Federleisten angebracht, die in die Messerkontakte der Relaissätze eingreifen und damit die Verbindung zum Rahmen herstellen. Der Wähler selbst hat keine feste elektrische Verbindung mit dem Rahmen; die erforderlichen Stromkreise werden über Feder- und Messerleisten des Relaissatzes geführt.

Der Lampenwinkel (oben) ist für den Transport umgelegt.

Abb. 33. 20teiliger GW-Gestellrahmen.

Der LW des Einheitssystems wurde so vereinfacht, daß der bei früheren Ausführungen verwendete Steuerschalter wegfallen konnte. Die Schaltfunktionen werden nur noch von Relais ausgeführt, deren Zahl insgesamt 11 beträgt.

Während der GW die Bewegungen nur beim Heben in erzwungener Wahl und beim Drehen in freier Wahl ausführt, werden beim LW im allgemeinen beide Bewegungen durch die eintreffenden Stromstoßreihen in erzwungener Wahl geschaltet. Die erste Stromstoßreihe (im allgemeinen Zehnerwahl) hebt den LW in eine bestimmte Dekade. Dann steuert der LW auf ,,Drehen" um und wird durch die nächste Stromstoßreihe (im allgemeinen Einerwahl) auf den gewünschten Kontakt gedreht. Anschließend daran prüft der LW den gewählten Anschluß auf ,,frei" oder ,,besetzt". Zu diesem Zweck ist die vom LW abgehende c-Ader über die Nullstellung des VW nach dessen Trennrelais geführt. Ist der Angerufene frei, so sendet der LW den ,,1. Ruf" und danach in Abständen von 10 s den ,,Weiterruf" aus. Im gleichen Takt damit

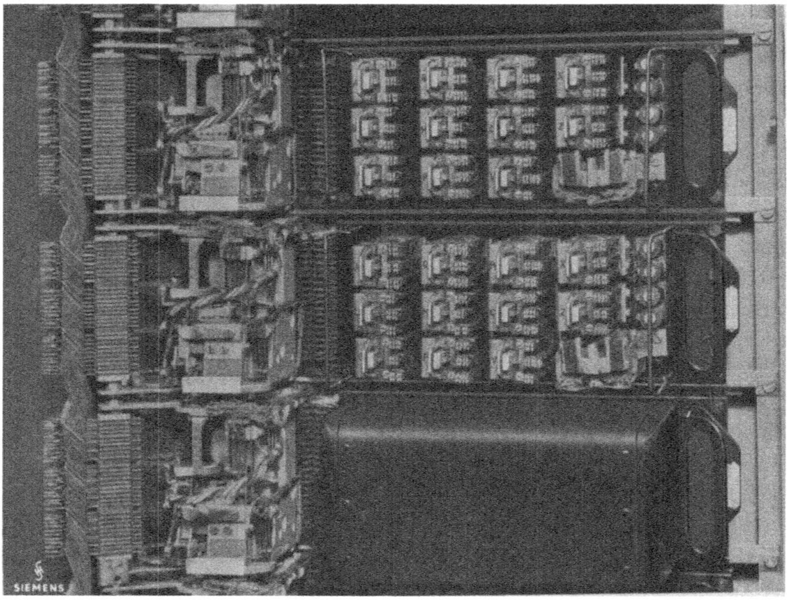

Abb. 34. Ausschnitt aus einem LW-Rahmen.

wird dem Anrufenden das Rufzeichen (Freizeichen) übermittelt. Ist jedoch der gewünschte Teilnehmer besetzt, so ertönt das Besetztzeichen. Beim Melden des Angerufenen wird der Ruf sofort ab- und die Sprechverbindung durchgeschaltet. Gleichzeitig sendet der LW einen Teilnehmer-*Meldestromstoß* aus, der die gesamte Verbindung entgegen der Aufbaurichtung über die Prüfader oder über eine besondere Ader durchläuft. Wird die Prüfader benutzt, so ist der Meldestromstoß eine kurzzeitige Stromverstärkung auf dieser (c-)Ader.

Der Meldestromstoß hat vor allem Bedeutung für den Verbindungsverkehr und für den Verkehr mit Vermittlungsplätzen. Im Verbindungsverkehr, z. B. bei Tonfrequenzwahl, kann die endgültige ,,sprachfrequente" Durchschaltung veranlaßt werden. Im ankommenden halbselbsttätigen Verkehr auf Leitungen vom öffentlichen Netz oder auf halbselbsttätigen Fernleitungen dient der Meldestromstoß zur Ausschaltung einer nach etwa 40 s wirkenden selbsttätigen Auslösung der aufgebauten Verbindung; dadurch wird beim Nichtmelden des angerufenen Teilnehmers ein erneuter Anruf bei der Vermittlung veranlaßt, damit von dort u. U. eine andere Verbindung aufgebaut werden kann.

Nach Gesprächsschluß wird die Freigabe der für die Verbindung benutzten Wähler durch den Teilnehmer veranlaßt, der zuerst auflegt (Auslösung durch den anrufenden Teilnehmer, Rückauslösung durch den angerufenen Teilnehmer). Der Rückauslösung kommt besondere Bedeutung im Verkehr von halbselbsttätigen Leitungen zu, da eine von der Vermittlungsperson aufgebaute ankommende Verbindung ohne deren Mitwirken durch die Rückauslösung bei Einhängen des angerufenen Teilnehmers ausgelöst wird.

Aus der Forderung, die gleiche Technik sowohl für kleinere als auch für größere Anlagen zu verwenden, ergibt sich eine Reihe weiterer Bedingungen, die von der LW-Schaltung erfüllt werden müssen.

In Anlagen der 100er-Bauart muß die bereits beim GW beschriebene Postsperrung vom LW übernommen werden. Es kann daher ein k_0-Kontakt vorgesehen werden, der ähnlich wie beim GW ein Relais an die besondere Ader zum VW anschaltet. Bei einer nicht amtsberechtigten Sprechstelle spricht nach Wahl der Kennzahl des Amtsverkehrs (0) über die Erde des VW ein Sperrelais an, das sich über einen eigenen Stromkreis der LW-Schaltung hält und das Aufprüfen in dieser Dekade verhindert.

Der Lampenwinkel (oben) ist für den Transport umgelegt.

Abb. 35. 20teiliger LW-Gestellrahmen.

An Stelle der Abwerfeinrichtung ist ein Thermokontakt zum Freischalten bei Nichtwahl des Teilnehmers vorgesehen. Nach der Heizzeit dieses Kontaktes wird die Belegungsader des LW aufgetrennt, der betreffende LW also freigeschaltet und der VW weitergeschaltet. Ebenso wie bei der Abwerfeinrichtung des GW werden die LW nacheinander belegt, bis der VW am 11. Schritt stillgesetzt wird.

Der LW übernimmt von getrennten Speisebrücken aus die Speisung beider Teilnehmer. Diese Systembedingung ergab sich ebenfalls aus der Forderung, die gleiche Technik auch für Anlagen unter 100 Teilnehmer zu verwenden. In jeder Speisebrücke ist eine Drossel mit zwei gegeneinander geschalteten Wicklungen enthalten, die durch Erhöhung des Scheinwiderstandes gegen Erde etwaige dort vorhandene Störströme weitgehend abhält.

Um Weiterwahl auf Fernwahlleitungen, Wahl ins öffentliche Netz und Nachrufen auf halbselbsttätigen Fernleitungen zu ermöglichen, wurde der LW für Durchwahl entwickelt. In diesem Falle spricht beim Prüfen auf eine niederohmige Belegungsader durch Stromverstärkung in der

Abb. 36. 3teiliger LW-Rahmen.

Prüfader des LW ein Durchschalterelais an, dessen Kontakte unter Umgehung von Abriegelung und Speisebrücke die *a*/*b*-Adern unmittelbar durchschalten. Diese Ausbildung als „Durchschalte-Leitungswähler" gestattet es, die Stromstoßgabe des Nummernschalters ohne Stromstoßumsetzung unmittelbar z. B. auf die Übertragungen für den Verbindungsverkehr zu geben.

Aus Gründen einer zweckmäßigen Numerierung im Netzgruppenverkehr und mit Rücksicht darauf, mit möglichst geringer Stellenzahl der Kennzahlen auszukommen, ist es bei den 100er-Anlagen erwünscht, die Verbindungsleitung mit *einer* Ziffer anzusteuern. Zu diesem Zweck muß die Arbeitsweise des LW für einen Teil der Dekaden in die eines GW umgewandelt werden. Nach dem Heben in eine bestimmte Dekade durch die erste Stromstoßreihe muß der LW auf dem betreffenden Höhenschritt selbsttätig eindrehen und einen freien Ausgang suchen (gruppenwählermäßiges Arbeiten des LW). Durch Einbau von Dekadenkontakten läßt sich diese Umschaltung von der 7. Dekade ab, von der 8. oder 9. ab oder nur für die 0. Dekade einrichten. Eine andere Ausführung des Dekadenkontaktes gestattet selbsttätiges Eindrehen nur in der 8. oder in der 8. und 0. Dekade, so daß alle anderen Dekaden zum Anschluß von Teilnehmerleitungen ausgenutzt werden können. Schaltungsmäßig ist diese Betriebsweise in jedem LW von vornherein vorgesehen, so daß im Bedarfsfalle lediglich der Einbau und Anschluß des betreffenden Kontaktes erforderlich wird. Selbsttätiges schrittweises Weiterschalten findet dann über den Sammelkontakt statt. Durch besondere Schaltmaßnahmen wird diese Freiwahl mit beschleunigter Schrittgeschwindigkeit ausgeführt. Eine Abart des LW gestattet das selbsttätige Eindrehen in jeder beliebigen Dekade; dies wird mittels eines sog. Höhenschrittkontaktes erreicht. Zusammen mit der obenerwähnten Durchschaltung kann der LW in den gewünschten Dekaden einen GW vollkommen ersetzen und somit netztechnisch auch in 100er-Anlagen als GW gewertet werden.

Die LW-Schaltung sieht ferner Aufschaltemöglichkeit auf besetzte Teilnehmer über die *a*/*b*-Ader vor. Durch Erden der Teilnehmerschleife (Tastendruck) wird ein Differenzrelais, das in Reihe mit dem Speiserelais des Anrufenden geschaltet ist, erregt und die Aufschaltung über Kondensatoren eingeleitet. Um unbefugtes Aufschalten, auch bei gewaltsamen Eingriffen an der Teilnehmer-Sprechstelle oder in der Leitung, unmöglich zu machen, kann eine Einrichtung für Aufschalteverhinderung in der *a*/*b*-Leitung vor dem LW (bei 100er-Anlagen) bzw. vor dem I. GW (bei größeren Anlagen) vorgesehen werden; bei unbefugtem Aufschalten wird dann die *a*/*b*-Ader aufgetrennt.

Während eines Gespräches in das öffentliche Netz muß der Teilnehmer andere Sprechstellen zwecks Auskunft anrufen, d. h. eine „Rückfrage" halten können. Die Rückfrage wird durch Tastendruck eingeleitet. Für die Rückfrage eines Teilnehmers im *ankommenden* Amtsverkehr (Postverkehr) muß dieses Zeichen vom LW aufgenommen und weitergeleitet werden. Der Tastendruck des Teilnehmers betätigt ein Differenzrelais in seiner Speiseleitung, wodurch ein Stromstoß über die Prüfader bzw. über eine besondere Ader zur Amtsübertragung gegeben wird; in dieser Übertragung, die jeder Leitung ins öffentliche Netz zugeordnet ist (Abschnitt XI), wird dann die eigentliche Umsteuerung auf Rückfrage vorgenommen. Die Stromstöße zum Aufbau der Rückfrageverbindung werden vom Speiserelais des LW ebenfalls auf eine dieser beiden Adern zur Amtsübertragung gegeben (Rückwahl). Der Tastendruck, der das Rückfragegespräch beendet und wieder auf die gehaltene Amtsverbindung rückumsteuert, wird in gleicher Weise wie die Einleitung der Rückfrage verarbeitet. Wird die Amtsverbindung von dem in Rückfrage angerufenen Teilnehmer übernommen (Postübertragung mit Umlegemöglichkeit; vgl. S. 142), so wirkt sich dessen Tastendruck entsprechend in dem für die Rückfrageverbindung benutzten LW aus.

Abb. 37. VW/LW-Gestellrahmen (kleiner Aufbau) mit einem 7teiligen LW-Rahmen und fünf 10teiligen VW-Rahmen.

Bei der vorstehenden Beschreibung der Schaltmittel für den vollselbsttätigen Aufbau einer Verbindung zwischen zwei Sprechstellen der gleichen Wählanlage ist jeweils ein einheitlicher Aufbau dieser Einrichtungen in Gestellrahmen angegeben, die stets Wähler der gleichen Art enthalten. Die VW sind in 100teiligen Gestellrahmen, die GW und LW in 20teiligen Gestellrahmen zusammengefaßt. Die Breite dieser Gestellrahmen ist durch den Platzbedarf der jeweiligen Schalteinrichtungen bedingt. Für Sonderfälle sind jedoch auch Gestellrahmen zweckmäßig, die Wähler verschiedener Art aufnehmen. So wurde z. B. ein kombinierter GW/LW-Gestellrahmen geschaffen, der 8 GW und 12 LW enthält und vorwiegend bei größeren Anlagen mit bestimmten Verkehrsverhältnissen vorteilhaft ist. Im Gegensatz zu diesen Anordnungen, bei denen stets die Breite des Gestellrahmens den eingebauten Teilen angepaßt ist, gibt es kombinierte Gestellrahmen für den sog. *kleinen Aufbau.* Dieser Aufbauart kommt besonders bei kleineren Anlagen oder bei Raumknappheit Bedeutung zu; denn sie vermeidet unvollständig ausgebaute Gestellrahmen. Die Gestellrahmen sind dabei in zwei Breiten vorhanden, in die nach Bedarf die verschiedenen Schalteinrichtungen der Anlagen eingebaut werden können. Die breitere Anordnung kann VW-Rahmen (10teilig) sowie 3-, 5- und 7teilige LW-Rahmen aufnehmen (Abb. 37). In den Rahmen der geringeren Breite können neben 5- und 15teiligen GW-Rahmen alle übrigen Schalteinrichtungen untergebracht werden, wie

Relaisübertragungen, Umsteuerwähler, Mitlaufwerke, Ruf- und Signalmaschinen, Überwachungen usw., die entweder auf Relaisschienen oder in Rahmen zusammengefaßt sind. Zu diesem kleinen Aufbau gehört grundsätzlich auch die 30teilige VW-Kleinanlage, bei der ebenfalls die oben beschriebenen Bauteile benutzt werden (vgl. S. 67).

Zur Ausnutzung eines unter Umständen noch zur Verfügung stehenden Platzes in der breiteren Bauart sind Verbindungsschienen vorhanden, mit deren Hilfe die schmaleren Einrichtungen auch in den breiteren Gestellrahmen untergebracht werden können. Der Gestellrahmen selbst enthält dann außerdem noch die erforderlichen Verteiler, Sicherungen, Signallampen, Klinken usw.

4. Signaleinrichtungen.

Bei der Herstellung einer Verbindung zweier Teilnehmer über den Wählerteil einer Wählanlage machen verschiedene Hörzeichen dem Anrufenden den Zustand der teilweise oder bereits vollständig aufgebauten Verbindung kenntlich. Entsprechend ihrer Aufgabe werden sie Wähl-, Ruf- und Besetztzeichen genannt.

Das *Wählzeichen* wird nach dem Bereitstellen der ersten Wahlstufe, also je nach Größe der Anlage vom I. GW bzw. LW aus, auf die *a/b*-Adern über die Teilnehmerschleife zum Anrufenden übertragen; es ist ein Zeichen dafür, daß mit dem Wählen begonnen werden kann. Bei Verwendung von VW in der Vorwahlstufe steht der erste Nummernempfänger in so kurzer Zeit zur Verfügung, daß der Teilnehmer sofort nach dem Abheben wählen kann. Größere Bedeutung hat daher das Wählzeichen im Fernverkehr. Die Fernverbindungen verlaufen nämlich über die Ferngruppenwähler (FGW), also über eine Wahlstufe, die der I. GW-Stufe parallelgeschaltet ist. Jeder I. FGW gibt ebenso wie der I. GW das Wählzeichen, so daß dadurch einwandfrei festgestellt werden kann, daß die Verbindung die ferne Anlage erreicht hat (wichtig für den Prüfdienst). In größeren Netzen wird man hierfür zur besseren Unterscheidung der Wählzeichen der fernen Anlagen Morsezeichen verwenden. Diese können dann z. B. dem Anfangsbuchstaben der betreffenden Anlage entsprechen. Eine noch größere Bequemlichkeit und Übersichtlichkeit wird durch den Einsatz von „Lichtton-Namengebern" erzielt. In diesem Falle wird der Name der erreichten Anlage „gesprochen" gesendet.

Das *Besetztzeichen* kann von allen Wahlstufen angelegt werden und ertönt vom VW oder GW ausgehend immer dann, wenn keine Ausgänge zur nächsten Wahlstufe bereitgestellt werden können. Vom LW her wird es bei besetztem Anschluß gegeben.

Im Gegensatz hierzu zeigt das *Rufzeichen* (Freizeichen) vom LW aus dem Anrufenden an, daß der gewünschte Teilnehmer frei ist und gleichzeitig gerufen wird.

Jeder Teilnehmer, der frei gefunden wurde, erhält vom LW Rufstrom, wodurch an seiner Sprechstelle der Wecker betätigt wird. Der LW sendet zunächst einen *1. Ruf* und anschließend daran in Abständen von 10 s den *Weiterruf* aus. In gleichem Takt mit dem Ruf erhält der Anrufende das obenerwähnte Rufzeichen und damit eine Bestätigung, daß der gewünschte Teilnehmer gerufen wird.

Rufstrom und Hörzeichen werden von leicht auswechselbaren Ruf- und Signalmaschinen (Abb. 38) verschiedener Leistung erzeugt. Ein Rahmen für die Rufstromversorgung enthält jeweils zwei derartige Maschinen und die Relais für die selbsttätige Einschaltung, selbsttätige Umschaltung auf die Ersatzmaschine und zur Störungsmeldung (Aufbau ähnlich Abb. 70). Für kleinere Anlagen können auch einteilige Rahmen

Schutzkappe vor den Nockenkontakten abgenommen.

Abb. 38. Ruf- und Signalmaschine, 15 VA.

vorgesehen werden, die nur mit einer Maschine ausgerüstet sind (vgl. Abb. 42, 44 und 45). Als Stromquelle wird die Amtsbatterie von 60 V verwendet. Jeder Maschinensatz enthält einen Einankerumformer, die erforderlichen Summer sowie eine Anzahl von Nockenkontakten, die von entsprechenden Nockenscheiben gesteuert werden. Die Maschine liefert eine Rufspannung von 70 bis 90 V bei 25 Hz. Die Größe der Maschine wird nach dem Rufstrombedarf bestimmt, der seinerseits wieder abhängig ist von der Zahl der Teilnehmeranschlüsse, der halbselbsttätig betriebenen Fernleitungen und von den unter Umständen angeschlossenen OB-Gesellschaftsleitungen.

Alle Hörzeichen (Wähl-, Ruf- und Besetztzeichen) werden im allgemeinen einheitlich als Ton von etwa 450 Hz gegeben und unterscheiden sich nur durch ihren Takt. Ein Teil der an der Maschine vorgesehenen Nockenscheiben wird zur Festlegung des Taktes benutzt. Die restlichen Nockenscheiben dienen zur Steuerung von Flackerzeichen, des 10-s-Rufs zum Teilnehmer, zum Anlassen von Abwerfeinrichtungen usw.

Eine weitere Gruppe der Signaleinrichtungen einer Wählanlage bilden die sog. **„Amtssignale“**, die im allgemeinen für alle in den Anlagen vorhandenen Schaltmittel gemeinsam je Gestellrahmen zur Überwachung des Betriebszustandes der Wähler, Übertragungen usw. vorgesehen sind. In GW- und LW-Gestellrahmen sind zu ihrer Betätigung vielfach Signalrelaissätze eingebaut (in den Abb. 33 u. 35 jeweils der unterste Relaissatz), während in den obenerwähnten Gestellrahmen einheitlicher Breite die Signalrelais meistens auf Schienen untergebracht werden (vgl. Abb. 103). Besonders wichtig ist die Überwachung der Sicherungen. Man unterscheidet Gestellsicherungen für den ganzen Gestellrahmen und Einzelsicherungen, die jedes Schaltmittel einzeln sichern. Schadhafte Sicherungen werden sowohl optisch durch Signallampen als auch akustisch durch Wecker angezeigt. Ihrer Bedeutung entsprechend werden Gestellsicherungen im sog. „großen Alarm“ überwacht, der sofort einen Rasselwecker betätigt, während bei Einzelsicherungen im „kleinen Alarm“ lediglich Einschlagwecker in Tätigkeit treten.

Im übrigen weichen die Gestellüberwachungen, abhängig von den jeweils eingebauten Schalteinrichtungen, voneinander ab. Der Lauf der Hebdrehwähler und Drehwähler kann durch eine sog. „Wählerkontrolle“ überprüft werden. Das Signal soll alle Vorgänge anzeigen, die den Wähler gefährden könnten, z. B. unter Dauerstrom stehende Spulen der Kraftmagnete. Hierbei wird ein optisches Signal je Gestell sofort, ein akustisches Signal, das für größere Gruppen gemeinsam angeordnet ist, durch Verzögerungsketten verspätet eingeschaltet. Diese Verzögerung ist notwendig, weil Überlappungen beim normalen Arbeiten der Wähler das Signal unnötig oft ertönen lassen würden; sie vermeidet somit Unruhe im Wählersaal. Zum Zeichen dafür, daß bei einzelnen Wählergruppen keine Ausgänge mehr zur Verfügung stehen, diese Wähler bei einer Belegung also „durchdrehen“ würden, erscheint ebenfalls ein optisches Signal, die sog. „Abschaltelampe“. Im VW-Gestellrahmen zeigt ein weiteres optisches Signal unter Umständen aufgetretene Erdschlüsse der angeschlossenen Teilnehmerleitungen an.

Diese Signalüberwachungen können abhängig von den örtlichen Verhältnissen und der Größe der Anlage bei den eingebauten Schalteinrichtungen mehr oder weniger umfangreich durchgeführt werden. Bei größeren Anlagen sind die Signale meist je Gestellrahmen zusammengefaßt und werden dann gemeinsam einmal oder auch mehrmals in der Anlage selbst wiederholt. In kleineren Anlagen, beispielsweise unter 200 Teilnehmern oder in den in Abschnitt VIII näher beschriebenen Kleinanlagen, sind die Amtssignaleinrichtungen in einem gemeinsamen Rahmen zusammengefaßt, wodurch bei diesen Bauarten erhebliche Vereinfachungen erzielt werden können.

5. Zusammenfassung.

Zusammenfassend soll kurz Aufbau und Verlauf einer Verbindung zwischen zwei Teilnehmern einer Anlage beschrieben werden. Wenn der anrufende Teilnehmer seinen Handapparat abhebt, wird in seinem Fernsprecher die Teilnehmerschleife geschlossen, wodurch in der Wählanlage sofort der ihm zugeordnete VW anläuft. In Anlagen nach der 10000er-Bauart z. B. (Abb. 26) sucht der VW in freier Wahl einen freien I. GW, belegt ihn und sperrt ihn gegen weitere Belegungen von anderen VW aus. Sind sämtliche 10 Ausgänge besetzt, so wird der VW auf dem 11. Schritt stillgesetzt und dem Anrufenden ein Besetztzeichen zurückgegeben. Ist der I. GW bereitgestellt, so erhält der Teilnehmer das Wählzeichen.

Die erste Stromstoßreihe hebt den I. GW entsprechend der gewählten Ziffer. Danach dreht dieser in die betreffende Dekade ein und sucht sie nach einem freien Ausgang zur nächsten Wahlstufe ab. In diesem Falle wird die nächste Wahlstufe von II. GW gebildet. Der I. GW prüft auf den ersten freien Ausgang auf, belegt dadurch den daran angeschlossenen II. GW und sperrt ihn gegen weitere Belegungen von anderen GW her. Die Einstellung des II. GW entspricht der des I. GW, d. h. er wird in erzwungener Wahl durch die zweite Stromstoßreihe in eine bestimmte Dekade gehoben und sucht dort in freier Wahl einen freien Ausgang zur nächsten Wahlstufe, hier also zur LW-Stufe. Die dritte Stromstoßreihe (Zehnerwahl) hebt den LW auf den gewünschten Höhenschritt. Die letzte Stromstoßreihe (Einerwahl) dreht ihn auf den Schritt, an dem die Leitung zu dem gewünschten Teilnehmer angeschlossen ist. Handelt es sich um einen Teilnehmer mit mehreren Anschlußnummern, so kann über einen Sammelkontakt das selbsttätige Weiterdrehen des LW und Überprüfen der einzelnen Ausgänge vorgenommen werden.

Der Teilnehmeranschluß wird vom LW auf „frei" oder „besetzt" geprüft. Bei freiem Anschluß sendet der LW den 1. Ruf und anschließend daran in Abständen von 10 s den Weiterruf aus. Im gleichen Takt mit dem Ruf erhält der Anrufende das Rufzeichen (Freizeichen). Beim Melden des angerufenen Teilnehmers gibt der LW einen Teilnehmer-Meldestromstoß, der die aufgebaute Verbindung rückwärts durchläuft.

Beide Teilnehmer erhalten ihre Mikrophonspeisung vom LW (Zentralbatterie, 60 V). Nach Gesprächsschluß wird die Verbindung von demjenigen Teilnehmer getrennt, der seinen Handapparat zuerst wieder auflegt. Wird diese Trennung vom Anrufenden veranlaßt, so spricht man von „Auslösung", geht sie vom Angerufenen aus, von „Rückauslösung".

VII. Unteramtsverkehr.

In der Nähe großer Fernsprechanlagen befinden sich oft Teilnehmergruppen, die die Erstellung einer eigenen Anlage zweckmäßig machen, um statt zahlreicher, langer Teilnehmerleitungen wenige Verbindungsleitungen und entsprechend kurze Teilnehmerleitungen einsetzen zu können. Ist der Verkehr der Teilnehmer einer derartigen Gruppe hauptsächlich untereinander bzw. auf die Teilnehmer der betreffenden größeren Anlage beschränkt, oder will man aus anderen Gründen die gleichberechtigte Einordnung in die Netzgruppe umgehen, so teilt man die Gruppe als „Unteramt" der größeren Anlage, dem „Hauptamt", zu.

Je nach Stärke, Richtung und Ziel des Verkehrs (= Verkehrsfluß) erhält das Unteramt eine offene oder eine verdeckte Kennzahl. Die Vorteile *verdeckter* Kennzahlen für bestimmte Betriebsfälle (Kennzahlenvereinfachung, gemeinsames Teilnehmerverzeichnis, Wahl der gleichen Teilnehmernummer von allen Stellen aus, d. h. einheitliche Numerierung usw.) wurden bereits erwähnt. Ein derartiger Verkehr, der auch mit „Überbrückungsverkehr" bezeichnet wird, erfordert eine besondere Unteramtstechnik mit Umsteuerwählern.

Diese Umsteuerwähler (UW) ähneln in ihrer Arbeitsweise den Umsteuerwählern, die im Verbindungsverkehr Leitungen oder Wählergruppen zusammenschalten und vorbereitend belegte Verbindungswege wieder freigeben, um auf eine andere Richtung umzusteuern. Die hier benutzten UW arbeiten jedoch stets in der Vorwahlstufe und werden dort wie II. VW eingesetzt (Abb. 39).

Der UW für Unteramtsverkehr enthält ein Mitlaufwerk, das bei Wahl der verdeckten Kennzahl des Unteramtes, die als Bestandteil der Teilnehmernummer immer mitgewählt wird, die Umsteuerung auf den Innenverkehr einleitet. Bei einer anderen Technik wird das Mitlaufwerk in Form einer besonderen Übertragung (Ue) jeder Verbindungsleitung zum Hauptamt zugeteilt. Die Zuordnung des Mitlaufwerkes zum UW bietet den Vorteil, daß besondere Blindmitlaufwerke wegfallen, die sonst die Umsteuerung auf den Innenverkehr bei besetzter Hauptrichtung veranlassen. Als Übertragungen für den Verbindungsverkehr können die für das System entwickelten Ue ohne weiteres verwendet werden. Außer dem Verkehr zum Hauptamt und dem Innenverkehr innerhalb des Unteramtes ist Umsteuermöglichkeit auf zwei Querverbindungsrichtungen oder auf eine Querverbindung und eine Richtung zum öffentlichen Netz (abgehender Verkehr) vorgesehen.

Aufbaumäßig werden die UW in 3- oder 6teiligen Rahmen zusammengefaßt, die in normale Gestellrahmen zusammen mit anderen Wähleinrichtungen eingebaut werden können. Der 3teilige UW-Rahmen besteht aus zwei Rahmen für die Drehwähler, in denen auch Kondensatoren und Verteiler untergebracht sind, sowie aus einer Grundplatte und einer Schiene zur Aufnahme der erforderlichen Relais. Der 6teilige UW-Rahmen enthält drei Drehwählerrahmen und vier Grundplatten mit den zugehörigen Relais, Kondensatoren und Verteilern.

Der Verkehr zum zugeordneten Hauptamt wird über einen 17teiligen Drehwähler mit Nullstellung abgewickelt. Für den Innenverkehr, den Verkehr zu den Querverbindungen und in das öffentliche Netz ist ein zweiter 17teiliger Drehwähler mit Nullstellung vorgesehen. Der Anschluß der Umsteuerrichtungen an einen besonderen Drehwähler ermöglicht es,

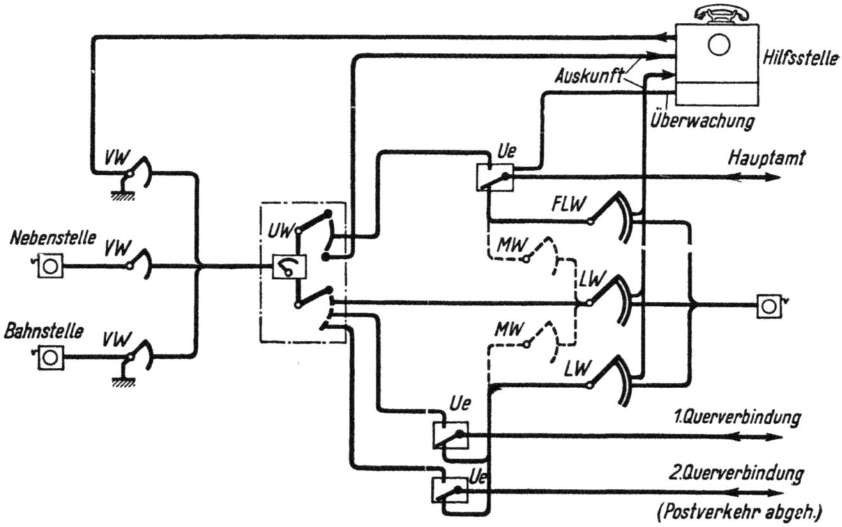

FLW = Fernleitungswähler, *MW* = Mischwähler, *UW* = Umsteuerwähler.

Abb. 39. Übersichtsplan eines Unteramtes mit verdeckter Kennzahl.

die Umsteuerzeit kurz zu bemessen, da das Überlaufen der restlichen, oft zahlreichen Ausgänge der Hauptrichtung vermieden wird. Durch die Nullstellung können die angeschlossenen Leitungen und die GW oder LW des Innenverkehrs in einer bestimmten Reihenfolge abgesucht werden, wodurch eine besondere Abschaltesteuerung entbehrlich wird.

In ähnlicher Form wie in der Schaltung des LW ist auch im UW ein Thermokontakt zum Freischalten bei unnötig belegter Teilnehmerleitung vorgesehen (Nichtwählen des Teilnehmers bzw. gestörte Teilnehmerleitung). Desgleichen enthält der UW besondere Schaltmittel, um die nicht amtsberechtigten Teilnehmer bei Wahl der Kennzahl des öffentlichen Netzes über den besonderen Arm des VW zu sperren. Eine ähnliche Sperrung kann bei Bahnstellen auch für den Netzgruppenverkehr vorgenommen werden. Derartige „beschränkte Bahnstellen“

werden durch das Mitlaufwerk bei Wahl der Verkehrausscheidungsziffer selbsttätig abgeschaltet.

Nach Abheben des Unteramtsteilnehmers läuft der VW in der bekannten Weise an, belegt über seine Prüfader den UW und sperrt ihn gegen andere Belegungen. Im UW sucht der Wähler der Hauptrichtung eine freie Verbindungsleitung zum Hauptamt, wodurch dort die Belegung eines I. GW vorgenommen wird, der dem Teilnehmer das Wählzeichen gibt. Ein Relais in der *a*-Ader des UW macht die Wahlstromstöße des Teilnehmers, die die Wähler des Hauptamts einstellen, im gleichen Takt mit; es steuert das Mitlaufwerk, das die Ausscheidung der Richtung vornimmt. Nach Wahl der 1. oder 2. Ziffer (in bestimmten Fällen auch nach der 3. Ziffer) ist gekennzeichnet, ob die Verbindung über das Hauptamt verlaufen, im Unteramt bleiben oder eine der Querverbindungen benutzen soll. Bei dieser Kennzeichnung wird das Relais in der *a*-Ader ausgeschaltet und das Mitlaufwerk damit stillgesetzt.

Eine Verbindung über das Hauptamt behält den vorbereitend aufgebauten Weg bei. Bei Wahl einer Kennzahl für den Innen- bzw. Querverbindungsverkehr läuft der zweite Drehwähler des UW an und überprüft die Ausgänge der durch das Mitlaufwerk bestimmten Richtung; die Verbindungsleitung und die im Hauptamt belegten Wähler werden dann sofort wieder freigegeben.

Die Leitungszahl der einzelnen Querverbindungen ist häufig sehr gering. Sind alle Ausgänge einer derartigen Richtung besetzt, so kann der UW bei entsprechender Verdrahtung seine Hauptrichtung beibehalten; die gewünschte Anlage wird in diesem Fall über das Hauptamt angesteuert. Durch einen solchen „Umwegverkehr" werden die Querverbindungsleitungen gewissermaßen durch Verbindungswege über das Hauptamt ergänzt. Ist eine Mitbenutzung der Leitungen zum Hauptamt unerwünscht, so kann der Umwegverkehr durch eine andere Verdrahtung im UW verhindert werden; der Teilnehmer erhält dann bei völlig belegter Querverbindungsrichtung stets das Besetztzeichen.

Bestimmte Verkehrsarten (aus dem öffentlichen Netz ankommender Verkehr, Verkehr auf halbselbsttätigen Fernleitungen usw.) erfordern das Mitwirken einer Vermittlungsperson bei der Verbindungsherstellung. Die Anlagen erhalten dafür und für bestimmte andere Sonderbetriebsarten „halbselbsttätige Vermittlungen" (Abschnitt XI). In Unterämtern wird man die Errichtung derartiger Vermittlungsplätze möglichst vermeiden und den halbselbsttätigen Verkehr über das Hauptamt leiten und dort vermitteln lassen.

Der aus dem öffentlichen Netz ankommende Verkehr (Amtsverkehr, Postverkehr) wird also im allgemeinen im Hauptamt abgefragt; eine besondere Vermittlungseinrichtung im Unteramt ist dann entbehrlich.

Der abgehende Amtsverkehr kann auf zwei Arten abgewickelt werden. Entweder läuft er über das Hauptamt, also über die gleichen Leitungen wie der ankommende Amtsverkehr; oder er benutzt eine der Umsteuerrichtungen des UW, an die dann die abgehenden Amtsleitungen unmittelbar angeschlossen sind; dabei wird durch das Mitlaufwerk nach Wahl der betreffenden Kennzahl die Umsteuerung auf den zweiten Drehwähler des UW veranlaßt. Diese beiden Ausführungsarten für den Amtsverkehr können je nach den örtlichen Verhältnissen eingesetzt werden, wobei aber auch die Bestimmungen der betreffenden Postverwaltung berücksichtigt werden müssen. Bei der Deutschen Reichspost z. B. besteht heute die Vorschrift, daß der ankommende und abgehende Amtsverkehr über das gleiche Leitungsbündel, also über das Hauptamt, zu führen ist.

Auch die anderen Einrichtungen, die ein Mitwirken von Bedienungspersonen erfordern bzw. ermöglichen (halbselbsttätige Fern- und OB-Gesellschaftsleitungen, Überwachungen, Auskunftsanschlüsse usw.), werden dann zweckmäßig im Hauptamt zentralisiert.

In Bahnanlagen besteht darüber hinaus die Forderung, in dringlichen Fällen die Verbindung auch bei besetzten Verbindungsleitungen unter allen Umständen herzustellen. Da sich jedoch der Unteramtsteilnehmer bei Besetztsein aller Verbindungsleitungen zum Hauptamt mit der dortigen Bedienungsperson nicht verständigen kann, muß ihm im Unteramt eine Gelegenheit geboten werden, sich notfalls eine Leitung zum Hauptamt frei machen zu lassen. Im Unteramt wird also die Errichtung einer „Hilfsstelle" erforderlich. Diese Hilfsstelle kann entweder bestimmte Obliegenheiten der Vermittlung des Hauptamtes (Auskunft, Überwachung usw.) dauernd übernehmen oder bei der angedeuteten Zentralisierung nur dann einspringen, wenn das Hauptamt vom Unteramt nicht erreicht werden kann.

Da die **Hilfsstelle** somit ein wichtiger Bestandteil der Unteramtstechnik sein kann, soll sie anschließend näher beschrieben werden.

Als Hilfsstelle können zwei Bauarten eingesetzt werden, die sich grundsätzlich nur durch die Anzahl der zu überwachenden Verbindungsleitungen unterscheiden. Die kleinere Ausführung (Abb. 40) enthält fünf, die größere (Abb. 41) zehn Überwachungen. An Stelle dieser größeren Ausführung wird neuerdings auch vielfach das Gehäuse der 10-teiligen halbselbsttätigen Vermittlung (vgl. Abb. 93) benutzt, in das dann nur die Anschlüsse eingebaut werden, die für die Hilfsstelle nötig sind. Jede anzuschließende Verbindungsleitung ist dabei mit einer Belegtlampe und einem Mitsprechschalter ausgerüstet. Die Belegtlampen zeigen den Zustand der angeschlossenen Leitungen an; mittels der Mitsprechschalter kann man an der Hilfsstelle in die Verbindungsleitung eintreten und in dringenden Fällen zum Auflegen auffordern.

Der Eintritt in eine Verbindung wird den sprechenden Teilnehmern durch ein Tickerzeichen angezeigt.

Um z. B. eine Leitung frei machen zu lassen, wird die Hilfsstelle im Auskunftsverkehr angerufen. Der Auskunftsanschluß ist teilnehmermäßig an die Hilfsstelle herangeführt, wird also ankommend

Abb. 40. Hilfsstelle für die Überwachung von fünf Verbindungsleitungen.

vom LW erreicht und ist abgehend mit einem VW verbunden (vgl. Abb. 39).

Bei besonderer Dringlichkeit kann die Hilfsstelle auch in Anspruch genommen werden, wenn eine Verbindung nach einem besetzten Unteramtsteilnehmer hergestellt werden muß. Zu diesem Zweck ist für die Hilfsstelle Aufschaltemöglichkeit vorgesehen. Der besetzt gefundene Teilnehmer wird dann über Auskunftsanschluß, VW, UW und LW angewählt und die Aufschaltung durch Tastendruck (= Erdung der *a*/*b*-Adern) eingeleitet. Auch hierbei erhalten die im Gespräch befindlichen Teilnehmer ein Tickerzeichen.

Ein weiterer Eingang zur Hilfsstelle ist an den letzten Schritt der Hauptrichtung der UW angeschlossen. Dieser Eingang dient dazu, dringende Anrufe zur Hilfsstelle durchzuschalten, wenn alle Verbindungsleitungen zum Hauptamt belegt sind. Damit in diesem Falle nicht

Abb. 41. Hilfsstelle für die Überwachung von zehn Verbindungsleitungen.

jeder beliebige Anruf zur Hilfsstelle gelangt, liegt vor der Hilfsstelle eine Übertragung, deren Mitlaufwerk die Nummernwahl des Teilnehmers überwacht und den Anruf nur bei bestimmten, am Mitlaufwerk verdrahteten Ziffern weitergibt. Der UW, der beim Abheben die Hauptrichtung abgesucht und alle Ausgänge belegt gefunden hat, wartet also die Nummernwahl erst ab. Wird die betreffende Sondernummer gewählt, so schaltet der UW noch in der Hauptrichtung auf die Hilfsstelle durch. Ist jedoch nach der ersten bzw. zweiten Ziffer entschieden, daß weder eine Umsteuerung noch der Sonderanruf bei der Hilfsstelle in Betracht kommt, wird dem Anrufenden von der Übertragung der Hilfsstelle das Besetztzeichen übermittelt.

Neben dieser Unteramtstechnik mit verdeckter Kennzahl können auch, wie schon erwähnt, Unterämter mit *offenen* Kennzahlen vorgesehen werden. In diesem Falle stimmt ihre Technik mit der von Hauptämtern überein. Dabei fehlen jedoch im allgemeinen die Vermittlungseinrichtungen, die auch hier zweckmäßig im Hauptamt zentralisiert werden. Die offenen Kennzahlen für Unterämter werden so festgelegt, daß sie sich zwanglos den vorhandenen Verkehrsverhältnissen und der Dekadenbelegung des Hauptamtes anpassen.

VIII. Technik, Aufbau und Betriebsweise der Kleinanlagen.

Die Ausrüstung der Fernsprechanlagen aller Größen mit den gleichen Schalteinrichtungen ist ein Kennzeichen des Einheitssystems. Lediglich bei den Kleinanlagen ist man aus wirtschaftlichen Gründen zum Teil von diesen Richtlinien abgewichen. Die so geschaffenen Kleinanlagen haben eine Anschlußmöglichkeit von höchstens 4, 10, 25 oder 30 Sprechstellen. Während für die 30teilige Kleinanlage die gleichen Schalteinrichtungen benutzt werden wie für die größeren Anlagen, weichen die übrigen Kleinanlagen von dieser Technik zum Teil mehr oder weniger ab. Bei der 25teiligen Kleinanlage werden in der Vorwahlstufe Anrufsucher eingesetzt; für die 10teilige Ausführung sind zwei Bauarten vorhanden: in der einen Form werden Drehwähler als Anrufsucher und Leitungswähler benutzt, während die andere, ebenso wie die 4teilige Kleinanlage, nur Relais als Einstellwege enthält.

Sämtliche Teile für den normalen Ausbau sind bei der 30teiligen Kleinanlage in zwei Gestellen, bei der 25teiligen Anlage in einem gemeinsamen Gestell, bei den 4- und 10teiligen Ausführungen in einem Wandgehäuse untergebracht. Die am Aufstellungsort notwendigen Arbeiten können dadurch auf ein Mindestmaß herabgesetzt werden. Sie beschränken sich im allgemeinen auf den Anschluß der Stromversorgung und der Teilnehmer- bzw. Verbindungsleitungen.

1. Die 30teilige Vorwähler-Kleinanlage.

In dem Bestreben, für die oft zahlreichen kleineren Anlagen eine im Aufbau einheitliche Ausführung zu erhalten, ohne in den Betriebsbedingungen und im Verwendungszweck eingeschränkt zu sein, ist die 30teilige VW-Kleinanlage entstanden. Für sie wird die Technik der größeren Anlagen benutzt, so daß die Schalteinrichtungen unverändert übernommen werden konnten; die Betriebsspannung ist daher auch 60 V.

Der Unterschied liegt, wie erwähnt, im Aufbau. Die VW-Kleinanlage besteht aus einem Hauptgestell und aus einem, u. U. auch aus mehreren Zusatzgestellen. Das Hauptgestell (Abb. 42) enthält von oben nach unten drei 10teilige VW-Rahmen, eine Signalrelaisschiene, einen Verteilerrahmen, an den die von außen kommenden Kabel angeschlossen werden, sowie einen 12teiligen LW-Rahmen. Der LW-Rahmen wurde so groß gewählt, damit eine weitgehende Freizügigkeit bei der Zuordnung von Post-LW und FLW für die oft zahlreichen Anschlußleitungen besteht. Das Zusatzgestell, das im allgemeinen ausreicht, um alle übrigen Teile der Anlage aufzunehmen, ist je nach Verwendung verschieden ausgebaut, wobei auch die Richtlinien der zuständigen Verwaltung zu beachten sind. Von vornherein eingebaut sind diejenigen Teile, die in jeder Anlage immer benötigt werden, wie Aufschalteverhinderung, Ruf- und Signalmaschine sowie Sicherungsstreifen und eine Schiene für Belegtlampen, Sperrtasten und Prüfklinken. Darüber hinaus werden je nach Bedarf Übertragungen für den halbselbsttätigen Verkehr vorgesehen, wenn die Anlage mit einer Vermittlung und für Postverkehr ausgerüstet ist, und Übertragungen für vollselbsttätigen Verkehr zur übergeordneten Anlage oder für Querverbindungen. Weiterhin können auch Übertragungen zum Anschluß von Wahlrufleitungen oder OB-Gesellschaftsleitungen vorhanden sein. In der in Abb. 42 dargestellten Kleinanlage ist kein halbselbsttätiger Verkehr vorgesehen. Es sind daher im rechten Gestell von oben nach unten eingebaut:

6 Induktiv-Relaisübertragungen,
1 Ruf- und Signalmaschine mit Signalrelaisschiene,
1 Sicherungsschiene,
1 Schiene für Lampen, Tasten und Klinken,
1 Rufstromtransformator für OB-Gesellschaftsleitungen mit Wahlzusatz,
2 Schienen für Aufschalteverhinderung,
2 Schienen mit Weiterschalteinrichtungen für bevorzugte Teilnehmer,
3 Übertragungen für OB-Gesellschaftsleitungen mit Wahlzusatz sowie
2 Schienen mit Übertragungen für Tastendrucksteuerung.

Dem Aufbau der Kleinanlagen entsprechend, sind die „Amtssignale“ für die verschiedenen Schalteinrichtungen auf einer Signalschiene zusammengefaßt, die im Hauptgestell untergebracht ist. Sollte das Zusatzgestell für die erforderlichen Einrichtungen nicht ausreichen, dann können weitere Gestelle angefügt werden.

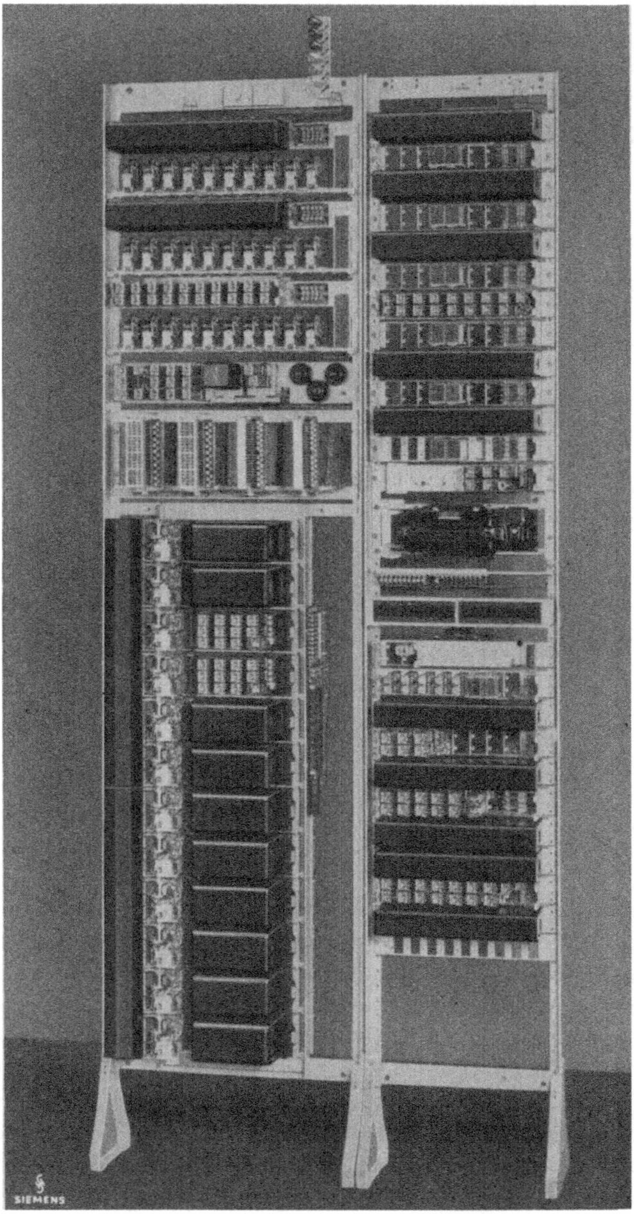

Abb. 42. 30teilige VW-Kleinanlage.
(Schutzkappen zum Teil abgenommen.)

Die 30teilige Kleinanlage unterscheidet sich nur durch ihren besonderen Aufbau von den größeren Anlagen. Der Verbindungsverkehr zur vorgeordneten Anlage kann in der gleichen Weise wie dort durch Wahl der Verkehrausscheidungsziffer eingeleitet werden (Abb. 43). Mit Hilfe einer Übertragung für Tastendrucksteuerung kann der Teilnehmer der Kleinanlage die übergeordnete Anlage auch durch Drücken der Taste an seinem Fernsprecher erreichen. Der Teilnehmer der Kleinanlage befindet sich also, ohne zu wählen, durch Tastendruck im Verbindungsaufbau auf der gleichen Wahlstufe wie ein Teilnehmer, der in der vorgeordneten Anlage den Handapparat abgehoben hat. Aus dieser Steuerung ergeben sich betriebliche Vorteile, wie Kennzahlenvereinfachung, gemeinsames Fernsprechverzeichnis mit der vorgeordneten Anlage usw.

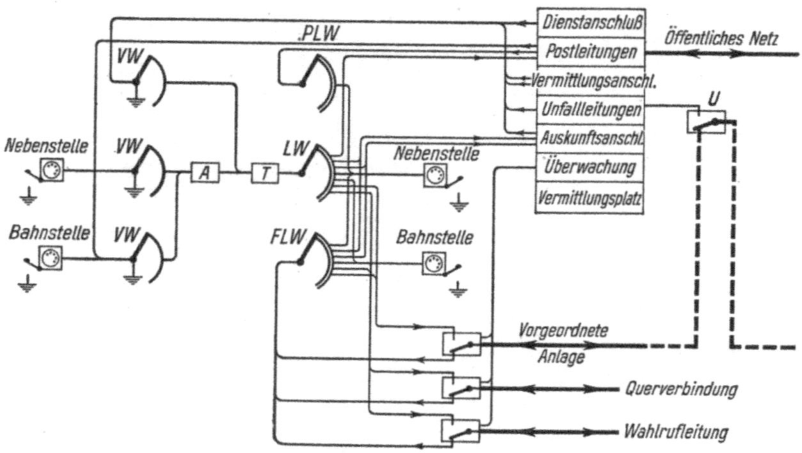

A = Zusatz für Aufschalteverhinderung,
FLW = Fernleitungswähler,
PLW = Postleitungswähler (Verkehr aus dem öffentlichen Netz),
T = Zusatz für Tastendrucksteuerung,
U = Umschalteeinrichtung für Unfallverkehr.

Abb. 43. Übersichtsplan einer 30teiligen VW-Kleinanlage.

Die Verbindungsleitungen werden bei dieser Anordnung ebenfalls über einen freien Ausgang des LW belegt. Der LW muß daher, veranlaßt durch den Tastendruck, in eine Dekade heben und die dort angeschlossene Verbindungsleitungen in freier Wahl absuchen. Hierfür ist die zweite Dekade vorgesehen, um einmal die erforderliche Technik einfach zu gestalten und gleichzeitig die erste Dekade bestimmten Zwecken vorzubehalten, wie z. B. dem Anschluß der Auskunft. Durch Erden der Teilnehmerschleife (Tastendruck) wird eine Relaisanordnung in der Übertragung angelassen, die zwei Hebstromstöße und nach der Umsteuerzeit des LW einen Drehstromstoß aussendet. Dadurch wird der LW auf den ersten Schritt der zweiten Dekade geschaltet und sucht von hier aus in üblicher Weise über den Sammelkontakt eine freie Übertragung des Verbindungsverkehrs aus. Naturgemäß kann der erste Schritt der zweiten Dekade auch durch Wählen der Kennzahl 21 erreicht werden.

Während die Verbindungsleitungen nach der vorgeordneten Anlage entweder durch Kennzahlenwahl oder durch Tastendruck erreicht werden, können alle übrigen Verbindungsleitungen, wie Querverbindungen nach anderen Anlagen, Wahlrufleitungen usw. nur durch bestimmte Kennzahlen angewählt werden.

Da der Einbau von zwölf LW vorgesehen ist, können gleichzeitig bis zwölf Verbindungen bestehen. Dies sind entweder Innenverbindungen oder ankommende bzw. abgehende Verbindungen über Anschlußleitungen irgendeiner Art, je nachdem wie die LW für den Innen- oder Verbindungsverkehr aufgeteilt sind.

2. Die 25teiligen Kleinanlagen.

Für diese Kleinanlagen sind zwei verschiedene Ausführungsformen vorgesehen. Die eine Bauart enthält ähnlich wie auch die später beschriebenen 10teiligen Kleinanlagen besondere Schaltmittel zur Abwicklung des Verbindungsverkehrs nach der vorgeordneten Anlage; dadurch wird erreicht, daß während derartiger Gespräche die Innenwege — ihre Zahl beträgt drei — nicht belegt sind. Eine neuere Ausführung, die an Stelle der vorerwähnten tritt, vermeidet besondere Zusatzmittel für den Verbindungsverkehr, so daß eine einfachere Technik eingesetzt werden konnte. Da der Verbindungsverkehr bei dieser Bauart über die Innenwege verläuft, wurde ihre Zahl auf fünf erhöht; dies bedeutet gleichzeitig auch eine Erhöhung des gesamten Verkehrswertes, da die Wählergruppen für Innen- und Verbindungsverkehr zusammengelegt sind. In beiden Bauarten beträgt die Betriebsspannung 60 V. Bei der Planung sind für den Einsatz der 30teiligen oder der neueren 25teiligen Kleinanlage neben Aufnahmefähigkeit etwaige Richtlinien der zuständigen Verwaltung zu berücksichtigen.

Die 25teilige Kleinanlage, bei der der Verbindungsverkehr nach der vorgeordneten Anlage über besondere Schalteinrichtungen, sog. „Anrufsuchermischwähler", abgewickelt wird (Abb. 44 u. 45), enthält von oben nach unten einen 3teiligen LW-Rahmen (vgl. auch Abb. 36) und einen Rahmen, der die Teilnehmerrelais, Drehwähler (Anrufsucher, Anrufsuchermischwähler, Blindanrufsucher) und vier Schienen für die zur Steuerung der Wähler erforderlichen Relais usw. aufnimmt. Darunter befinden sich Verteiler, eine Ruf- und Signalmaschine mit einem Relaisrahmen für die Signaleinrichtungen und Raum für insgesamt vier Relaisübertragungen des Verbindungsverkehrs. Die abgebildete Anlage ist mit zwei Ue ausge-

Mit Schutzkappen

Abb. 44. 25teilige Kleinanlage mit besonderen Schaltmitteln für den Verbindungsverkehr.

Schutzkappen abgenommen.

Abb. 45. 25teilige Kleinanlage mit besonderen Schaltmitteln für den Verbindungsverkehr.

baut. Die Ruf- und Signalmaschine wird genau wie ein Relaiskoffer in Führungsschienen eingeschoben; zur elektrischen Verbindung mit den Gestellstromkreisen dienen Messerkontakte. Wie aus Abb. 45 ersichtlich, sind im LW, zur Steuerung der Drehwähler, für die Signale und in den Übertragungen Flachrelais verwendet. Diese Flachrelais sind im LW auf den bereits beschriebenen Grundplatten, entsprechend der normalen Ausführung des Einheitssystems, angeordnet; in den übrigen Einrichtungen sind die Relais auf normalen Relaisschienen unter-

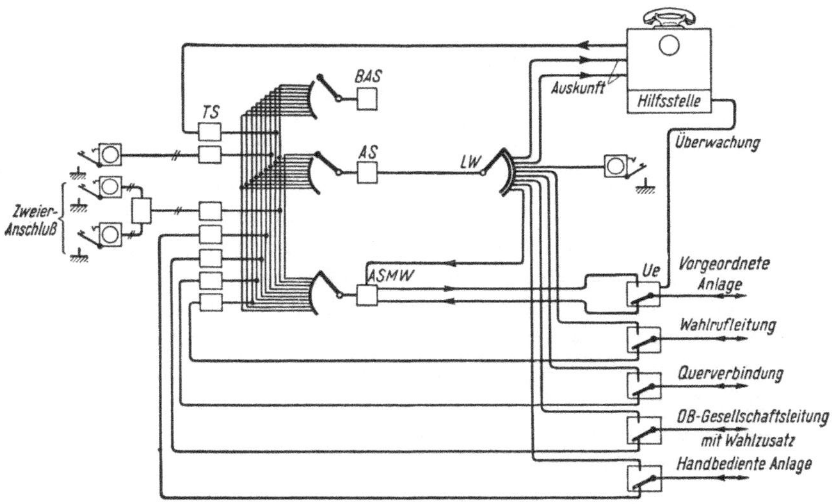

AS = Anrufsucher, *ASMW* = Anrufsuchermischwähler, *BAS* = Blindanrufsucher, *TS* = Teilnehmerschaltung, *Ue* = Übertragung.

Abb. 46. Übersichtsplan einer 25teiligen Kleinanlage mit besonderen Schaltmitteln für den Verbindungsverkehr.

gebracht. Lediglich für die Teilnehmerschaltungen (zweiter Rahmen von oben) sind Doppelrelais vorgesehen (vgl. S. 44).

Die zweistelligen Teilnehmer-Rufnummern können, da die normalen LW des Einheitssystems Verwendung finden, beliebig festgesetzt werden. Um eine einheitliche Kennzahlenvergebung entsprechend den größeren Anlagen vornehmen zu können, wird man die 8. bis 0. Dekade zweckmäßig nicht mit Teilnehmer-Rufnummern belegen. Die Verbindung zwischen zwei Sprechstellen wird über den Anrufsucher (AS) und Leitungswähler (LW) aufgebaut, wobei jedem AS ein LW fest zugeordnet ist (Abb. 46). Die Verbindungen nach der netztechnisch vorgeordneten Anlage können entweder über den LW unter Belegung eines Innenweges oder über einen besonderen Anrufsuchermischwähler (ASMW) ohne Benutzung des Innenweges verlaufen. Der ankommende Verkehr wird teilnehmermäßig über ASMW und einen Innenweg abgewickelt. An Verbindungen können dabei gleichzeitig bestehen:

3 Verbindungen über die LW, also z. B. im Innenverkehr, und

3 Verbindungen im Verbindungsverkehr nach einer vorgeordneten Anlage.

Der Aufbau einer Verbindung zwischen zwei Teilnehmern einer solchen Kleinanlage geht folgendermaßen vor sich. Nach Abheben des Handapparates wird der AS durch die „Teilnehmerschaltung" (TS) angereizt, die dem betreffenden Teilnehmer zugeordnet ist und je Teilnehmer durch ein Doppelrelais gebildet wird. Der AS läuft an und dreht auf den Schritt, an den die Teilnehmerschaltung des anrufenden Teilnehmers angeschlossen ist. Beginnt der Teilnehmer innerhalb von etwa 20 s nach dem Abheben nicht mit der Wahl, so wird er selbsttätig durch den Thermokontakt des LW abgeworfen. Die Teilnehmerschaltung sperrt die Sprechstelle dann so lange, bis der Handapparat wieder aufgelegt wird, und verhindert somit ein erneutes Anreizen des AS. Der Teilnehmer erhält während dieser Zeit von seiner Teilnehmerschaltung das Besetztzeichen; der belegte Innenweg wird sofort nach dem Abwerfen wieder freigegeben. In gleicher Weise werden auch gestörte Teilnehmerleitungen selbsttätig dem Verkehr entzogen, so daß unnötig belegte bzw. gestörte Teilnehmerleitungen die Ausnutzbarkeit der Anlage nicht herabsetzen.

Beim Abheben des Handapparates läuft jeweils nur ein AS an. Prüft dieser AS innerhalb einer bestimmten Zeit nicht auf die entsprechende Teilnehmerschaltung auf, so wird durch einen Thermokontakt der nächste AS über eine Anlaßkette angelassen und übernimmt so, falls z. B. der erste AS gestört war, dessen Aufgaben. Die Teilnehmer werden in mehrere Gruppen eingeteilt, denen je einer der drei AS in der Kette als erster Wähler zugeordnet ist. Ist der erste AS besetzt, so wird über die Kettenschaltung zum zweiten AS weitergeschaltet. Eine Sperrtaste gestattet es, einen in der Kette liegenden gestörten AS auszuschalten, um zu vermeiden, daß erst nach einiger Zeit (= Ansprechen des Thermokontaktes) weitergeschaltet wird. Nach dem Durchschalten des AS auf die Teilnehmerschaltung des anrufenden Teilnehmers steht der dem AS fest zugeordnete LW bereit. Die Nummernwahl stellt dann den LW in bekannter Weise ein. Bei Gesprächsschluß löst die Verbindung durch den zuerst einhängenden Teilnehmer aus (Auslösung bzw. Rückauslösung); der andere Teilnehmer erhält, falls er den Handapparat nicht auflegt, von seiner Teilnehmerschaltung das Besetztzeichen.

Während in größeren Anlagen der Verbindungsverkehr durch Wahl der Verkehrausscheidungsziffer eingeleitet wird, erreicht der Teilnehmer der 25teiligen Kleinanlage die Verbindungsleitung nach der netztechnisch vorgeordneten Anlage durch Drücken einer Taste seines Fernsprechers. Hierdurch wird Erde an die Teilnehmerschleife gelegt und eine

Umlegung vom AS der Innenverbindung auf einen freien Anrufsuchermischwähler (ASMW) vorgenommen. Der ASMW sucht als AS den Anschluß des anrufenden Teilnehmers auf. Da zu jedem ASMW eine Ue für den Verbindungsverkehr und damit eine Verbindungsleitung gehört, ist der Teilnehmer nach Aufprüfen des ASMW mit der Verbindungsleitung verbunden. Der beim Abheben belegte Innenweg (AS—LW) wird wieder freigegeben; die abgehende Verbindung belegt also die Einrichtungen des Innenverkehrs nur bis zu dem Augenblick, in dem entschieden ist, daß keine Verbindung über den LW aufgebaut werden soll. Sind alle Inneneinrichtungen besetzt, so läuft beim Abheben der Blindanrufsucher (BAS) an, über den zwar beim Tastendruck eine freie Verbindungsleitung erreicht, jedoch keine Verbindung im Innenverkehr aufgebaut werden kann. Freie Verbindungsleitungen sind also auf jeden Fall erhältlich, selbst wenn alle Inneneinrichtungen besetzt sind. Da im Einheitssystem die Rückauslösung auch über die Verbindungsleitung stattfindet, wird das Gespräch durch Auflegen eines der beiden Teilnehmer ausgelöst.

Im ankommenden Verbindungsverkehr dient der ASMW als MW; er ist also ein Doppelbetriebswähler, der je nach Verkehrsrichtung als AS oder als MW arbeitet. Ankommend als MW belegt, sucht er in freier Wahl einen freien Innenweg (AS—LW) aus und belegt ihn über die Ruhestellung des betreffenden AS. Die drei Innenwege sind mit Rücksicht auf möglichst geringe Laufzeit für den ASMW an dessen Nullstellung und die darauffolgenden Schritte angeschlossen. Der weitere Aufbau der ankommenden Verbindung findet dann über den Innenweg statt, wobei der LW in üblicher Weise eingestellt wird. Die Benutzung des Innenweges und damit des LW für den ankommenden Verbindungsverkehr ergibt sich aus der Bedingung, die Anschlüsse der 25teiligen Kleinanlage beliebig über die 100 Ausgänge des LW zu verteilen. Die Rufnummern können dadurch z. B. bestimmten Richtlinien verwaltungstechnischer Art angepaßt werden, so daß alle Vorteile weitgehender Vereinheitlichung in Anspruch genommen werden können.

Während die Verbindungsleitungen nach der netztechnisch vorgeordneten Anlage durch Tastendruck erreicht werden, sind alle übrigen Verbindungsleitungen, wie Querverbindungen nach anderen Anlagen, Wahlrufleitungen usw., teilnehmermäßig am LW und am AS angeschlossen. Dementsprechend werden sie abgehend durch Wahl von ein- oder zweistelligen Kennzahlen erreicht. Im ankommenden Verkehr wird ein AS angelassen, der die Verbindung über den Innenweg herstellt. Anschlußübertragungen von Wahlrufanlagen gestatten unter Benutzung eines in den Ue vorgesehenen Mitlaufwerkes die Ausscheidung, ob ein Teilnehmer der Kleinanlage oder ob eine sofortige Durchschaltung zur netztechnisch vorgeordneten Fernsprechanlage gewünscht wird.

Bei der anderen Ausführung der 25teiligen Kleinanlage (Abb. 47) wurde auf alle zusätzlichen Schaltmittel für den Verbindungsverkehr, wie ASMW, BAS, verzichtet. Da dann auch der gesamte Verbindungsverkehr über die Innenwege abgewickelt wird, wurde ihre Zahl auf fünf erhöht. Diese Vermehrung gestattet eine einfachere Technik und eine Erhöhung des Verkehrswertes, ohne daß im ganzen gesehen eine wesentliche Vergrößerung des Aufwandes eintritt. Es können also im Innen- und Verbindungsverkehr gleichzeitig fünf Verbindungen bestehen.

Der Aufbau dieser Ausführung ähnelt dem der vorher beschriebenen Kleinanlage. An Stelle des 3teiligen LW-Rahmens ist ein 5teiliger vor-

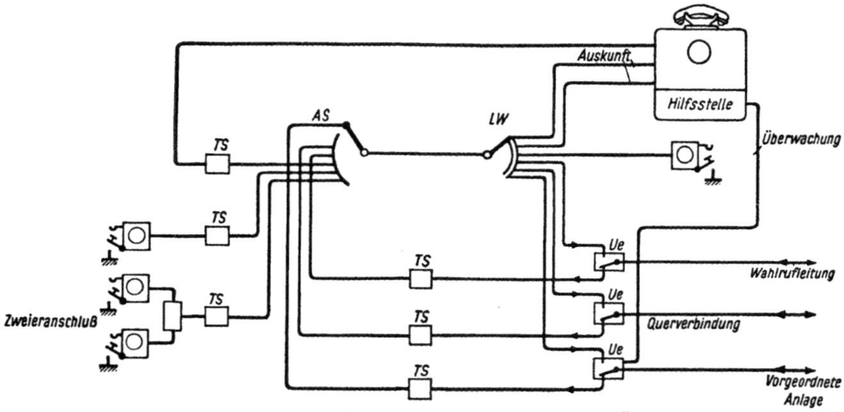

AS = Anrufsucher, *TS* = Teilnehmerschaltung, *Ue* = Übertragung.

Abb. 47. Übersichtsplan einer 25teiligen Kleinanlage mit gemeinsamem Wählerteil für Innen- und Verbindungsverkehr.

handen; der darunter befindliche AS-Rahmen enthält die Teilnehmerrelais, fünf Drehwähler als AS und die dazugehörigen Relais zur Steuerung der Wähler. Infolge des größeren Platzbedarfs durch die Vermehrung der LW können nur noch drei Ue in dem gemeinsamen Gestell untergebracht werden. Die Ue für den Verbindungsverkehr, für die die normalen Bauarten des Einheitssystems eingesetzt werden können, werden abgehend über die betreffenden Dekaden der LW erreicht. In ankommender Richtung sind sie an die Nullstellung und an die folgenden Schritte des AS angeschlossen. Da das Einstellen des AS zusammen mit der Freiwahl des GW der vorgeordneten Anlage, Belegung der Verbindungsleitung usw. zwischen zwei Nummerngaben des Teilnehmers stattfinden muß, wird durch diese Anschaltung Zeit gewonnen. Aus dem gleichen Grunde ist für das Anlassen der AS von den Ue her eine besondere Anlaßkette vorgesehen.

Der wesentlichste Unterschied gegenüber der vorher beschriebenen Ausführung ist die Abwicklung des abgehenden Verbindungsverkehrs über den Innenweg und damit über den LW. Wie vorher beschrieben, soll auch bei dieser Ausführung die netztechnisch vorgeordnete Fernsprechanlage durch Tastendruck angesteuert werden. Während bei der Ausführung mit ASMW durch den Tastendruck vom Innenweg auf den ASMW umgeschaltet wird, muß hierbei eine Verbindungsleitung über einen freien Ausgang des LW belegt werden. Hierfür ist, wie bei der 30teiligen Kleinanlage, die 2. Dekade vorgesehen. Der LW wird in der gleichen Weise wie dort eingestellt (vgl. S. 70); die Tastendrucksteuerung ist jedoch in die Schaltung des AS hineingearbeitet.

Ähnlich wie im Unteramtsverkehr (Abschnitt VII) kann zur Auskunftserteilung, zur Abfertigung dringender Anrufe und zum Überwachen belegter Verbindungsleitungen in den 25teiligen Kleinanlagen eine Hilfsstelle eingesetzt werden. Unter Verzicht auf ein etwaiges Freimachen der Verbindungsleitungen von der Kleinanlage aus kann die Auskunftserteilung auch, ebenso wie im Unteramtsverkehr, in der vorgeordneten Anlage zentralisiert werden.

3. Die 4- und 10teiligen Kleinanlagen.

Im Netz sind vielfach Teilnehmergruppen vorhanden, für die der Einsatz einer 25- oder 30teiligen Kleinanlage unwirtschaftlich wäre, da mit einer vollständigen Ausnutzung dieser Anlage nicht gerechnet werden kann. Es stehen daher weitere, noch kleinere Bauarten zur Verfügung, deren Technik und Ausbau mit Rücksicht auf größte Wirtschaftlichkeit den jeweils gegebenen besonderen Verkehrsverhältnissen angepaßt sind. Von ihnen sollen Ausführungen genauer beschrieben werden, die im Höchstfall 4 oder 10 Sprechstellen aufnehmen können. Die zweckmäßigste Form für sie ergab sich aus der Zahl der anzuschließenden Verbindungsleitungen. So entstanden:

die 4teilige Kleinanlage „1/4“ mit *einem* Verbindungsweg für Innenverbindungen und für *eine* Verbindungsleitung nach einer anderen Anlage,

die 10teilige Kleinanlage „1/10“ mit *einem* Verbindungsweg für Innenverbindungen und mit *einer* Verbindungsleitung nach einer anderen Anlage, sowie

die 10teilige Kleinanlage „2/10“ mit *zwei* Innenwegen und für *zwei* Verbindungsleitungen nach einer bzw. zwei anderen Anlagen.

Die 4teilige Kleinanlage 1/4 gestattet den Anschluß von vier Sprechstellen und einer Verbindungsleitung nach einer vorgeordneten Anlage. Sie ist eine Relaiszentrale (Abb. 48), d. h. die Verbindungen werden ohne Wähler lediglich über Relaisanordnungen hergestellt. Dabei finden zum größten Teil Kleinrelais Verwendung, sog. Doppelrelais, ähnlich denen, die bei der 25teiligen Kleinanlage als Teilnehmerrelais eingesetzt sind (vgl. Abb. 25). Die gesamten Einrichtungen sind in einem Blechgehäuse in Form eines Wandschrankes untergebracht. Der Rahmen, der die Relaiseinrichtung trägt, ist ausschwenkbar, damit alle Teile gut zugänglich sind (vgl. auch Abb. 53). Eine Kappe aus schwarzem Buckelblech schützt die Gesamteinrichtung gegen Einflüsse von außen.

Abb. 48. 4teilige Kleinanlage „1/4" mit Netzanschlußgerät zum Anschluß an ein Wechselstromnetz (Schutzgehäuse abgenommen).

Durch das Abheben des Handapparates wird der Innenweg über die Teilnehmerschaltung (Teilnehmerrelais *R* und *T*, Abb. 49) belegt. Die Stromstöße werden bei der Nummernwahl auf eine Relaiskette übertragen, die die Aufgaben des Schrittschaltwerkes von Wähleranlagen übernimmt und den gewünschten Teilnehmeranschluß kennzeichnet. Diese Relaiskette wird daher auch „Relaiswähler" genannt. Die Innenverbindung verläuft dann über den Innenweg und die umgelegten t-Kontakte der in Betracht kommenden Sprechstellen, während der t'-Kontakt (allen T-Relais zugeordnetes Hilfsrelais) die Verbindungsleitung zur vorgeordneten Anlage abtrennt. Das J-Relais ist gemeinsames Speiserelais für beide Sprechstellen.

Der abgehende Verbindungsverkehr wird durch Drücken der Erdungstaste am Fernsprecher eingeleitet (Differenzrelais X). Die Verbindungsleitung wird dann durch den x'-Kontakt (allen X-Relais zugeordnetes Hilfsrelais) angeschaltet.

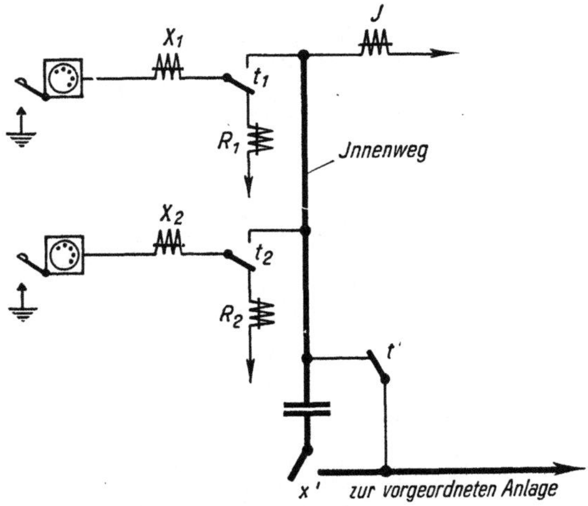

Abb. 49. Grundsätzliche Darstellung einer 4teiligen Kleinanlage „1/4".

Im ankommenden Verbindungsverkehr wählt der ferne Teilnehmer nach Anwahl der Kleinanlage die Rufnummer des gewünschten Teilnehmers. Als Stromstoßrelais dient das J-Relais, das nach Umlegen der t'- und x'-Kontakte weiter als Speiserelais arbeitet. Besteht bereits ein Innengespräch, so wird bei Anwahl der Kleinanlage über die Verbindungsleitung das Besetztzeichen zurückgegeben.

Bei Gesprächen über die Verbindungsleitung kann Rückfrage innerhalb der Kleinanlage gehalten werden. Die Rückfrage wird durch kurzzeitiges Drücken der Erdungstaste eingeleitet; dadurch wird der ferne Teilnehmer abgetrennt, so daß die Rückfrageverbindung durch Wählen mit dem Nummernschalter hergestellt werden kann. Nach Beendigung der Rückfrage wird das Gespräch über die Verbindungsleitung durch Tastendruck wieder übernommen und das Rückfragegespräch ausgelöst. An Stelle des ersten Teilnehmers kann im Bedarfsfalle auch der in Rückfrage angerufene Teilnehmer durch Tastendruck seinerseits das Gespräch über die Verbindungsleitung übernehmen (Gesprächsumlegung).

Entsprechend der geringen Teilnehmerzahl bietet die 4teilige Kleinanlage 1/4 also folgende Gesprächsmöglichkeiten:

1 Verbindung innerhalb der Kleinanlage

oder

1 Verbindung mit der vorgeordneten Anlage und

1 gleichzeitige Rückfrageverbindung innerhalb der Anlage.

Damit in dringenden Fällen die Verbindungsleitung bzw. der Innenweg für ein eiliges Gespräch frei gemacht werden kann, kann sich einer der Teilnehmer auf bestehende Verbindungen aufschalten. Er muß zu diesem Zweck vorübergehend die Erdungstaste seines Fernsprechers drücken. Dieser Fernsprecher mit Aufschaltemöglichkeit übernimmt also, in einfachster Form, etwa die Aufgabe einer Hilfsstelle, die für Unteramts-

Abb. 50. 10teilige Kleinanlage „1/10“ (Schutzkappe abgenommen).

verkehr beschrieben wurde und z. B. auch für 25- oder 30teilige Kleinanlagen eingesetzt werden kann.

Die in Abb. 48 dargestellte Ausführung ist für Netzanschlußbetrieb eingerichtet. Das Netzanschlußgerät (in der Abbildung unten) ist zusammen mit der Relaiseinrichtung in ein staubsicheres Wandgehäuse eingebaut. Bei Fehlen eines Wechselstromnetzes kann die Anlage auch aus einer besonderen Batterie betrieben werden.

Durch eine geringfügige Umschaltung am Verteiler wird die Kleinanlage 1/4 auch als Nebenstellenanlage (Betriebsfernsprechanlage mit Innenverkehr und Amtsverkehr mit dem öffentlichen Netz) verwendbar. Die Sprechstelle 1 hat dann die Aufgaben einer Abfragestelle zu übernehmen, d. h. bei ihr werden die aus dem öffentlichen Netz ankommenden Verbindungen abgefragt und weiter vermittelt. Zwecks Weiterleitens einer ankommenden Amtsverbindung wird der gewünschte Teilnehmer in Rückfrage angerufen und übernimmt dann die Amtsverbindung durch Tastendruck.

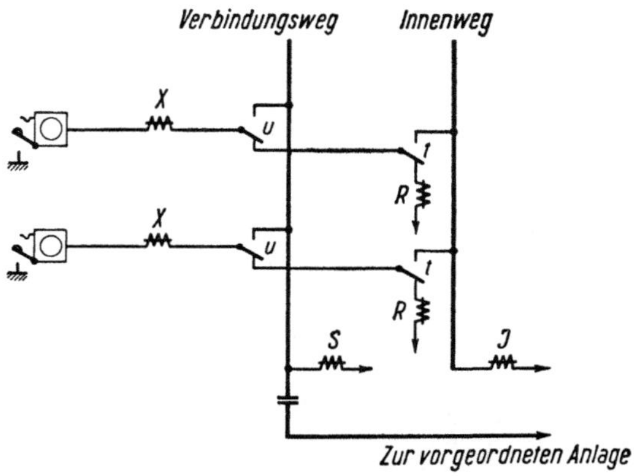

Abb. 51. Grundsätzliche Darstellung einer 10teiligen Kleinanlage „1/10".

Die 10teilige Kleinanlage 1/10 (Abb. 50), die durch die nachfolgend beschriebene Ausführung 2/10 abgelöst wird, ist ebenfalls eine Relaiszentrale. Sie gestattet den Anschluß von zehn Sprechstellen und einer Verbindungsleitung nach der vorgeordneten Anlage.

In Betriebsweise, Technik und Aufbau entspricht diese Anlage weitgehend der vorherbeschriebenen 4teiligen Ausführung, so daß es hier genügt, kurz auf die wesentlichen Unterschiede hinzuweisen.

Entsprechend der größeren Teilnehmerzahl sind folgende gleichzeitigen Gesprächsmöglichkeiten vorgesehen:

1 Innenverbindung,
1 Verbindung mit der vorgeordneten Anlage und
1 gleichzeitige Rückfrageverbindung innerhalb der Anlage.

Beim Abheben des Handapparates durch einen Teilnehmer wird der Innenweg belegt (Abb. 51). Wird zwecks Herstellens einer abgehenden Verbindung die Taste am Fernsprecher gedrückt, so wird der vorbereitend belegte Innenweg sofort nach dem Durchschalten zur Verbindungsleitung wieder freigegeben (u-Kontakte). Eine besondere Relaiseinrichtung, entsprechend dem Blindanrufsucher der 25teiligen Kleinanlage, ermöglicht das Belegen der freien Verbindungsleitung auch dann, wenn der Innenweg bereits benutzt wird.

Ist im ankommenden Verbindungsverkehr der gewünschte Teilnehmer besetzt, so werden die beiden Teilnehmer der bestehenden Innenverbindung durch ein Tickerzeichen davon unterrichtet, daß einer von ihnen von einer fernen Anlage her verlangt wird. Nach dem Auflegen der Handapparate wird der Teilnehmer, dem der Anruf gilt, sofort selbsttätig gerufen.

Ist bei einer Rückfrageverbindung der in Rückfrage angerufene Teilnehmer besetzt, so schaltet sich die Rückfrageverbindung selbsttätig auf das bestehende Innengespräch auf. Der Eintritt in das Gespräch wird den beiden Teilnehmern durch ein Tickerzeichen angezeigt.

Bei der 10teiligen Kleinanlage „2/10" mit *zwei* Innenwegen und *zwei* Verbindungsleitungen ist die Verwendung von Drehwählern wirtschaftlicher. Die gesamte Wähleinrichtung ist ebenfalls auf einem ausschwenkbaren Rahmen untergebracht (Abb. 52). Unterhalb der 17teiligen Drehwähler befinden sich die Doppelrelais der Teilnehmerschaltungen und anschließend daran die zur Steuerung der Wähler usw. erforderlichen Flachrelais. Abb. 53 zeigt den Rahmen ausgeschwenkt und veranschaulicht die gute Zugänglichkeit zur Verdrahtung und zu den auf der Grundplatte befestigten Kondensatoren, Sicherungen und Verteilern.

Abb. 52. 10teilige Kleinanlage „2/10" (Schutzgehäuse abgenommen).

Für jeden der beiden Innenwege sind zwei Drehwähler (ein AS und ein LW) zu einer Einheit, „Anrufsucher-Leitungswähler" (AS-LW), zusammengefügt (Abb. 54). Die Rufnummern der Teilnehmer sind zweistellig. Der LW ist ein Dreh-LW, der durch die erste Ziffer der Teilnehmernummer auf eine Raststellung geschaltet und durch die zweite Ziffer auf den gewünschten Anschluß weitergedreht wird.

Um eine möglichst gute Anpassung an bestehende Verkehrsbedürfnisse innerhalb der wirtschaftlichen Grenzen zu erzielen, können die beiden Verbindungsleitungen verschieden eingeordnet werden. Führen beide Verbindungsleitungen nach einer netztechnisch vorgeordneten Anlage, so werden sie durch Tastendruck erreicht. Übernimmt jedoch nur eine von ihnen diesen Verkehr, so wird diese durch Tastendruck, die andere, die dann eine Querverbindung nach einer dritten Anlage darstellt (Abb. 54), durch Wahl einer einstelligen Kennzahl angesteuert.

Die den Verbindungsleitungen zugeordneten Drehwähler, sog. „Anrufsucherleitungswähler" (ASLW), arbeiten als Doppelbetriebswähler — im abgehenden Verkehr als AS und im ankommenden Verkehr als LW.

Im abgehenden Verbindungsverkehr wird sowohl bei Tastendruck als auch bei Kennzahlenwahl der beim Abheben belegte Innenweg sofort

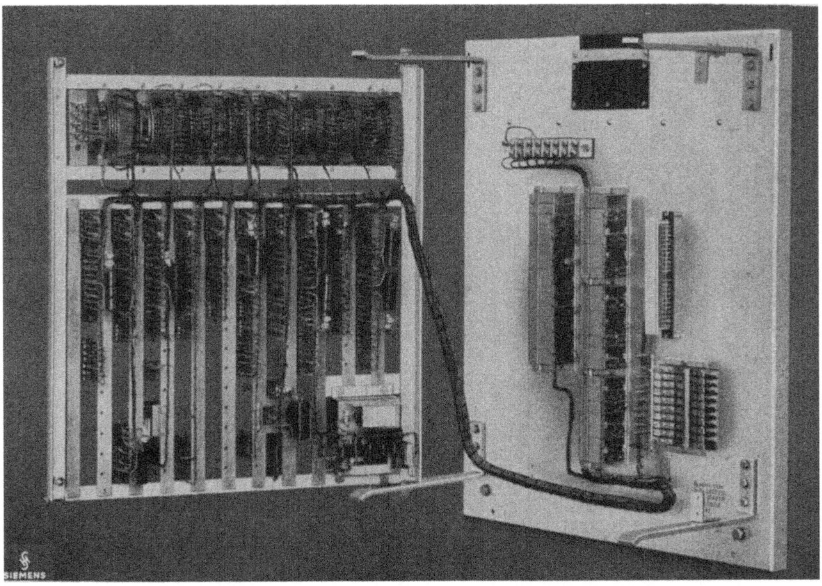

Rahmen mit der Wähleinrichtung ausgeschwenkt.

Abb. 53. 10teilige Kleinanlage „2/10".

wieder freigegeben, wenn der ASLW den betreffenden Anschluß übernommen hat. Die Umsteuerung auf den ASLW findet bei Tastendruck unmittelbar durch ein Differenzrelais, bei Kennzahlenwahl durch Anreiz über den betreffenden LW-Ausgang (entsprechend dem Pfeil in Abb. 54) statt. Sind beide Innenwege belegt, so läuft beim Abheben ein Blindanrufsucher (BAS) an, der zwar keine Innenverbindung herstellen, wohl aber die durch Tastendruck erreichbaren freien Verbindungsleitungen zuordnen kann.

Im ankommenden Verbindungsverkehr arbeitet der ASLW als LW und wird unmittelbar ohne Benutzung eines Innenweges auf den gewünschten Anschluß eingestellt.

Auf die Möglichkeit, Rückfrage zu halten, und damit auch auf Gesprächsumlegung wurde wegen der vermehrten Verbindungswege verzichtet. An gleichzeitigen Verbindungen können also stattfinden:

2 Gespräche innerhalb der Anlage bzw. im Verbindungsverkehr, der die Innenwege benutzen muß, und

2 Gespräche über die Verbindungsleitungen zur netztechnisch vorgeordneten Anlage.

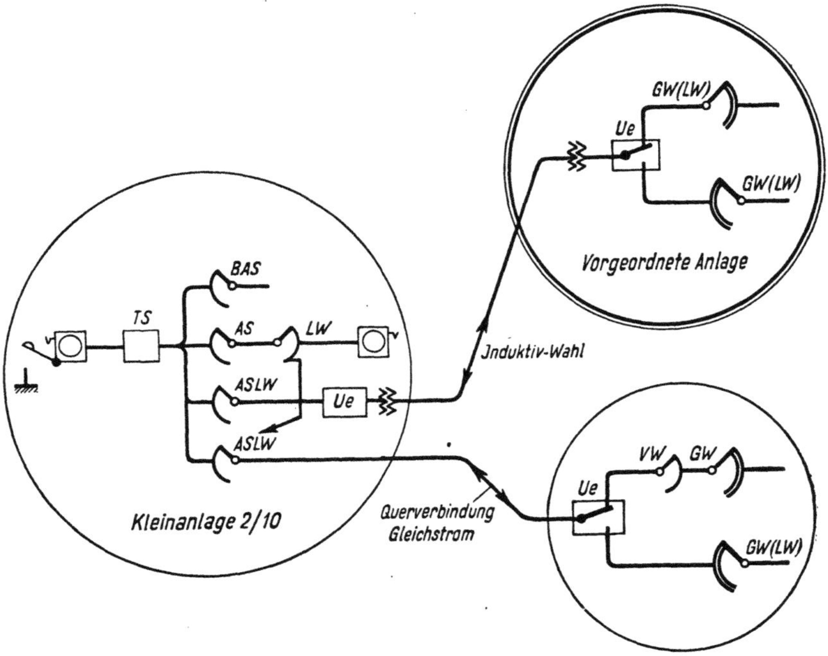

AS = Anrufsucher, *ASLW* = Anrufsucherleitungswähler, *BAS* = Blindanrufsucher.

Abb. 54. Übersichtsplan einer 10teiligen Kleinanlage „2/10“ mit Querverbindung und vorgeordneter Anlage.

Damit in dringenden Fällen sofort eine Verbindung nach der vorgeordneten Anlage hergestellt werden kann, besitzt auch hier einer der Teilnehmer Aufschaltemöglichkeit auf eine Verbindungsleitung. Er kann also durch Tastendruck in ein auf ihr bestehendes Gespräch eintreten und zum Auflegen auffordern (Tickerzeichen).

Die Betriebsspannung der 4- und 10teiligen Kleinanlagen beträgt 24 V. Bei Ausfall der Stromversorgung wird bei Verbindungsleitungen mit Gleichstromwahl einer der Fernsprecher selbsttätig auf die Verbindungsleitung geschaltet, so daß auch dann noch Gesprächsmöglichkeit mit der vorgeordneten Anlage besteht.

Der Verbindungsverkehr kann entweder mit Gleichstrom- oder mit Induktivwahl abgewickelt werden. Die gleichstrommäßige Anschaltung ist aus wirtschaftlichen Gründen so ausgebildet, daß in den Kleinanlagen keine besondere Anschlußübertragung mehr erforderlich und die Anpassung an das normale Einheitssystem in der vorgeordneten Anlage durch eine besondere Ue vorgenommen wird; diese ist dann über I. VW an die vorgeordnete Anlage angeschlossen. Die Anschaltung der Verbindungsleitungen über VW bringt keine betrieblichen Nachteile mit sich, da die Freiwahlzeit des VW kurz ist und die vorgeordnete Anlage von der Kleinanlage aus *vor* Beginn der Wahl durch Tastendruck erreicht wird. Während die Ue für Induktivwahl bei den Kleinanlagen „1/4" und „1/10" nach den gleichen Gesichtspunkten entwickelt wurden — allerdings unter Einschaltung einer Ue auch in der Kleinanlage —, wurden die Ue bei der Kleinanlage „2/10" so ausgebildet, daß die gesamten notwendigen Anpassungen in die Ue der Kleinanlage verlegt wurden. In der vorgeordneten Anlage können dadurch die normalen Induktivübertragungen des Einheitssystems Verwendung finden.

IX. Fernwahl.

1. Allgemeines.

Eine Verbindung zwischen zwei Teilnehmern verschiedener Anlagen benutzt eine oder mehrere aneinandergereihte Verbindungsleitungen. Im Selbstwählfernverkehr wird der Verbindungsweg vollselbsttätig während der Nummernwahl aufgebaut; zu diesem Zweck werden die erforderlichen Wähleinrichtungen der gewünschten fernen Anlage und etwaiger auf dem Wege dorthin benutzter Anlagen ferneingestellt.

Zur Steuerung und Zeichengabe innerhalb einer Fernsprechanlage werden neben den beiden Sprechadern eine oder sogar mehrere weitere Adern herangezogen, über die dann die verschiedenen Zeichen durch Schleifenschluß bzw. -öffnung, durch Stromverstärkung bzw. -schwächung oder unter Zuhilfenahme der Erde als Rückleitung gegeben werden. Im Verbindungsverkehr ist man bestrebt, die Zahl der erforderlichen Adern mit Rücksicht auf die zu überbrückende Leitungslänge möglichst einzuschränken. Man benutzt daher möglichst nur die Sprechadern zur Zeichengabe.

Zur Übermittlung der erforderlichen Zeichen steht also auf der Fernleitung im allgemeinen nur *ein* Stromkreis zur Verfügung. Für gewöhnliche zweiadrige Leitungen ist dies ohne weiteres offensichtlich, wenn man von der Benutzung der Erde als Rückleitung absieht. Es gilt aber auch für Trägerfrequenzverbindungen und Vierdrahtleitungen, bei denen übertragungstechnisch getrennte Wege („Kanäle") für Hin- und Rückrichtung vorhanden sind; auch hier wird zur Zeichengabe für jede Richtung, u. U. sogar für beide Richtungen, nur ein Kanal benutzt, d. h. nur *ein* Stromkreis gebildet.

Ein großer Teil der Stromvorgänge innerhalb der Wählanlagen muß auch über die Verbindungsleitung gegeben werden, um in der fernen Anlage die Wähleinrichtungen zu steuern. Diese Zeichen werden, da ja nur ein Stromkreis zur Verfügung steht, aus Stromstößen verschiedener Länge und Zahl, im allgemeinen aber einheitlicher Stromart, gebildet; daneben wird ferner, wie im Gleichstromverkehr der Anlage selbst, die Zeitfolge zur Unterscheidung benutzt.

Leitungsart und -länge sowie die verwendeten Übertragungsmittel machen es in den meisten Fällen unmöglich, die innerhalb der Anlage benutzte Gleichstromstoßgabe ohne weiteres auch für den Fernwählverkehr zu übernehmen. Jede Verbindungsleitung wird daher auf beiden Seiten durch „Relaisübertragungen" (Ue) mit Sende- und Empfangseinrichtungen abgeschlossen. Diese Ue haben die Aufgabe, die mehradrige Gleichstromzeichengabe innerhalb der Anlage in die Stromarten und Stromstoßlängen umzusetzen, die dem verwendeten Verbindungsweg angepaßt sind, bzw. die von der Leitung ankommenden Zeichen zu empfangen und als Gleichstromzeichen auf die Einrichtungen der Anlage zu geben.

Die Verbindungsleitungen werden im allgemeinen „doppeltgerichtet" betrieben, d. h. sie können für den Verbindungsaufbau je nach Bedarf in beiden Richtungen, nämlich von einer Anlage zur Gegenanlage oder umgekehrt verwendet werden. Die angeschlossenen Ue müssen dann für diese Betriebsart eingerichtet sein. Der doppeltgerichtete Verkehr hat überall dort Bedeutung, wo verhältnismäßig schwache Bündel den Fernverkehr bewältigen müssen. In starken Bündeln kann ein Teil der Leitungen auch „einfachgerichtet" betrieben werden, d. h. diese Leitungen stehen dann stets nur *einer* Verkehrsrichtung zur Verfügung.

In ihrem Betriebszustand bezeichnet man die beiden Seiten der Fernleitung je nach Richtung des Verbindungsaufbaues als „abgehend" bzw. als „ankommend" belegte Seite. Unter „abgehendem" Verkehr versteht man den Verkehr, der von der Anlage über die Ue auf die Fernleitung fließt; „ankommend" belegt ist dann die Ue der Gegenseite, bei der die Verbindung von der Fernleitung über die Ue zur Fernsprechanlage aufgebaut wird. Jede Ue hat demnach neben dem Zugang zur Fernleitung einen Eingang, über den sie von der Fernsprechanlage abgehend erreicht wird, und einen Ausgang, über den sie in ankommender Richtung die Fernleitung mit den Wähleinrichtungen der Anlage verbindet (Abb. 55). Im einfachgerichteten Betrieb fehlt naturgemäß auf der abgehenden Seite ein derartiger Ausgang, ebenso wie die ankommende einfachgerichtete Ue keinen Eingang hat.

Abgehend werden die Ue bzw. Leitungen durch Wahl der in der Netzplanung festgelegten Ziffern über Ausgänge der GW, LW, UW oder MW belegt (Eingang der Ue). Für den ankommenden Verkehr ist dem Ausgang der Ue stets ein Eingang eines GW, LW, UW oder MW fest zugeordnet.

Die *Relaisübertragungen* bestehen im wesentlichen aus drei Teilen:

1. aus dem *Sendeteil*, der die benötigten Stromstöße auf die Leitung gibt;

2. aus dem *Empfangsteil*, der die über die Leitung kommenden Zeichen aufnimmt und sie als Gleichstromzeichen weitergibt;

3. aus dem *Gleichstrom-Relaisteil*, in dem die Betätigungen des Senders und Empfängers an die Steuervorgänge innerhalb der Anlage angepaßt werden.

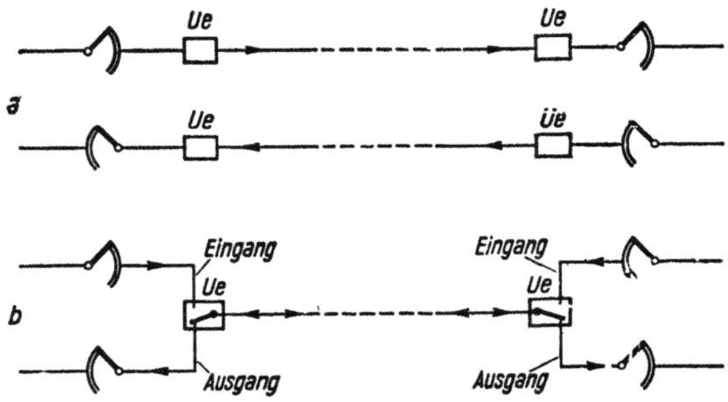

a = einfachgerichtet, *b* = doppeltgerichtet.

Abb. 55. Verkehr über Verbindungsleitungen.

Der Gleichstrom-Relaisteil ist bei allen später beschriebenen Fernwahlarten im allgemeinen nach den gleichen Grundsätzen aufgebaut. Er nimmt die von der Fernsprechanlage kommenden Kennzeichen und Wahlstromstöße auf und gibt sie in geeigneter Form an den Sendeteil weiter. Ebenso werden die vom Empfangsteil, also von der Leitung, ankommenden Zeichen im Relaisteil zeitlich umgeformt und als Gleichstromzeichen auf die angeschlossenen Einrichtungen übertragen. In den Übertragungen für Gleichstromwahl (vgl. S. 89) können oftmals die Umsetzungen zum Teil eingespart werden. Der Gleichstrom-Relaisteil übernimmt die Speisung für den anrufenden Teilnehmer, wenn dieser in der gleichen Anlage angeschlossen ist. Da, wie mehrfach betont, das Einheitssystem für Anlagen jeder Größe eingesetzt, die betreffende Ue also von einem GW, LW, UW oder MW belegt werden kann, ist die Belegungsader jeder Ue auf die betreffende Einrichtung umschaltbar. Sperrelais übernehmen ferner die Sperrung der Gegenrichtung bei der Belegung einer Ue im doppeltgerichteten Verkehr.

Für die Steuerung des Verbindungsaufbaues wird eine Reihe von Kennzeichen benötigt, deren Zahl von den Systembedingungen und auch von der Art des verwendeten Wählsystems abhängt. Im Einheitssystem werden bei jedem vollständigen Verbindungsaufbau folgende *Schaltkennzeichen* über die Leitung gegeben (Abb. 56):

1. *Belegungszeichen*, durch das die von einem Wähler abgehend belegte Fernleitung an der anderen Seite gesperrt wird, um eine Belegung in der Gegenrichtung zu verhindern, und das gleichzeitig dort die erforderlichen Einrichtungen, z. B. einen Wähler, zur Aufnahme der Wahlstromstöße bereitstellt.

2. *Wahlstromstoßreihen*, von denen die Einrichtungen in den fernen Anlagen nummernmäßig eingestellt werden.

3. *Meldezeichen*, das beim Abheben des angerufenen Teilnehmers die Verbindung entgegen der Aufbaurichtung durchläuft und bestimmte Schaltvorgänge einleitet.

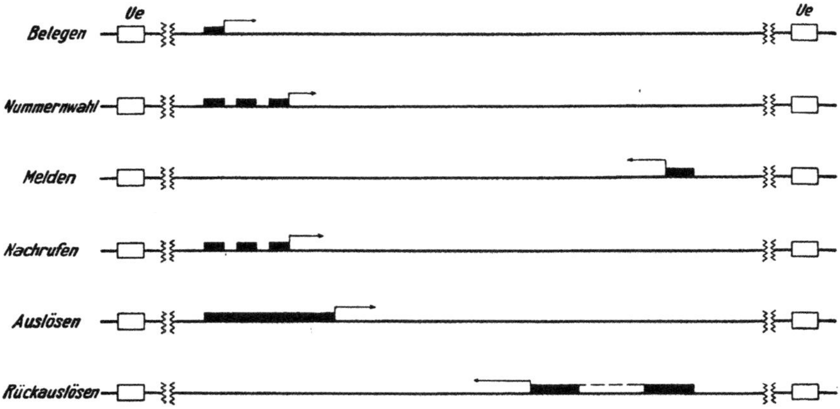

Abb. 56. Beispiel für die Durchgabe von Schaltkennzeichen über eine Fernleitung.

4. *Auslösezeichen* (*Auslösen und Rückauslösen*). Nach Gesprächsschluß wird ein Auslösezeichen gesendet, durch das die im Verbindungsaufbau benutzten Wähleinrichtungen wieder freigegeben werden. Das Auslösezeichen wird entweder in Richtung des Verbindungsaufbaues oder entgegen der Aufbaurichtung gegeben (Auslösung bzw. Rückauslösung) je nach dem Teilnehmer, der zuerst einhängt.

Während diese Vorgänge bei jedem vollständigen Verbindungsauf- bzw. -abbau zu finden sind, können in besonderen Betriebsfällen weitere Zeichen über die Fernleitung erforderlich werden. In Verbindung mit OB-Leitungen können über die vorherliegenden Fernwahlleitungen Stromstoßreihen übertragen werden, die bei OB-Fernleitungen in der OB-Vermittlung am Leitungsende einen erneuten Anruf erzeugen (*Nachrufen*) oder sich auf OB-Gesellschaftsleitungen als *Morsezeichen* auswirken. Im Verkehr mit dem öffentlichen Netz muß für Unterämter auch *Aufschalten*, *Flackern* und *Rückfragen* über die Verbindungsleitung möglich sein. Während Aufschalten und Flackern bei Gleichstrom- und Induktiv-Ue (siehe später) vorgesehen ist, bleibt die

Rückfragemöglichkeit nur dem Gleichstrom-Verbindungsverkehr vorbehalten.

Entsprechend dem Umfang der Bahnnetze werden je nach Art und Länge der Verbindungswege unterschiedliche Fernwahlarten eingesetzt:

1. Gleichstromwahl,
2. Wechselstromwahl (50, 100, 150 Hz),
3. Induktivwahl,
4. Tonfrequenzwahl (600, 750 Hz),
5. 100-Hz-Wahl für Trägerfrequenzgeräte der MK-Form.

Anwendung, Schaltmittel und Sonderheiten der einzelnen Fernwahlarten werden nachfolgend ausführlicher behandelt.

2. Gleichstromwahl.

Die einfachste Form der Fernwahl ist die Gleichstromwahl. IhreAnwendung ist auf kurze, unbeeinflußte und nicht mehrfach ausgenutzte

Abb. 57. Gleichstrom-Relaisübertragung.

Leitungen beschränkt. Sie wird, normale Sende- und Empfangsmittel vorausgesetzt, im allgemeinen nur für Entfernungen bis 700 bis 1000 Ohm Schleifenwiderstand (60 V) eingesetzt. Bei Freileitungen ist der Nebenschluß, bei Kabelleitungen besonders der Einfluß der Kabelkapazität zu beachten. Mit einem Kabel von 0,8 mm ∅ können z. B. bei Schleifenstromstoßgabe im allgemeinen etwa 15 km überbrückt werden.

Die Gleichstrom-Relaisübertragung setzt lediglich die mehradrige Zeichengabe der Anlage auf die zweiadrige der Fernwahlleitung bzw. umgekehrt um. Auf der Fernleitungsseite werden Schleifenschluß bzw. -öffnung, seltener das Anlegen von Erde bzw. Spannung an eine der beiden Adern zur Zeichengabe benutzt. Die angegebene Einteilung in Sende-, Empfangs- und Gleichstromteil läßt sich bei diesen Ue nicht streng durchführen, weil ankommend auf die nachfolgende Wähleinrichtung durchgeschaltet wird. Die erforderlichen Relais, Kondensatoren, Verteiler usw. sind auf einer Relaisschiene normaler Breite untergebracht (Abb. 57).

Bei einer Verbindung von Anlage A nach B (Abb. 58) wird die Ue in A über ihren Eingang (Relais C_1 und A_1) belegt. Der Anrufende wird über seinen VW, eine oder mehrere GW-Stufen und u.U. über einen LW auf die Ue durchgeschaltet und erhält von dort seine Mikrophonspeisung (Relais A_1).

Die Ue in der Gegenanlage B wird ankommend durch Schleifenschluß belegt. Ein an der *b*-Ader liegendes Relais (in Abb. 58 nicht eingezeichnet) veranlaßt die Durchschaltung nach einem fest zugeordneten GW, LW oder MW. Die nachfolgenden Wahlstromstöße, die durch Schleifenunterbrechungen auf der abgehenden Seite der Leitung (a_1-Kontakt) gegeben werden, gelangen ohne weitere Umsetzung auf die angeschlossenen Wähleinrichtungen (z. B. J_2).

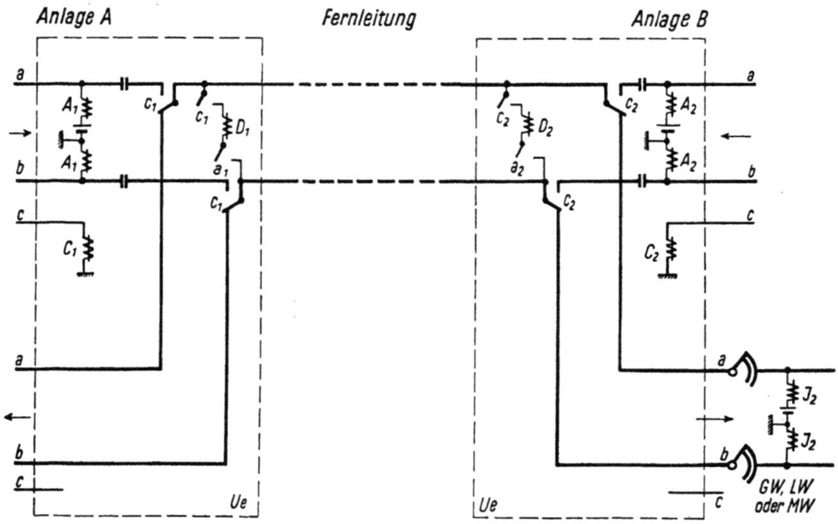

Ue = Relaisübertragung.

Abb. 58. Grundsätzliche Darstellung der Gleichstromwahl.

Beim Abheben durch den angerufenen Teilnehmer wird der über die Prüfader oder über eine besondere Ader zurückgegebene Meldestromstoß in der ankommend belegten Ue in Auftrennen der *a*/*b*-Ader umgesetzt. Auf der Gegenseite fällt dadurch das in Schleife liegende Relais (D_1) ab und gibt das Meldekennzeichen wieder als Stromverstärkung weiter. Beim Einhängen eines der beiden Teilnehmer findet durch Auftrennen der Schleife Auslösung bzw. Rückauslösung statt.

In Abb. 58 ist die Fernleitung von den Wähleinrichtungen der Anlagen auf der abgehenden Seite der beiden Ue durch Kondensatoren gleichstrommäßig abgeriegelt. Diese Abriegelung kann statt mit Kondensatoren auch mit Übertragern vorgenommen werden; hierbei wird durch die Übertrager verhindert, daß sich Störspannungen, die in einem

Abschnitt des Verbindungsweges induziert werden, auf den anderen übertragen. Bei der Ausführung mit Übertrager wird ferner mittels Drosseln die gleiche Scheinwiderstandserhöhung gegen Erde erzielt wie beim LW (vgl. S. 54).

Mit Rücksicht auf die Verwendung im Unteramtsverkehr ist Aufschalten und „Flackern" nach der Vermittlung über die Verbindungsleitung vorgesehen; eine weitere Abart gestattet zusätzlich Rückfragen. Durch diese Bedingungen, die die Ue anderer Wahlarten nur zum Teil erfüllen bzw. überhaupt nicht enthalten, ist die Gleichstromwahl besonders für die Abwicklung des Verkehrs mit dem öffentlichen Netz über Verbindungsleitungen (Unteramtsverkehr) geeignet.

Bei Mehrfachausnutzung der Leitungen durch Vierer (künstliche Sprechwege durch Phantomschaltung) sowie bei Starkstrombeeinflussungen müssen die Fernleitungen beiderseits abgeriegelt und zu diesem Zweck mit Übertragern versehen werden. Übertrager sind ferner zwecks Anpassung überall dort erforderlich, wo Leitungen verschiedener Art zusammentreffen (z. B. Freileitung/Kabel). Zur Stromstoßgabe können dann nur Stromstöße besonderer Stromform verwendet werden, da über die abriegelnden Übertrager der Leitung nur veränderliche Stromvorgänge übertragen werden. Mit der Gleichstromwahl kann diese Forderung nicht erfüllt werden. Zwar enthalten bestimmte Ausführungen der Gleichstrom-Ue auch Übertrager; in diesem Falle liegen jedoch Sende- und Empfangsteil auf der Leitungsseite der Übertrager, so daß auch mit diesen Bauarten nicht die aufgeführten Forderungen erfüllt werden können. Auf den obenerwähnten „abgeriegelten" Leitungen muß daher eine der nachstehend beschriebenen Fernwahlarten eingesetzt werden.

3. Wechselstromwahl (50-Hz-Wahl).

Die Grundform der Wechselstromwahl verwendet für die Zeichengabe über die Fernwahlleitungen den „technischen" Wechselstrom von 50 Hz. Als *Sender* arbeitet ein gewöhnliches Relais (z. B. B_1 in Abb. 60), über dessen Kontakte die Wechselstromquelle vor dem Abriegelungsübertrager an die Fernleitung gelegt wird. Die Wechselstromzeichen verschiedener Länge werden in der ankommenden Ue durch ein eigens für diesen Zweck entwickeltes Wechselstromrelais (*Empfänger*) aufgenommen und gleichstrommäßig weitergegeben. In der Fernwahlleitung selbst befinden sich also keinerlei Kontakte.

Das benutzte *Wechselstromrelais* (Abb. 59) ist ein „Zweiphasenrelais", also ein Relais mit zwei voneinander unabhängigen magnetischen Kreisen, in denen der Kraftfluß um etwa 90° gegeneinander verschoben ist. Dadurch zieht der gemeinsame Anker nicht bei jeder Schwingung des Wechselstromes, sondern, ohne zu schnarren, während des ganzen

Schwingungszuges an. Die erforderliche Phasenverschiebung der Erregerströme in den beiden Relaiswicklungen wird durch Vorschalten von Kondensatoren erreicht.

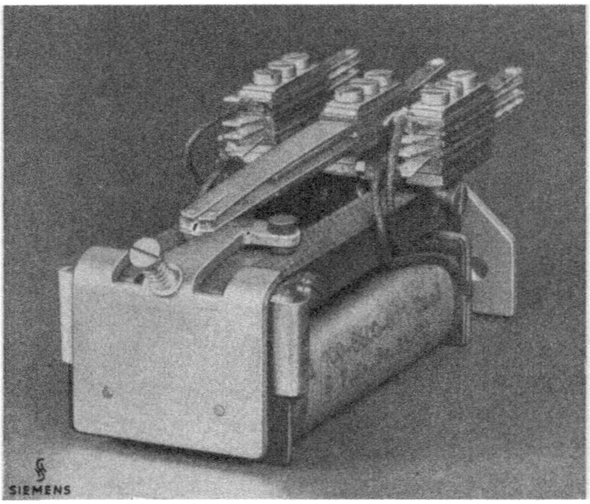

Abb. 59. Wechselstromrelais.

Da Wechselstrom von 50 Hz für die Zeichengabe benutzt wird, hat die Phase des Wechselstromes im Augenblick des Anschaltens Einfluß auf die Länge der Zeichen; denn da die Phase im Augenblick des Ein- und Ausschaltens verschieden sein kann, ist mit Schwankungen in den Ansprech- und Abfallzeiten zu rechnen. Die dadurch entstehenden Stromstoßverzerrungen können die Zeichengabe besonders bei Durchwahl über mehrere Stufen beeinflussen. Daher ist zweckmäßig eine Stromstoßentzerrung einzusetzen, durch die derartige Einflüsse wieder ausgeglichen werden.

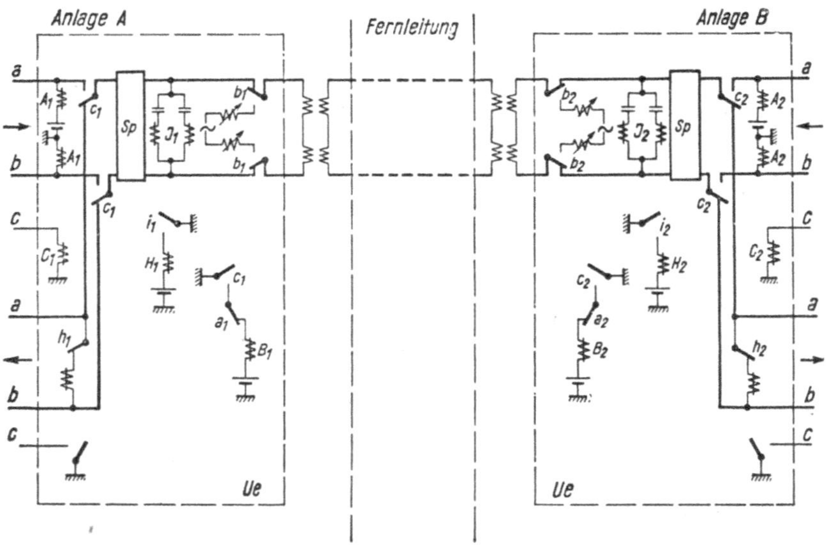

J_1, J_2 = Wechselstromrelais mit Kondensatoren, *Sp* = Sperrglied für 50 Hz, *Ue* = Relaisübertragung.

Abb. 60. Grundsätzliche Darstellung der Wechselstromwahl.

Art und Verlauf der einzelnen Kennzeichen, die während des Verbindungsaufbaues über die Leitung gegeben werden, sind bereits in Abb. 56 angedeutet. Daraus geht hervor, daß für Belegen, Nummernwahl, für Melden des Angerufenen und Nachrufen kürzere, etwa in der gleichen Größenordnung liegende Wechselstromzeichen gegeben werden. Die Unterscheidung der einzelnen Zeichen wird sowohl durch ihre Richtung als auch durch die Zeitfolge gewährleistet. Zur Auslösung dient ein längerer Stromstoß; desgleichen ist das Zeichen für Rückauslösung von langer Dauer. Damit die Verbindungstrennung auf jeden Fall sichergestellt ist, muß verhindert werden, daß sich die beiden Zeichen bei zeitlichem Zusammenfall des Auslöse- und Rückauslösevorganges gegenseitig auf der Leitung aufheben. Zu diesem Zweck wurde die Dauer des

Abb. 61. Wechselstrom-Relaisübertragung (Schutzkappe abgenommen).

Rückauslösezeichens derartig bestimmt, daß auch bei Überlappungen der „Zeichenrest" noch zur Trennung der Verbindung ausreicht.

Zwischen dem Empfangsrelais und dem Gleichstrom-Relaisteil ist ein Sperrglied für die Frequenz 50 Hz eingeschaltet (*Sp* in Abb. 60), durch das die ankommenden Wechselstromzeichen von dem Gleichstrom-Relaisteil abgehalten und Beeinflussungen des Wechselstromrelais von der Anlage her vermieden werden.

Wechselstromwahl erfordert den Anschluß an ein Starkstromnetz, das den Wechselstrom von 50 Hz liefert, oder die Verwendung eines Wechselstromgenerators. In beiden Fällen wird zweckmäßig eine weitere Maschine als Ersatz bei Ausfall der normalen Versorgung vorgesehen.

Abb. 61 zeigt eine Wechselstrom-Relaisübertragung, bei der die erforderlichen Relais, Kondensatoren, Widerstände usw. in einem kleinen Rahmen auf zwei Relaisschienen normaler Breite eingebaut sind.

Die Reichweite der Wechselstromwahl ist zum größten Teil eine Energiefrage. Sie steigt mit der am Anfang der Leitung zum Senden benutzten Spannung. Aus Gründen der Sicherheit, der Isolation und zur Vermeidung von Störungen durch Übersprechen wird die Sendespannung im allgemeinen nach oben begrenzt. Die Reichweite beträgt bei normaler Ausführung für Kabel etwa 75 km (0,9 mm ∅) bzw. 150 km (1,4 mm ∅). Bei Freileitungen hängt die Reichweite von der Leitungsgüte (Nebenschluß) ab.

4. Induktivwahl.

Zur Zeichengabe wird bei der Wechselstromwahl für die *Dauer* eines jeden Zeichens Wechselstrom über die Leitung gesendet. Bei der Induktivwahl werden im allgemeinen *Anfang* und *Ende* der verschieden langen Zeichen durch Stromstöße wechselnder Richtung festgelegt.

Der *Sender* (vgl. Abb. 64) enthält einen hierfür besonders bemessenen „Stromstoßtransformator". Durch das Ein- und Ausschalten eines über seine Erstwicklung gebildeten Gleichstromkreises werden Stromstöße

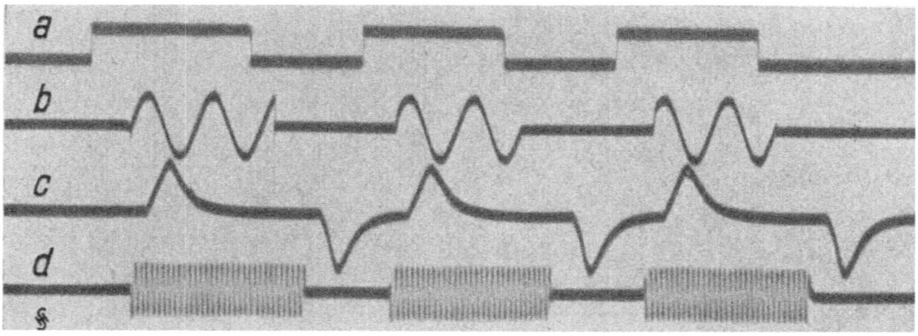

a = Gleichstromwahl, *b* = Wechselstromwahl 50 Hz, *c* = Induktivwahl, *d* = Tonfrequenzwahl 600 Hz.

Abb. 62. Oszillographische Aufnahme verschiedener Stromstoßarten.

veränderlicher Form und wechselnder Richtung auf die Zweitwicklung induziert und über den Abriegelungsübertrager auf die Fernleitung gegeben. Jedes zur Zeichengabe benutzte Zeichen besteht im allgemeinen aus zwei dieser Stromstöße. Ihre Form ist aus einer oszillographischen Aufnahme (Abb. 62) ersichtlich, in der Stromstöße von verschiedenen Fernwahlarten gezeigt werden. Zur besseren Unterscheidung bezeichnet man den beim Einschalten induzierten Stromstoß der Induktivwahl als „positiv", den beim Ausschalten entstehenden als „negativ" (willkürliche Festsetzung).

Als *Empfänger* dient ein Relais besonderer Ausführung (Abb. 63), dessen Anker durch den ersten Induktionsstromstoß umgelegt wird und in seiner Stellung jeweils so lange verweilt, bis ein Stromstoß entgegengesetzter Richtung eintrifft. Dieses sog. *gepolte Relais* besteht aus zwei U-förmig gebogenen Dauermagneten, zwischen deren Nordpolen ein Anker drehbar gelagert ist. Die Wicklungen des Relais, dessen Weicheisenkerne mit den Südpolen in Verbindung stehen, werden vom Strom in entgegengesetztem Sinne durchflossen, so daß eintreffende Stromstöße stets eins der beiden Magnetfelder stärken, das andere dagegen schwächen. Konstruktive Ausführung, geringe Ankermasse und der kurze Weg des Ankers bei der Kontaktbetätigung ergeben ein sehr schnelles Umlegen des Ankers. Hört der Erregerstromstoß auf, so wird der Anker stets in seiner letzten Stellung entsprechend dem in dieser Lage geringsten magnetischen Widerstand festgehalten.

Abb. 63. Gepoltes Relais.

Abb. 64 zeigt eine grundsätzliche Darstellung der Induktivwahl. Der getroffene Auszug bezieht sich der Einfachheit halber nur auf das Übertragen der Nummernwahl. Bei der Belegung der Ue in Anlage A werden als Belegungszeichen hintereinander ein negativer, ein positiver und

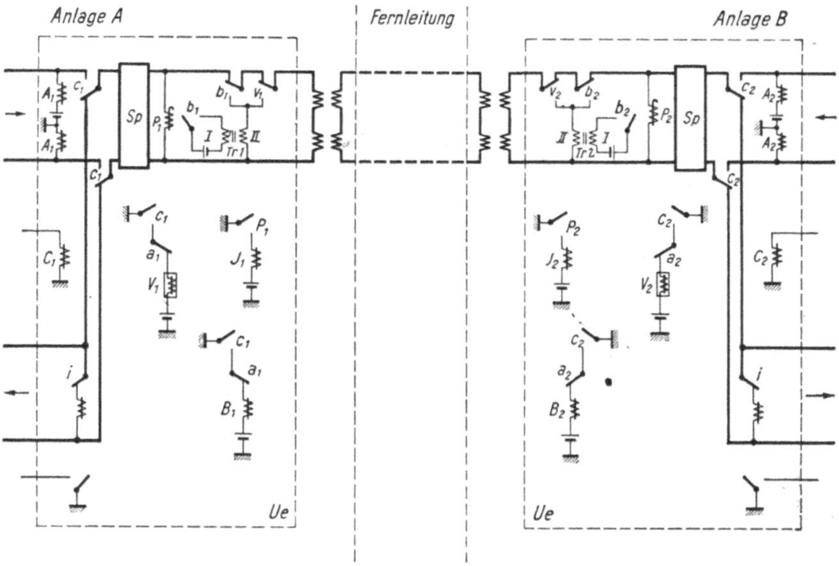

P_1, P_2 = Gepoltes Relais, *Sp* = Sperrglied, Tr_1, Tr_2 = Stromstoßtransformator, *Ue* = Relaisübertragung.

Abb. 64. Grundsätzliche Darstellung der Induktivwahl für unverstärkte Leitungen.

wieder ein negativer Stromstoß auf die Leitung gegeben. Bei der Wahl selbst wird jeder „Impuls“ der Stromstoßreihe durch je einen positiven und negativen Stromstoß gebildet. Bei der Auslösung bzw. Rückauslösung sendet die betreffende Ue (abgehend bzw. ankommend belegte

Seite) einen einzigen positiven Stromstoß zur Gegenseite; die Rückstellung des gepolten Empfangsrelais wird danach gleichstrommäßig vom Relaisteil aus vorgenommen. Bei dieser Wahlart wird vermieden, Stromstöße gleicher Richtung unmittelbar aufeinander folgen zu lassen, um Beeinflussungen der Stromstoßübermittlung durch remanenten Magnetismus — besonders bei Ringübertragern älterer Bauart — unwirksam zu machen. Aus diesem Grunde beginnt das Belegungszeichen mit einem negativen Stromstoß, da die vorhergehende Auslösung einen positiven Stromstoß verwendete. Die geschilderten Maßnahmen bieten den Vorteil, daß bei induktiver Beeinflussung der Leitung von außen keine Fehlbelegungen bestehen bleiben können; die Beeinflussungen würden entweder völlig unwirksam sein (negativ) oder sofort in jeder Ue

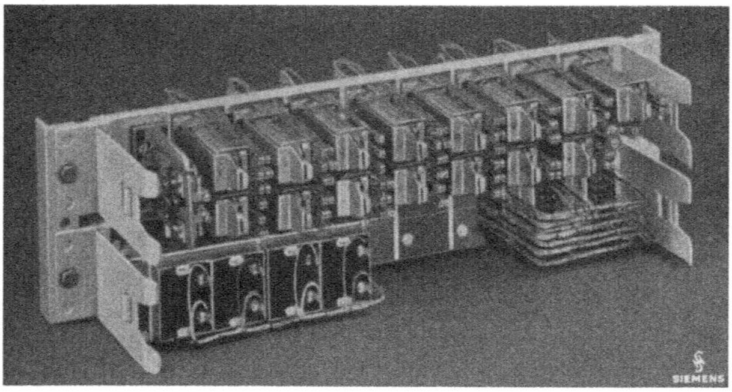

Abb. 65. Induktiv-Relaisübertragung.

den gleichstrommäßigen Auslösevorgang veranlassen (positiv). Es wird somit vermieden, daß freie Leitungen dem Verkehr unnötig entzogen werden. Zwischen Empfangs- und Gleichstromteil liegt ein Sperrglied (Sp), das das gepolte Relais gegen Beeinflussungen von der Anlage her schützt. Auf Stromstoßentzerrungen kann man bei dieser Fernwahlart im allgemeinen verzichten. Lediglich beim Aneinanderreihen zahlreicher Verbindungsleitungen kann das Einfügen einer Stromstoßentzerrung nach einigen Verbindungsstufen zweckmäßig werden, um etwaige Verzerrungen auszugleichen, die bei den zahlreichen Stromstoßumsetzungen durch Zusammenfallen ungünstiger Toleranzen entstehen können.

Da unverstärkte Leitungen schon aus Gründen der Sprechdämpfung nicht in beliebiger Zahl aneinander gereiht werden, kann man bei den hierfür verwendeten Induktiv-Relaisübertragungen auf eine Stromstoßentzerrung verzichten. In Weitverbindungen mit zahlreichen Abschnitten werden im Verbindungsweg stets verstärkte Leitungen vorhanden sein, so daß es ausreicht, wenn die hierfür vorgesehenen Ue mit einer Stromstoßentzerrung ausgerüstet werden. Dadurch ergibt sich gleichzeitig die betrieblich erwünschte Möglichkeit, eine einheitliche Technik zu erhalten; denn auch die auf derartigen Leitungen benutzte Tonfrequenzwahl ist mit Stromstoßentzerrungen ausgerüstet.

Eine besondere Ausführung der Induktiv-Übertragung gestattet es außerdem, die Schaltkennzeichen für „Aufschalten“ und „Flackern“ durchzugeben. Die Induktivwahl wird daher auch im Unteramtsverkehr auf beeinflußten Leitungen verwendet, da diese zusätzlichen Bedingungen oft für den Postverkehr (Amtsverkehr) in Unterämtern gestellt sind.

Die erforderlichen Relais, Kondensatoren usw. sind bei der Induktivübertragung (Abb. 65) in einem kleinen Rahmen normaler Gestellbreite zusammengefaßt, der aus zwei Schienen besteht. Eine besondere Stromquelle, wie z. B. bei der Wechselstromwahl, ist nicht erforderlich.

Induktivwahl wird auf Kabelleitungen im allgemeinen bis 80 km (0,9 mm ⌀) bzw. bis 150 km (1,4 mm ⌀) benutzt. Ihre Reichweite auf Freileitungen hängt von deren Güte ab und wird dann hauptsächlich von den Nebenschlußbedingungen bestimmt. Bei einem Nebenschluß von 5000 (bzw. 4000) Ohm z. B. kann noch eine Entfernung überbrückt werden, die etwa 2000 (bzw. 1600) Ohm Schleifenwiderstand entspricht.

Verstärkte Leitungen erfordern bei Verwendung von Wechselstrom- und Induktivwahl an jeder Verstärkerstelle eine besondere Umgehungsschaltung für die Zeichengabe, da die gebräuchlichen Verstärker weder für Frequenz noch Leistung dieser Wahlarten entwickelt sind. Für Zwischenverstärker lassen jedoch wirtschaftliche und verbindungstechnische Gesichtspunkte diese zahlreichen Umgehungen unzweckmäßig erscheinen, da durch sie jeweils eine Stromstoßumsetzung, also auch ein Teil einer Selbstanschlußanlage in den Zwischenverstärkerstellen, erforderlich wird. Für die Zeichengabe über verstärkte Leitungen mit Zwischenverstärkern wird daher im Einheitssystem die später beschriebene Tonfrequenzwahl verwendet, deren Zeichen größenordnungsmäßig den Sprachschwingungen entsprechen und somit auch durch die Verstärker gegeben werden können.

Lediglich bei Fernwahlleitungen mit Endverstärkern, jedoch ohne Zwischenverstärker, findet man im Einheitssystem neben der Tonfrequenzwahl auch Induktivwahl. Sende- und Empfangsmittel liegen dann bei den für Endverstärkerbetrieb entwickelten Ue auf der Leitungsseite der Endverstärker. Diese werden also in die betreffenden Ue eingeschleift. Grundsätzlich könnte auch Wechselstromwahl für Endverstärkerbetrieb verwendet werden; das Einheitssystem sieht jedoch für diese Betriebsart lediglich die Induktivwahl vor, um bei derartigen Leitungen unabhängig von einer Wechselstromversorgung zu bleiben.

Die Induktiv-Ue für Endverstärkerbetrieb (Abb. 66) sind sowohl für Zweidraht- als auch für Vierdrahtleitungen verwendbar. Bei Vierdrahtleitungen kann die Zeichengabe in beiden Richtungen über denselben Leitungszweig gegeben werden. Der Aufwand gegenüber den Ue für unverstärkte Leitungen ist um die Anpassung an Endverstärkerbetrieb, um die u. U. vorgesehene Stromstoßentzerrung und bei der zweidrähtigen Durchschaltung um die Schaltmittel größer, die die Leitungsverlängerungen (LV) entsprechend den Forderungen der Dämpfungsverteilung in der Verbindung belassen bzw. ausschalten. Diese künstlichen Dämpfungsglieder von etwa 0,5 N werden, wie früher ausführlich behandelt,

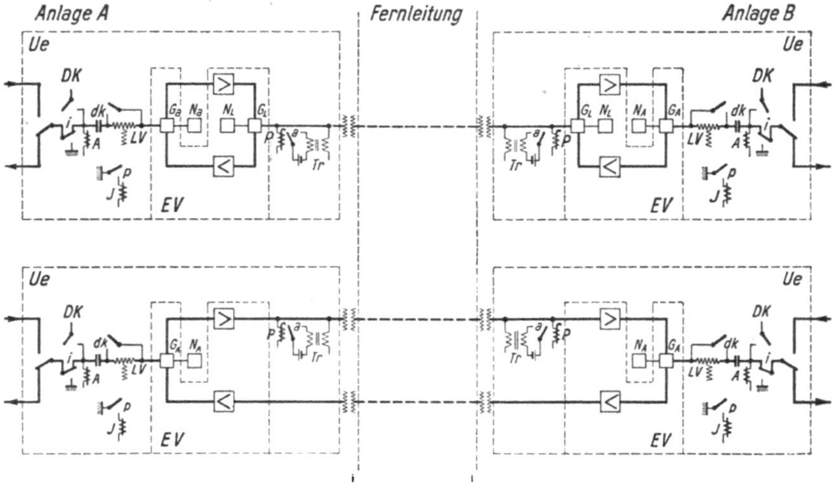

DK = Endverstärker-Durchgangskennzeichen, *EV* = Endverstärker, G_A = Gabel auf seiten der Anlage, G_L = Gabel auf seiten der Leitung, *LV* = Leitungsverlängerung, N_A = Nachbildung der Anlage, N_L = Nachbildung der Leitung, *Ue* = Relaisübertragung.

Abb. 66. Grundsätzliche Darstellung der Induktivwahl für Endverstärkerbetrieb. (Oben: Zweidrahtleitungen; unten: Vierdrahtleitungen.)

im Durchgangsverkehr (vgl. S. 14) ausgeschaltet und bleiben im Endverkehr in der Verbindung. Das selbsttätige Ein- bzw. Ausschalten wird durch ein besonderes „Endverstärker-Durchgangskennzeichen" gesteuert. Dieses Zeichen tauschen die ankommend belegte Ue der ersten Leitung und die abgehend belegte Ue der zweiten Leitung in der Durchgangsanlage aus; das Zeichen wirkt sich also lediglich innerhalb der betreffenden Anlage aus und wird nicht über eine Verbindungsleitung übertragen. Neben der in Abb. 66 herangezogenen zweidrähtigen Durchschaltung der Leitungen kann naturgemäß auch eine vierdrähtige Durchschaltung in der Relaisübertragung vorgesehen werden. Hierbei können dann die Leitungsverlängerungen und die Schaltmittel für das Endverstärker-Durchgangskennzeichen (vgl. S. 15) entfallen.

5. 150-Hz-Wahl.

Der Frequenzbereich der Sprachübertragung erstreckt sich etwa von 300 bis 2400 (2700) Hz. Unterhalb von 300 Hz steht der Bereich im allgemeinen der Zeichengabe zur Verfügung. Soll jedoch auf einer Leitung gleichzeitig Unterlagerungstelegraphie (UT) eingesetzt werden, so muß er nochmals aufgeteilt werden; den unteren Teil benutzt dann die UT, den oberen die Fernwahl (Abb. 67). Als Zeichengabe können dabei

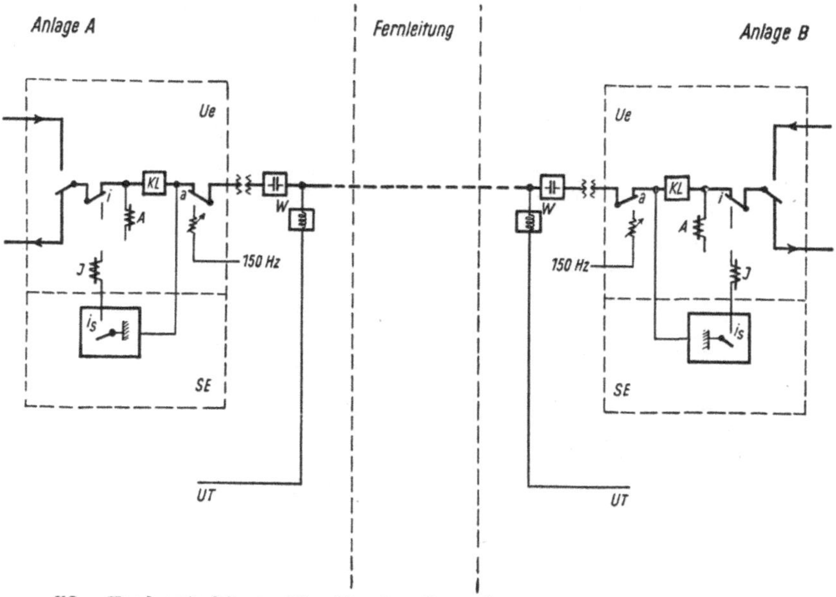

KL = Kondensatorleitung, *SE* = Signalempfänger für 150 Hz, *Ue* = Relaisübertragung, *UT* = Unterlagerungstelegraphie, *W* = Elektrische Weiche zur Frequenztrennung.

Abb. 67. Grundsätzliche Darstellung einer Ausführung der 150-Hz-Wahl.

jedoch nicht mehr die bisher beschriebenen Wahlarten verwendet werden, da sie auch den Frequenzbereich der UT beanspruchen. In derartigen Betriebsfällen wird die 150-Hz-Wahl eingesetzt. Der erforderliche Wechselstrom von 150 Hz kann Frequenzwandlern (Netzbetrieb) oder Maschinen (Betriebs- und Ersatzmaschinen) entnommen werden.

An jeder Seite der Leitung sind zunächst elektrische Weichen zur Frequenztrennung (*W*) vorgesehen, in denen UT- und Fernsprechströme getrennt werden. Im übrigen ist die Anordnung grundsätzlich die gleiche wie bei der Wechselstromwahl mit 50 Hz. Als *Sender* arbeitet wieder ein normales Stromstoßrelais, das den Wechselstrom von 150 Hz im Takt der Zeichengabe an die Leitung legt (Kontakt *a*). An Stelle eines Wechselstromrelais wird jedoch als *Empfangsteil* ein sog. „Signalempfänger" verwendet. Dieser Signalempfänger (SE) ist z.B. eine Röhrenanordnung, die als besondere Einheit in einem Rahmen zusammengefaßt ist (Abb. 68). Der Empfänger liegt in Brücke zwischen der *a*/*b*-Leitung. Die ankommenden Ströme gelangen zunächst über ein Filter, das nur die Frequenz 150 Hz durchläßt. Sie werden dann im Empfänger verstärkt und gleichgerichtet und betätigen ein Gleichstromrelais, das mit seinem Kontakt (i_s) die Stromstöße auf den Gleichstrom-Relaisteil der Ue (*J*-Relais) weiterleitet. Zwischen Empfänger und Gleichstrom-Relaisteil befindet

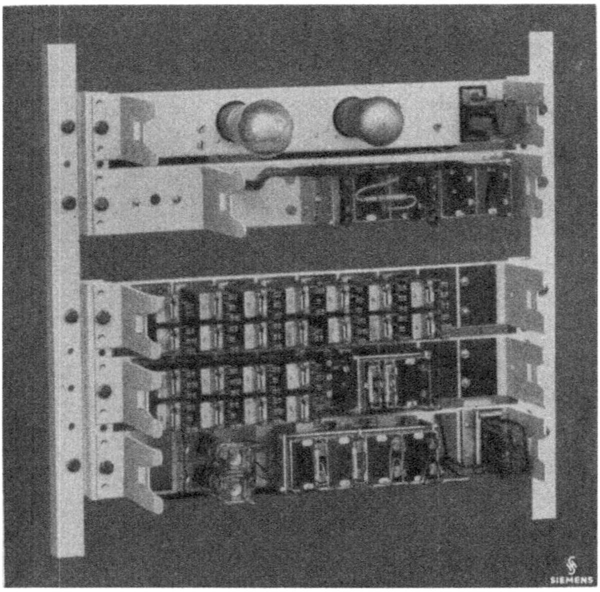

Abb. 68. 150-Hz-Relaisübertragung mit Signalempfänger.

sich in der Ue eine Kondensatorleitung (KL), die die Frequenzen unterhalb des Sprachbereiches sehr stark dämpft. Sie verhindert, daß der Empfangsteil von der Anlage her beeinflußt wird.

6. Tonfrequenzwahl.

Die Tonfrequenzwahl benutzt für die Zeichengabe tonfrequente Wechselströme; Frequenz (600/750 Hz) und Leistung dieser Zeichengabe entsprechen größenordnungsmäßig der Sprache. Es werden also keinerlei Sonderanforderungen an Verstärker, Leitungen usw. gestellt, so daß grundsätzlich damit über jede Sprechverbindung auch Zeichen übertragen werden können.

Die Tonfrequenzwahl wird auf verstärkten Leitungen mit und ohne Zwischenverstärker verwendet. Da die Zeichenfrequenzen innerhalb des Sprachbandes liegen, werden die Tonfrequenzzeichen in den Verstärkern ebenso wie die Sprache verstärkt. Die Zeichen können ferner denselben Umformungen wie die Sprachwechselströme unterworfen werden, so daß ihre Verwendung auch für Trägerfrequenzverbindungen ohne weiteres gegeben ist. Die einzelnen Träger werden dabei mit den Tonfrequenzzeichen ebenso wie während des Gespräches mit der Sprache moduliert. Tonfrequenzwahl kann wegen der höheren Lage der Zeichenfrequenz ferner auch auf Fernsprechwegen Anwendung finden, auf denen das Frequenzband unter 300 Hz für die Übermittlung von Wahlstromstößen nicht mehr zur Verfügung steht (z. B. wegen Mehrfachausnutzung durch Unterlagerungstelegraphie).

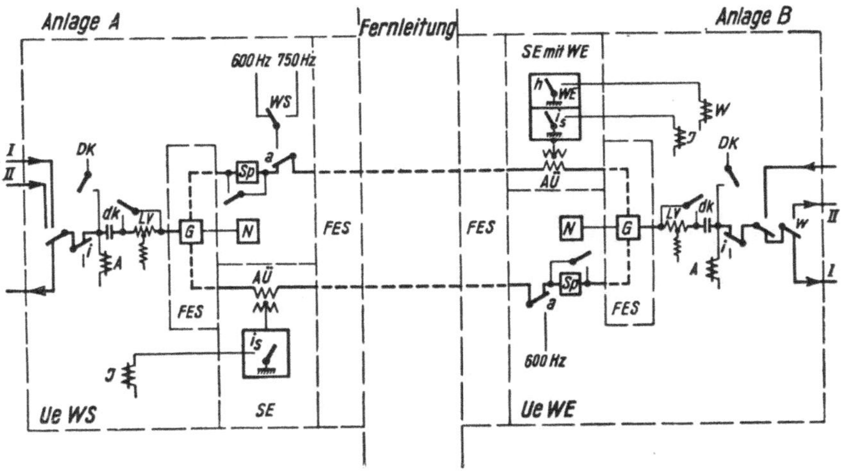

AÜ = Ausgleichsübertrager, *DK* = Endverstärker-Durchgangskennzeichen, *FES* = Fernleitungs-Endschaltung, *G* = Gabel, *LV* = Leitungsverlängerung, *N* = Nachbildung, *SE* = Signalempfänger, *Sp* = Sperre, *UeWE* = Relaisübertragung mit Weichenempfänger, *UeWS* = Relaisübertragung mit Weichensender, *WE* = Weichenempfänger, *WS* = Weichensender.

Abb. 69. Grundsätzliche Darstellung der Tonfrequenzwahl mit Weichenbetrieb (zweidrähtige Durchschaltung).

Die Tonfrequenzwahl ist also ganz allgemein das besonders für Weitverkehr geeignete Wahlsystem und wird eingesetzt:

1. auf niederfrequenten Zwei- und Vierdrahtleitungen mit Endverstärkern;
2. auf Leitungen mit Zwischenverstärkern;
3. auf trägerfrequenten Verbindungswegen;
4. an Stelle der 150-Hz-Wahl auf Fernsprechwegen, bei denen der Frequenzbereich unter 300 Hz für die Zeichengabe nicht zur Verfügung steht.

Als *Sender* arbeitet bei der Tonfrequenzwahl ebenfalls ein Stromstoßrelais, das die verschiedenen Zeichen für den Verbindungsauf- und -abbau mit der Tonfrequenz 600 Hz (bzw. 750 Hz für die Belegung im Weichenbetrieb) auf die Fernleitung gibt (Abb. 69). Die dazu benötigten Zeichenfrequenzen werden in einer besonderen Tonfrequenzmaschine erzeugt. Abb. 70 zeigt einen Rahmen für eine tonfrequente Wechselstromversorgung mit zwei Tonfrequenzmaschinen (Betriebs- und Ersatzmaschine). Die in diesem Rahmen vorhandene Relaiseinrichtung dient zur Überwachung, Signalgabe und selbsttätigen Umschaltung auf die Ersatzmaschine, wenn eine Störung an der im Betrieb befindlichen Maschine auftreten sollte. Tonfrequenzmaschinen laufen dauernd, im Gegensatz zu Ruf- und Signalmaschinen, die erst im Bedarfsfalle angelassen werden.

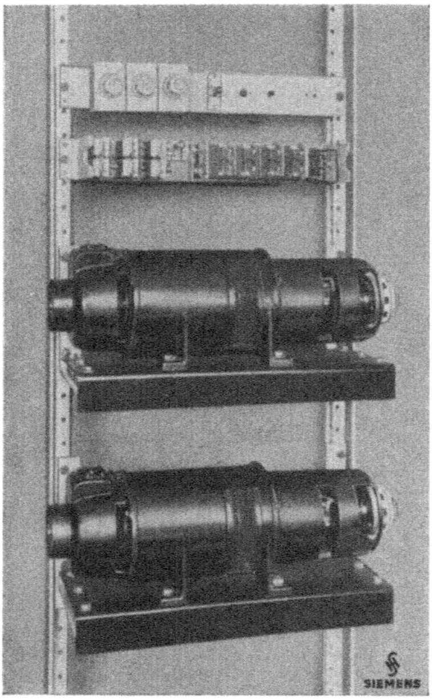

Abb. 70. Rahmen mit zwei Tonfrequenzmaschinen und einer Relaisschiene für die selbsttätige Umschaltung auf die Ersatzmaschine und Signalgabe.

Der *Empfangsteil* besteht im wesentlichen aus einem „Signalempfänger", der sich aus Resonanzkreisen, Verstärker- und Gleichrichteranordnungen sowie Gleichstromrelais zusammensetzt. Abb. 71 zeigt eine der möglichen Ausführungen. Dieser Signalempfänger (SE) entspricht dem besonderen Empfangsrelais bei der Wechselstrom- bzw. Induktivwahl oder dem SE der 150-Hz-Wahl. Der größere Aufwand bei der Tonfrequenzwahl ist durch die Verwendung einer Zeichenfrequenz innerhalb des Sprachbandes bedingt. Der dauernd angeschaltete SE muß zwar auf die reine Zeichenfrequenz hin ansprechen, jedoch von der Sprache, die die gleichen Frequenzen enthält, möglichst unbeeinflußt bleiben (Unempfindlichkeit gegen Sprache).

In der Sprache kommt die Frequenz 600 Hz allein äußerst selten vor; sie ist dort vielmehr meist mit anderen Frequenzen gemischt. Durch Resonanzkreise in Verbindung mit einer Gleichrichteranordnung erreicht man, daß die reine Zeichenfrequenz gleichgerichtet auf das Stromstoßrelais (J_s in Abb. 71) einwirkt, während dieses Relais bei Mischfrequenzen unbeeinflußt bleibt.

Der SE ist über einen Ausgleichsübertrager AÜ dauernd an die Fernleitung angeschaltet. Die Anschaltung ist hochohmig, damit der Fernleitung möglichst wenig Energie entzogen wird. Durch die Richtwirkung des AÜ werden Beeinflussungen von der Anlage her durch Besetztzeichen, Wählzeichen usw. vermieden. Die tonfrequenten Wechselströme gelangen über einen Vorverstärker V und einen Zwischenübertrager ZÜ auf zwei in Reihe liegende Resonanzkreise, die z. B. auf die Zeichenfrequenz 600 Hz abgestimmt sind (Stromresonanzkreis I und Spannungsresonanzkreis II). Die reine Zeichenfrequenz wirkt, da für sie der Kreis II einen Kurzschluß zwischen 2 und 3 bedeutet, in der dargestellten Ausführung allein auf die als Gleichrichter arbeitende Röhre Gl_1 ein. Das in ihrem Anodenkreis liegende Gleichstromrelais J_s gibt dann die Zeichen gleichstrommäßig zum Relaisteil weiter. Treffen gleichzeitig mit der Zeichenfrequenz weitere Frequenzen ein, d. h. treffen Sprachwechselströme ein, so treten auch zwischen den Punkten 2 und 3 Span-

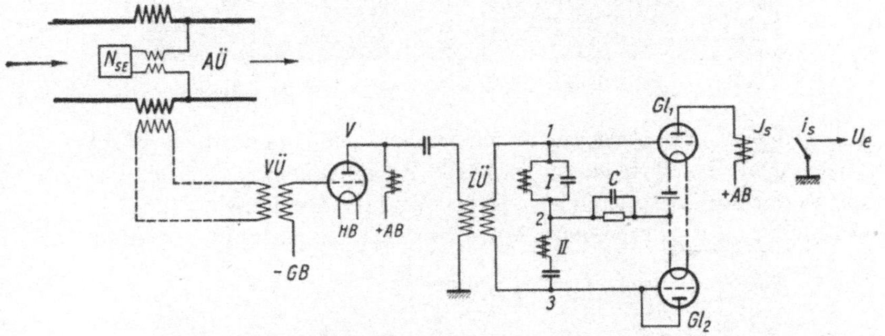

AB = Anodenbatterie, *AÜ* = Ausgleichsübertrager, *C* = Gitterkondensator, *GB* = Gitterbatterie, *Gl* = Gleichrichterröhre, *HB* = Heizbatterie, N_{SE} = Nachbildung des Signalempfängers, *V* = Vorverstärker, *VÜ* = Vorübertrager, *ZÜ* = Zwischenübertrager, *I*, *II* = Resonanzkreise.

Abb. 71. Grundsätzliche Darstellung einer Ausführung des Signalempfängers für Tonfrequenzwahl.

nungen auf, die über die als Ventil geschaltete Röhre Gl_2 einen Gleichstrom über die Widerstand-Kondensator-Anordnung C hervorrufen. Die dabei am Kondensator auftretende Spannung vergrößert die Gittervorspannung der Röhre Gl_1 derart, daß ein zur Erregung des J_s-Relais ausreichender Anodenstrom nicht zustande kommen kann: Der Signalempfänger wird also durch Sprache gesperrt.

Beim Sprechen können jedoch Fälle eintreten, in denen die Zeichenfrequenz in der Sprache überwiegt, während die Stärke der übrigen Frequenzen nicht mehr zum Sperren des SE ausreicht. Diese restliche Sprachempfindlichkeit wird während des Verbindungsaufbaues durch eine eingeschaltete Sperre für die Zeichenfrequenz und während des Gespräches durch besondere Ausbildung der auf die Leitung gegebenen Zeichen bzw. durch besondere Vorkehrungen im Gleichstrom-Relaisteil unwirksam gemacht.

Auf die Bedeutung der Sperre (Sp) wird später näher eingegangen. Die anderen Vorkehrungen betreffen das Auslösen und Rückauslösen.

Im Gesprächszustand sind dies die einzigen Zeichen, die über die Leitung gegeben und daher fälschlich durch die Sprache hervorgerufen werden könnten. Ein vorzeitiges und ungewolltes Zusammenfallen der Verbindung wird durch die verwendete „Mehrimpulsauslösung" unmög-

Abb. 72. Tonfrequenz-Signalempfänger für Weichenbetrieb.

lich gemacht. Das Auslösen findet nämlich nur dann statt, wenn die auslösende Ue eine Reihe von *mehr* als 10 Tonfrequenzzeichen im Takt der Nummernwahl aussendet. Dieser Vorgang kann weder mit dem Nummernschalter noch unabsichtlich durch Sprache nachgeahmt werden.

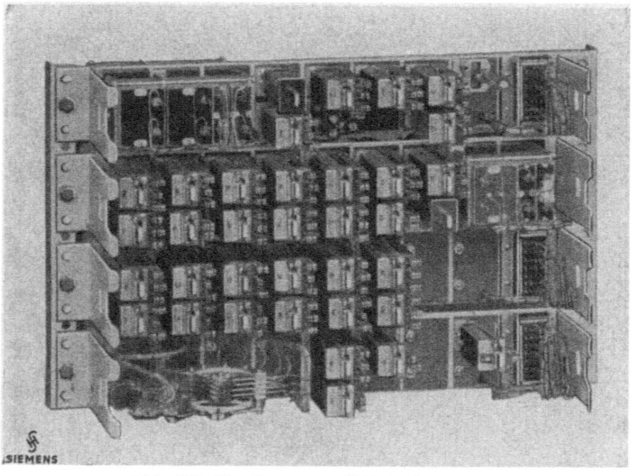

Abb. 73. Tonfrequenz-Relaisübertragung.

Die Ue enthält für die Aufnahme dieses Zeichens eine Einrichtung, mit der die Zahl aller eintreffenden Stromstöße geprüft wird, und zwar bereits bei der Nummernwahl, da die Auslösung ja u. U. auch schon vor der Fertigstellung der Verbindung notwendig werden kann.

Abb. 72 zeigt einen Tonfrequenz-Signalempfänger, Abb. 73 eine Tonfrequenz-Relaisübertragung für zweidrähtige Durchschaltung. Ihr Umfang ist gegenüber den an früherer Stelle besprochenen Ue der anderen Fernwahlarten größer, da neben der Umsetzung von der Gleichstrom- auf die Tonfrequenzzeichengabe eine Reihe weiterer Bedingungen erfüllt werden muß. Es sind Einrichtungen zur Anpassung an den Endverstärker- und Trägerfrequenzbetrieb, eine ausschaltbare Leitungsverlängerung (LV), Stromstoßentzerrer sowie die Abzähleinrichtung für die Auslösung vorhanden. Die Ue werden zusammen mit den SE in normalen Gestellrahmen untergebracht. Abb. 74 zeigt einen Tonfrequenz-Gestellrahmen, ausgebaut mit Ue und SE für vier Verbindungswege. Ferner ist in ihm ein Bedienungsfeld zur Prüfung, Einstellung usw. vorgesehen.

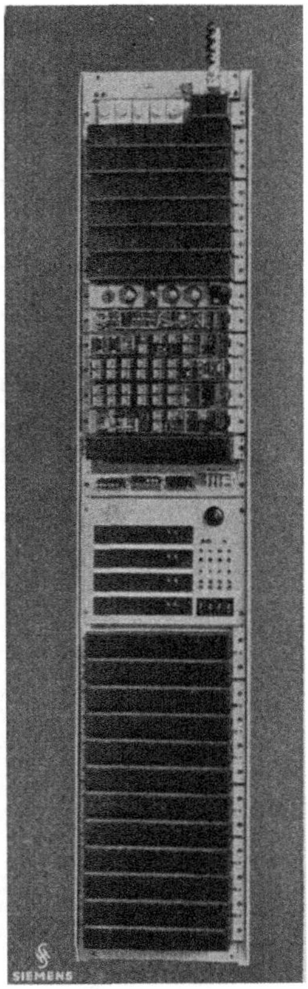

Abb. 74. Tonfrequenz-Gestellrahmen für vier Verbindungen.

Sende- und Empfangsteil werden grundsätzlich vierdrahtmäßig an die Fernleitung angeschaltet (Abb. 69). Die Sendekontakte liegen im abgehenden Zweig hinter der Gabel (G), der Empfänger im ankommenden Zweig vor der Gabel. Zwischen Gabel und Sendekontakten liegt ferner die erwähnte Sperre (Sp).

Die Sperre hat folgende Aufgaben:

1. Während der Wahlpausen eine Beeinflussung des SE der ankommenden Ue durch die Sprache des Wählenden zu verhindern.

2. Bei der Wahl über mehrere Tonfrequenzleitungen die Tonfrequenzzeichen jeweils auf *die* Leitung zu beschränken, für die sie bestimmt sind. Werden nämlich für eine Verbindung mehrere Tonfrequenzleitungen *A*—*B* und *B*—*C* hintereinandergeschaltet (Abb. 75), so wird die Zeichengabe stufenmäßig weitergegeben. Ein Wähler in *C* wird von *A* aus gesteuert, indem die in *A* benutzten Gleichstromstöße als tonfrequente Zeichen auf die Leitung *A*—*B* gegeben werden. Diese Tonfrequenzzeichen werden in *B* in Gleichstromstöße umgewandelt und danach wieder als neue Tonfrequenzzeichen über die Leitung *B*—*C* gesendet usw.

Die hierfür benötigte Sperre kann schaltungstechnisch verschieden aufgebaut bzw. eingesetzt sein. So kann man beispielsweise einen Kurzschlußkontakt zwischen den *a*/*b*-Adern, Kontakte in den *a*/*b*-Adern oder ein frequenzabhängiges Sperrglied vorsehen. Im letzten Falle verhindert die Sperre lediglich das Eindringen der Zeichenfrequenzen in die Fernleitung, läßt aber die Sprache bis auf diesen Frequenzbereich ungedämpft hindurch, um in Sonderfällen eine Sprechverständigung vor Beendigung des Verbindungsaufbaues zu ermöglichen.

Für das Gespräch selbst werden die Sperren beim Melden des Teilnehmers (Meldezeichen) wirkungslos gemacht.

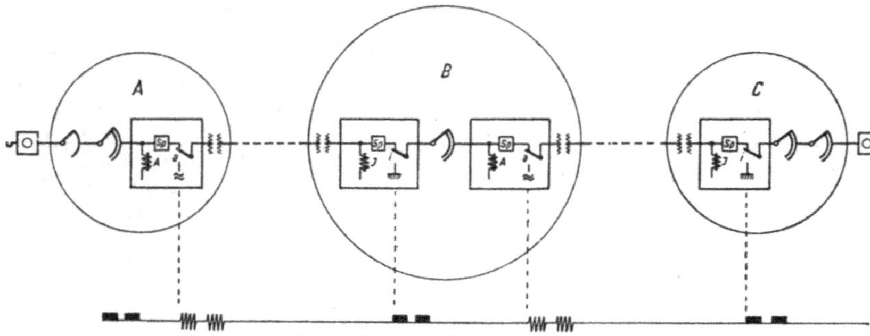

A, *B*, *C* = Anlagen, *Sp* = Sperre.

Abb. 75. Zeichenumsetzung bei Tonfrequenzwahl über mehrere Leitungsabschnitte.

Auch die Tonfrequenz-Ue ist bei der zweidrähtigen Durchschaltung zur Abgabe und Aufnahme des schon erwähnten „Endverstärker-Durchgangskennzeichens“ eingerichtet, durch das die Leitungsverlängerung (LV) je nach Bedarf ausgeschaltet wird oder in der Verbindung verbleibt.

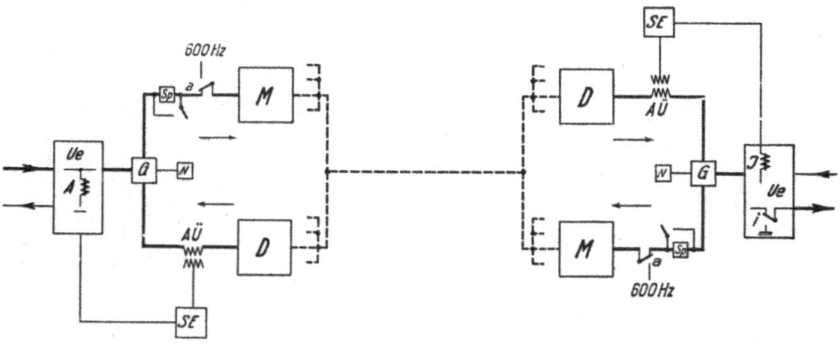

AÜ = Ausgleichsübertrager, *D* = Demodulationseinrichtung, *G* = Gabel, *M* = Modulationseinrichtung, *N* = Nachbildung, *SE* = Signalempfänger, *Sp* = Sperre, *Ue* = Relaisübertragung.

Abb. 76. Grundsätzliche Darstellung der Tonfrequenzwahl über Trägerfrequenzverbindungen.

Während Abb. 69 die Tonfrequenzwahl auf niederfrequenten Vierdrahtleitungen bei zweidrähtiger Durchschaltung zeigt, sind in Abb. 76 die gleichen Einrichtungen für den Einsatz bei Trägerfrequenzverbindungen, ebenfalls für zweidrähtige Durchschaltung, dargestellt. Bei vierdrähtiger Durchschaltung ändert sich die Anordnung in beiden Fällen unter Wegfall der Gabeln und Nachbildungen sinngemäß nach Abb. 9.

7. 100-Hz-Wahl für Trägerfrequenzverbindungen der MK-Form.

Während die Trägerfrequenz-Weitverbindungen mit Tonfrequenzwahl ausgerüstet werden, ist für MK-Systeme eine besondere, einfachere Wahlart geschaffen worden. Das MK-System (Mehrfach-Kleingerät für Trägerfrequenztelephonie) dient hauptsächlich zur Schaffung von Zubringerwegen innerhalb der Netzgruppen; die zur Zeichengabe verwendete Frequenz von 100 Hz wird durch Frequenzverdoppelung aus dem Netzanschlußteil des Gerätes gewonnen. Diese Wahlart benötigt

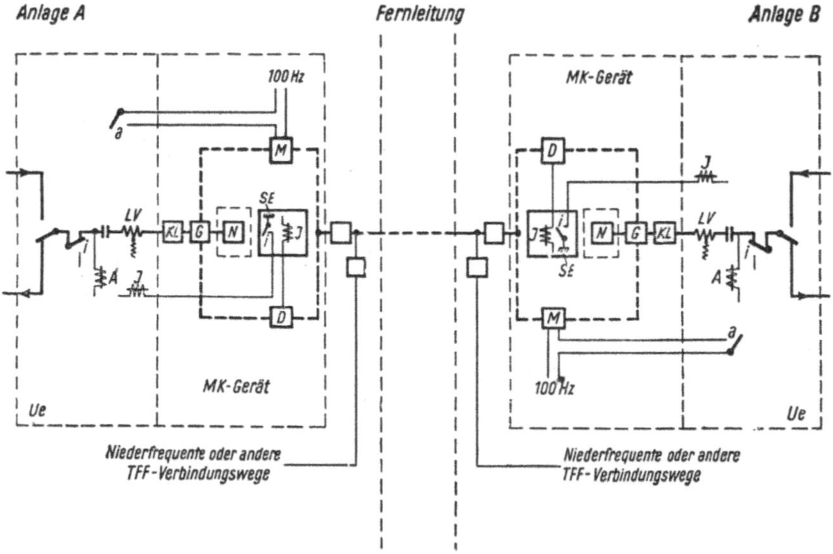

G = Gabel, *KL* = Kondensatorleitung, *LV* = Leitungsverlängerung, *N* = Nachbildung, *SE* = Signalempfänger, *Ue* = Relaisübertragung.

Abb. 77. Grundsätzliche Darstellung einer MK-Verbindung mit 100-Hz-Wahl für zweidrähtige Durchschaltung.

daher keine besonderen Wechselstromquellen für die Zeichengabe. Die niedrig liegende Zeichenfrequenz von 100 Hz konnte benutzt werden, da die MK-Form neben den beiden Seitenbändern auch den Träger ungeschwächt überträgt; dadurch steht auch der Bereich unterhalb der Sprachfrequenzen zur Verfügung.

Der Kontakt (*a*) des Senderrelais der Ue gibt die Zeichenfrequenz im Takt der Zeichengabe an die Modulationsschaltung des MK-Gerätes (Abb. 77). Dabei werden die Zeichen über einen besonderen Stromkreis gesteuert, und nicht, wie bei den vorangegangenen Wahlarten, über Sprechkreise auf die Fernleitungsendschaltungen gegeben.

Auf der Gegenseite werden die 100-Hz-Zeichen nach der Demodulation gleichgerichtet. Dabei werden die ankommenden Zeichen durch eine Filteranordnung des SE hinter dem Niederfrequenzverstärker des MK-Gerätes abgenommen. Danach gelangen sie auf den Gleichrichterteil und werden von dem im Anodenstromkreis liegenden Gleichstromrelais zum Gleichstrom-Relaisteil weitergegeben. Der SE wird in das MK-Gerät eingebaut und benutzt für die Stromversorgung den Netzanschlußteil des Gerätes.

Die Ue (Relaisteil) entspricht grundsätzlich der der 150-Hz-Wahl. Zwischen Gabel (G) und der Ue liegt im MK-Gerät eine Kondensatorleitung (KL). Sie hat den Zweck, die Zeichengabe über die Leitung gegen Beeinflussungen von der Anlage her zu schützen. Zur weiteren Sicherung gegen Fehlstromstöße wird die a/b-Leitung während jeder Stromstoßgabe und einen kurzen Zeitraum danach kurzgeschlossen.

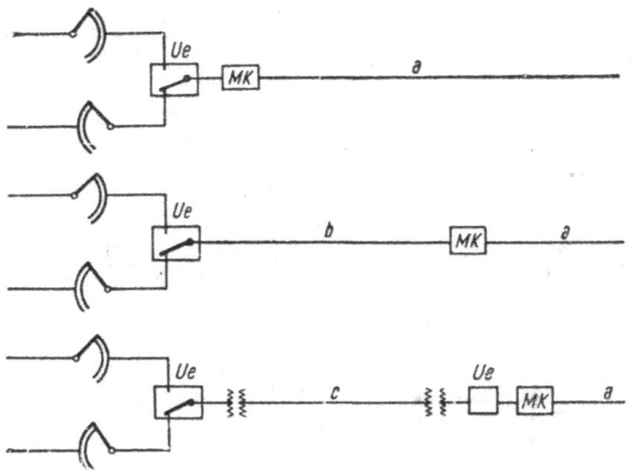

a = Freileitung, *b* = Einführungskabel, *c* = längere Kabelleitung.

Abb. 78. Grundsätzliche Darstellung verschiedener Einsatzmöglichkeiten von MK-Verbindungen.

Die MK-Geräte werden nur auf Freileitungen eingesetzt (Abb. 78, oben). Wird die betreffende Freileitung über ein kurzes Kabel in die Anlage eingeführt (das MK-Gerät befindet sich an der Stoßstelle Freileitung/Kabel), so werden die Zeichen zwischen Ue und MK-Gerät über zwei besondere Adern des Einführungskabels übertragen (Abb. 78, Mitte). Zum MK-Gerät mit SE führen also vier Adern je Leitung (a/b-Ader und je eine Ader für die abgehende und ankommende Zeichengabe).

Bei Verbindungsleitungen, die aus einem MK-Verbindungsweg (Freileitung) und einer längeren Kabelleitung zusammengesetzt sind, wird Induktivwahl zur Zeichengabe auf dem Kabelteil der Leitung benutzt (Abb. 78, unten). An der Stoßstelle Freileitung/Kabel muß daher die 100-Hz-Zeichengabe in Induktivwahl und umgekehrt umgesetzt werden. Die Kabelleitung wird dabei im Gegensatz zu dem Betriebsfall mit kurzem Einführungskabel durch Übertrager abgeriegelt, d. h. es wird hierfür ein normaler Fernleitungs-Stromkreis verwendet. Die Verbindungsleitung erhält an ihrem Kabelende eine normale Induktiv-Ue, an ihrem Freileitungsende eine 100-Hz-Ue (MK-Ue). An der Stoßstelle von Kabel und Freileitung wird eine besondere Umsetzungs-Ue angeordnet, die die induktive in die 100-Hz-Zeichengabe bzw. umgekehrt umformt.

X. Weichen, Mischwähler und Umsteuerwähler.

Wie schon in früheren Abschnitten erwähnt, sind besondere Schaltmittel zur Vereinfachung und Vereinheitlichung der Kennzahlenvergebung und des Selbstwählfernverkehrs geschaffen worden. Dies sind „Weichen", „Mischwähler" und „Umsteuerwähler", die nachstehend näher behandelt werden sollen. Ihr Einsatz wurde bei der Netztechnik (Abschnitt III) besprochen. Einzelne dieser Hinweise werden hier im Zusammenhang nochmals kurz wiederholt.

1. Weichen.

Weichen werden eingeführt, wenn über *eine* Fernwahlleitung schon bei der Belegung eine von mehreren Richtungen (Wählergruppen, Lei-

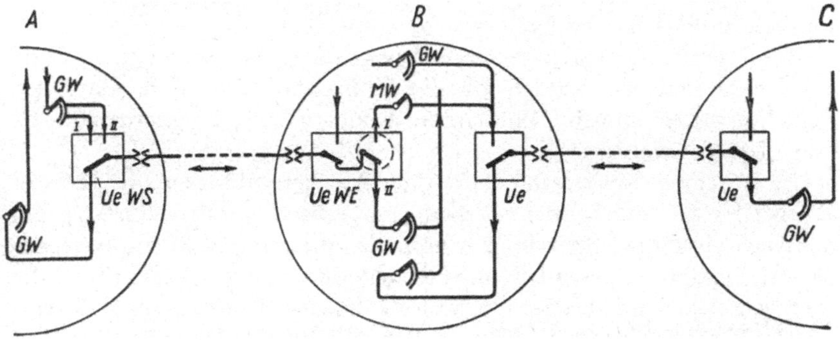

Ue = Relaisübertragung, *UeWE* = Übertragung mit Weichenempfänger (mit den Ausgängen *I* u. *II*), *UeWS* = Übertragung mit Weichensender (mit den Eingängen *I* u. *II*).

Abb. 79. Richtungsausscheidung durch Weichen.

tungsbündel usw.) an ihrer Gegenseite ausgeschieden werden soll. Diese Richtungsausscheidung erfordert dann keine zusätzliche Wahlstufe und daher auch nicht das Wählen einer besonderen Ziffer. Abb. 79 zeigt einen derartigen Weichenbetrieb. Die Weiche in der Ue am Leitungsende (Weichenempfänger) wird von einem Sender in der Ue am Leitungsanfang eingestellt. Für alle abgeriegelten Fernwahl-Ue mit Ausnahme der 150-Hz-Wahl sind Zusatzeinrichtungen für den Weichenbetrieb entwickelt worden. Die Zusatzeinrichtungen sind in den Ue bereits vorgesehen, wenn sie der betreffende Betriebsfall von Anfang an erfordert. In anderen Fällen können die Ue nachträglich entsprechend ergänzt werden; dies geschieht entweder durch Zubau der erforderlichen Teile in den Relaisschienen der Ue selbst oder durch Verwendung besonderer Zusatzschienen, die über Verteiler mit den Ue verdrahtet werden.

Die Übertragung mit Weichensender (UeWS) am Anfang der Leitung kann über mehrere Eingänge belegt werden (z. B. *I* und *II* im Ue WS von *A*, Abb. 79) und gibt dann, je nach Eingang, verschiedenartige Belegungsstromstöße über die Leitung.

Die Übertragung mit Weichenempfänger (UeWE) auf der Gegenseite hat eine entsprechende Anzahl von Ausgängen (z. B. *I* und *II* im UeWE von *B*, Abb. 79) und wird, gesteuert durch den eintreffenden Belegungsstromstoß, auf den entsprechenden Ausgang eingestellt.

Die Zahl der Ein- und Ausgänge richtet sich nach dem Einsatz der Weichen. Die einfachste Form, auf die sich diese Ausführungen im allgemeinen beschränken, hat zwei Ein- bzw. Ausgänge und wird daher oft als „Zweierweiche" bezeichnet. Eine „Achterweiche" würde demnach acht Ein- bzw. Ausgänge haben und könnte somit acht verschiedene Richtungen ausscheiden. In Bahn-Fernsprechnetzen ist bisher vorwiegend von der Zweierweiche Gebrauch gemacht worden; für Tonfrequenzwahl ist außerdem eine Dreierweiche vorgesehen.

Die Kennzeichnung über die Leitung, ob am ankommenden Ende die Weiche umgelegt werden soll oder nicht, wird je nach Wahlart verschieden vorgenommen. Man unterscheidet dabei „Frequenzweichen" und „Impulsweichen".

Zu den *Frequenzweichen* gehören die Weichen, mit denen die Ue der Wechselstrom- und Tonfrequenzwahl ausgerüstet werden können. Bei der Wechselstromwahl werden zur normalen Belegung 50 Hz, zur Weichenumstellung 100 Hz gesendet; nach dem Betätigen der Weiche findet die weitere Zeichengabe wieder mit 50 Hz statt. Die Tonfrequenzwahl verwendet zur Zeichengabe und somit auch zur normalen Belegung die Tonfrequenz von 600 Hz, während nur die Weichenumstellung durch 750 Hz veranlaßt wird; bei der Dreierweiche wird die dritte Richtung durch ein Belegungszeichen mit der Mischfrequenz 600/750 Hz angesteuert. Die Empfangseinrichtungen müssen auf die Umsteuerfrequenz abgestimmt sein. Bei der Wechselstromwahl verwendet man zusammen mit entsprechenden Siebketten eine Sonderausführung des Wechselstromrelais, die bei 100 Hz arbeitet. Im SE der Tonfrequenzwahl übernehmen Zusatzmittel das Gleichrichten der für die Weichenumstellung vorgesehenen Zeichenfrequenz.

Die Induktivwahl verwendet sog. *Impulsweichen*. Die Umsteuerung wird durch einen verkürzten Belegungsstromstoß vorgenommen. Im Weichenempfänger mißt eine Relaisanordnung die Länge des eintreffenden Stromstoßes und stellt die Weiche in die gewünschte Richtung ein.

2. Mischwähler.

Durch Verwendung von Weichen werden Verbindungsleitungen in den dazwischenliegenden Anlagen unmittelbar aneinandergereiht (z. B. Anlage *B* in Abb. 14 u. 79). Die so zusammengeschalteten Leitungen sollen jedoch nicht nur dem Durchgangsverkehr (*A*—*C*) dienen, sondern auch abschnittweise für den Verbindungsverkehr der benachbarten Anlagen (*A—B*, *B—C*) benutzt werden. Die ankommend belegte Weiche der ersten Leitung darf daher mit der abgehenden Ue der zweiten Leitung nur über eine Freiwahlstufe verbunden werden. Zu diesem Zweck werden Mischwähler (MW), auch Zwischenwähler (ZW) genannt, eingeschaltet, die zusammen mit den GW (LW) der betreffenden Anlage die gleichen Leitungen überprüfen. MW haben ferner die Aufgabe, auf wirtschaftlichste Weise große vollkommene Bündel oder Gruppen mit bestmöglicher Ausnutzung der einzelnen Leitungen oder Wähler zu bilden. Besondere Bedeutung haben sie hierbei vor Leitungsbündeln, um kostspielige Verbindungsleitungen zu sparen oder vorhandene Bündel weitestgehend ausnutzen zu können. Die Verwendung der MW richtet sich jedoch in jedem dieser Fälle stets nach den Ergebnissen vorheriger Untersuchungen über Größe des Verkehrs und Zahl der benötigten Wähler.

Ihrem Einsatz zwischen zwei Wahlstufen entsprechend, müssen die MW nach dem Belegen sofort ohne Freiwahl durchschalten, damit dem Teilnehmer keine Zwangspause zwischen dem Wählen der einzelnen Ziffern zugemutet werden muß. Diese Forderung hat im Laufe der Zeit zu zwei Formen für die Einstellglieder der MW geführt. In der einen Ausführung werden 10- oder 17teilige Drehwähler benutzt. Die Betriebsweise dieser MW hat eine gewisse Ähnlichkeit mit der von II. VW; sie sind jedoch immer mit Voreinstellung ausgerüstet, d. h. sie stellen sich vorbereitend auf freie abgehende Leitungen ein, um jeden Zeitverlust bei dem Belegen und Durchschalten zu vermeiden. In der anderen Ausführung werden Relais an Stelle der Drehwähler verwendet, wodurch ein sofortiges Zusammenschalten ohne weiteres gegeben ist. Diese „Relaismischwähler" (Relais-MW) arbeiten entweder mit Nacheinstellung, d. h. die einzelnen Prüfrelais werden erst beim Belegen des MW an die abgehenden Leitungen geschaltet, oder ebenfalls mit Voreinstellung.

Für die Entscheidung, welche Betriebsform verwendet werden soll, sind sowohl betriebliche als auch wirtschaftliche Gesichtspunkte maßgebend. Drehwähler sind dort am Platze, wo das Verkehrsangebot etwa der Leistung des nachfolgenden Bündels entspricht, wo also mit geringen Verkehrsverlusten gerechnet werden kann. Relaiswähler sind meist kostspieliger und immer dann zu empfehlen, wenn größere Verluste zu erwarten sind; sie zeichnen sich ferner durch geringe Anforderungen an Wartung und Pflege aus.

Der Aufbau eines *MW mit Drehwähler*, wie er hinter Ue verwendet wird, ist aus Abb. 80 ersichtlich. Der 5teilige Rahmen enthält oben fünf Drehwähler und einen Verteiler. Darunter sind die zur Steuerung erforderlichen Relais, Kondensatoren, Drosseln usw. auf zwei Relaisschienen normaler Breite eingebaut. Wie schon erwähnt, arbeiten diese MW mit Voreinstellung.

Die Arbeitsweise der Voreinstellung ist aus Abb. 81 zu ersehen, in der eine MW-Ausführung gezeigt ist, die hinter GW eingesetzt wird. Nach Inbetriebnahme des MW steht der Drehmagnet *D* über den *t*-Kontakt sofort unter Strom, so daß der Drehwähler durch das Zusammenarbeiten des *D*-Magnets und des T-Relais als Drehrelais von Schritt zu Schritt weitergeschaltet wird. Auf jeder Lamelle wird die hochohmige Wicklung des *T*-Relais über den 50000-Ohm-Widerstand gewissermaßen zum ,,Vorprüfen" angeschaltet. Wenn ein Ausgang frei ist, hält sich das *T*-Relais über diese Wicklung; der Drehstromkreis wird endgültig unterbrochen,

Abb. 80. Mischwähler-Rahmen; Ausführung mit Drehwähler.

und der MW ist somit auf diesen Ausgang voreingestellt. Der Haltestromkreis des *T*-Relais ist hochohmig, damit einerseits das Belegungsrelais der dahinterliegenden Schalteinrichtung auch dann noch Fehlstrom hat, wenn sich mehrere MW auf den gleichen Ausgang voreinstellen, und damit andererseits der Stromverbrauch gering gehalten wird. Bei dem Belegen vom vorgeordneten GW her übernimmt dessen Prüfrelais die endgültige Sperrung des Ausganges; alle übrigen ebenfalls auf diesen Ausgang vorbereitend eingestellten MW drehen weiter und suchen sofort die nächste freie Schalteinrichtung aus. Dieses ,,Abwerfen" aller MW findet ferner statt, wenn die betreffende Schalteinrichtung von einem GW oder LW der Anlage selbst bzw. in der Gegenrichtung belegt wird.

Sind alle an die Ausgänge des MW angeschlossenen Leitungen oder GW belegt, so muß eine Abschaltesteuerung den MW auf einem besonders verdrahteten Schritt, dem „Abschalteschritt“, stillsetzen (Schritt 0; Abb. 81). Dieses Abschalten wird entweder vom Belegtsein aller Ue bzw. GW oder vom Dauerdrehen der MW abhängig gemacht (Selbstabschaltung). Es können auch beide Abschalteformen vereinigt werden. In dem in Abb. 81 dargestellten MW wird ferner der Eingang während der Dauer der Abschaltung gegen weitere Belegungen gesperrt; hierzu dient ein besonderer Arm des Drehwählers. Andere MW, z. B. solche, die hinter Ue eingefügt werden, können auch belegt werden, wenn sie auf dem Abschalteschritt stehen; der anrufende Teilnehmer erhält dann vom MW aus das Besetztzeichen.

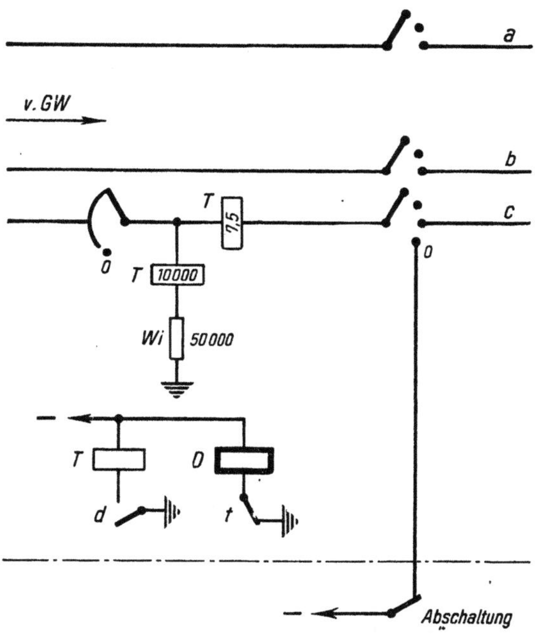

Abb. 81. Grundsätzliche Schaltung eines Mischwählers mit Voreinstellung; Ausführung mit Drehwähler.

Relais-MW können, wie schon erwähnt, Nacheinstellung oder Voreinstellung erhalten. Die Voreinstellung bei Relais-MW hat eine weitere Verkürzung der Durchschaltezeit zur Folge; sie gestattet im allgemeinen auch eine vereinfachte Schaltung und macht bei Belegungen vom GW her besondere Sperrmaßnahmen für den Fall entbehrlich, daß sämtliche Ausgänge einer MW-Gruppe belegt sind. Demgegenüber haben Relais-MW mit Nacheinstellung einen geringeren Stromverbrauch, da Ruhestromkreise in der Zeit, während die Wähler frei sind, vermieden werden können.

In Abb. 82 ist ein 4teiliger Rahmen für Relais-MW mit Voreinstellung dargestellt, wie sie hinter Ue verwendet werden. Zwei senkrechte Relaisreihen bilden jeweils eine Einheit. Im Relais-MW ist für jeden Ausgang ein Relais erforderlich. Für zehn Ausgänge, was einem 10teiligen Drehwähler entspricht, sind also zehn Durchschalterelais vorhanden. Sie sind zusammen mit den übrigen Relais des Wählers in zwei 3teiligen Relaisgrundplatten und einer 2teiligen Relaisschiene untergebracht.

Während die Durchschalterelais in der Ausführung mit Nacheinstellung erst bei der Belegung an die Ausgänge angeschaltet werden, vollzieht sich die Voreinstellung ähnlich der bei Drehwählern vor der Belegung. Durch eine Kontaktkette ist sichergestellt, daß jeweils nur ein Durchschalterelais über den ersten freien Ausgang des Wählers anspricht. Ein je Wähler für alle Ausgänge gemeinsam vorhandenes Prüfrelais übernimmt bei der Belegung auch während des Voreinstellvorganges die Sperrung gegen andere Belegungen. Eine Abschaltesteuerung wie bei Drehwählern ist nicht erforderlich, jedoch erhält der anrufende Teilnehmer ebenfalls das Besetztzeichen, wenn beim Belegen keine Ausgänge mehr frei sind oder der MW während des Voreinstellvorganges belegt wird. Bei Gruppenbildung in größeren Bündeln ist naturgemäß

Abb. 82. 4teiliger Relaismischwähler-Rahmen.

eine Gruppenabschaltung der Eingänge in der gleichen Form vorhanden wie bei der Ausführung mit Drehwählern.

Abb. 83 zeigt die grundsätzliche Schaltung eines Relais-MW mit Voreinstellung, wie er hinter GW verwendet wird. Wenn der Relaiswähler in Betrieb genommen wird, spricht zunächst das G-Relais an, das die Durchschalterelais (D_1 bis D_{10}) über eine besondere Ader an die Abschalteausgänge der nachfolgenden Schalteinrichtungen (Ue oder GW) anlegt. Freie Schalteinrichtungen sind durch Erde an den (geschlossenen) ab_1- bis ab_{10}-Kontakten gekennzeichnet, so daß nur die D-Relais dieser Ausgänge erregt werden können. Eine Kontaktkette über Umschaltekontakte der D-Relais stellt sicher, daß jeweils nur das in der Kette zuerst angeordnete Durchschalterelais D endgültig ansprechen kann. Hat das betreffende D-Relais angezogen, so ist der Voreinstellvorgang vollzogen; das G-Relais fällt ab und schaltet alle übrigen D-Relais wieder aus. Da bei der endgültigen Belegung vom GW her in der nachfolgenden Schalteinrichtung der Abschaltestromkreis geöffnet wird, übernimmt die niederohmige Wicklung des *D*-Relais in der *c*-Ader das Weiterhalten. Bei einer anderen Ausführung des Relais-MW werden die D-Relais ebenso, wie beim Relais-UW beschrieben (vgl. S. 123), während der Belegung in einem örtlichen Stromkreis über einen eigenen d-Kontakt gehalten. Gesperrt wird, wie bei der Drehwähler-Ausführung geschildert, durch das Prüfrelais des vor dem MW liegenden GW. Ein Abschalteschritt wie bei

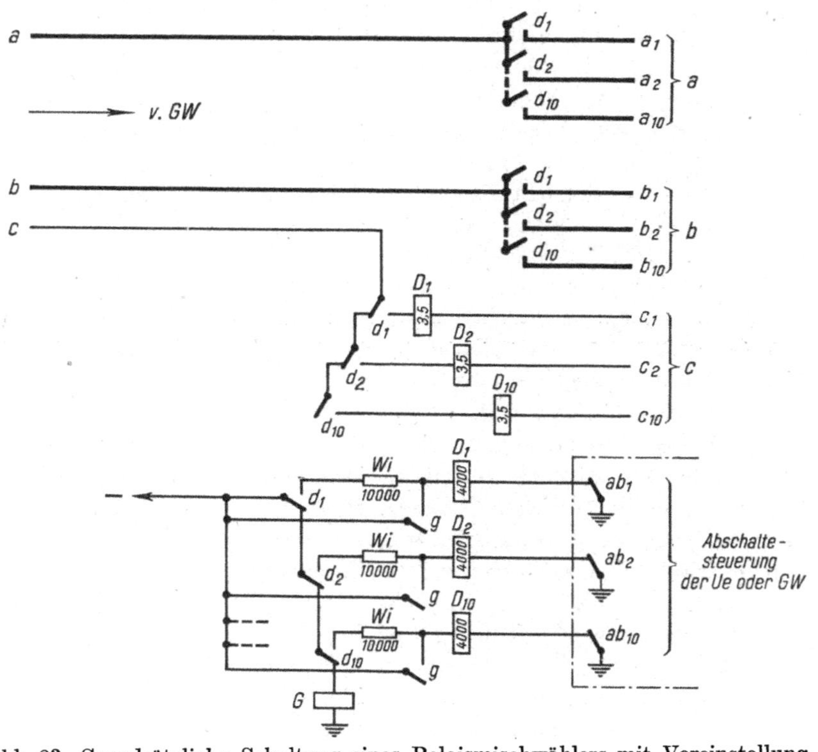

Abb. 83. Grundsätzliche Schaltung eines Relaismischwählers mit Voreinstellung.

Drehwählern ist nicht erforderlich, da das *G*-Relais über die Kontaktkette dauernd erregt bleibt, wenn keine Ausgänge mehr frei sind und deshalb keines der *D*-Relais ansprechen kann. Bei Relais-MW hinter GW ist gleichzeitig damit der Ausgang gegen weitere Belegungen gesperrt, also eine Gruppenabschaltung wie bei MW hinter Ue nicht erforderlich.

Alle Ausführungen der MW schalten ebenso wie ein GW die Sprechadern unmittelbar durch, so daß durch ihre Einfügung in den Verbindungsaufbau die Dämpfung nicht erhöht wird.

3. Umsteuerwähler.

Ein weiteres Schaltmittel für den selbsttätigen Verbindungsverkehr ist der Umsteuerwähler für Mischwahl (UW), auch Richtungswähler genannt, der wie ein MW zwischen den Wahlstufen bzw. Fernwahlleitungen eingeschaltet wird. Der UW ist ebenfalls ein Mittel zur Richtungsausscheidung. Bei der Belegung schaltet er sofort in seiner Hauptrichtung durch, steuert jedoch bei Wahl bestimmter Kennzahlen auf andere Verbindungswege um und gibt die vorher belegte Hauptrichtung wieder frei. Wird keine der betreffenden Kennzahlen gewählt, so behält der UW seine ursprüngliche Stellung bei. Umsteuerwähler sind also Einrichtungen, die bei Anreiz durch Wahl bestimmter, vorher eingestellter Kennzahlen (ein- oder zweistellig) einen zunächst belegten Ausgang verlassen und auf eine neue Richtung umsteuern können.

Seiner Verwendung zwischen den Wahlstufen entsprechend soll der UW in seiner Hauptrichtung bei der Belegung ohne großen Zeitverlust durchschalten. Für die Hauptrichtung werden also, wie bei den vorher beschriebenen MW, entweder Drehwähler mit Voreinstellung oder Relaiswähler verwendet. Dadurch kann das Durchschalten zur nächsten Stufe, das ja in der Pause zwischen zwei Stromstoßreihen vollzogen werden muß, in möglichst kurzer Zeit durchgeführt werden. Die Belegung von einem GW bzw. einer Ue wird also ohne eine weitere Freiwahlzeit auf die abgehende Leitung weitergegeben. Der UW kann nach der ersten oder zweiten Ziffer umsteuern. Die Bündel oder Gruppen, auf die der UW umsteuert, werden von ihm in freier Wahl abgesucht. Sind alle Ausgänge der gewünschten Umsteuerrichtung besetzt, so bleibt der UW auf der zuerst belegten Leitung der Hauptrichtung stehen. In diesem Fall bleibt auch der bereits aufgebaute Verbindungsabschnitt, z. B. über einen Netzgruppenknoten, eingestellt, und die gewünschte Anlage wird auf einem „Umweg" erreicht. Dieser Umwegverkehr, der bei entsprechender Verdrahtung des UW durchgeführt werden kann, bringt eine Leistungssteigerung für die Querverbindungen mit sich; denn diese können dann gewissermaßen als mit zum Hauptbündel gehörig betrachtet werden. Der Teilnehmer selbst merkt nichts von diesen Vorgängen. Ist der Umwegverkehr nicht erwünscht, so gibt der UW bei einer anderen Verdrahtung sofort das Besetztzeichen zurück, wenn die gewünschte Umsteuerrichtung besetzt gefunden wird.

Der UW ist bei der Umstellung bestehender Netze auf den Selbstwählbetrieb ein geeignetes Mittel, die meist zahlreich vorhandenen Querverbindungen wirtschaftlich in das Fernwahlnetz einzufügen. Dementsprechend ist er mit zahlreichen Umsteuerrichtungen ausgerüstet. An die zur Zeit verwendeten UW können bei der Ausführung, die mit Drehwählern in der Hauptrichtung ausgerüstet ist, bis zu zwölf Umsteuerrichtungen angeschaltet werden. Je nach der Zahl der benötigten Ausgänge wird für die Umsteuerrichtungen ein 34- oder 50teiliger Drehwähler benutzt. Die UW mit Relaiswähler (Relais-UW) gestatten es durch eine gleichzeitig eingeführte neuere Technik, beliebig viele Umsteuerrichtungen vorzusehen; ihre Zahl wird lediglich durch die der benötigten Ausgänge bestimmt. Es haben sich bisher zwei Formen der Relais-UW herausgebildet; die eine benutzt einen 34teiligen Drehwähler für die Umsteuerrichtungen, die andere enthält für diesen Zweck einen Motorwähler, der 100 Ausgänge hat und somit für zahlreiche auch starke Leitungsbündel in allen Fällen ausreicht.

Der Anschluß der oft zahlreichen Umsteuerrichtungen macht eine besondere Umsteuertechnik notwendig, um die Umsteuerzeit auch beim Ansteuern der zuletzt angeschlossenen Richtungen gering zu halten. Die später genauer beschriebenen Ausführungen der UW haben in der jeweils verwendeten Umsteuertechnik viel Ähnlichkeit miteinander. Es soll daher diese Technik zuerst in ihren Hauptpunkten an Hand der Abb. 84 besprochen werden. Die Hauptrichtung wird vom Wähler D_1 (Drehwähler oder Relaiswähler; in Abb. 84 als Drehwähler gezeichnet), die Umsteuerrichtungen werden von dem Wähler D_2 abgesucht. Für die Kennzeichnung der Richtungen, die durch 1- oder 2stellige Kennzahlen festgelegt sind, dient ein Mitlaufwerk. Die Einstellung des Mitlaufwerkes, für das zwei 10teilige Drehwähler als „Einstellwähler" vorgesehen sind, ist maßgebend dafür, ob in der Hauptrichtung oder in einer der Umsteuerrichtungen durchgeschaltet werden soll.

Der Netzgruppenknoten K_1 (843) erhält einen UW, an dessen Hauptrichtung die Leitungen zum Netzgruppen-Mittelpunkt M (882) angeschlossen sind; seine Umsteuerrichtungen führen über einen GW nach dem eigenen Wählerteil oder nach den zugeordneten Anlagen (Richtung 84x), nach einem anderen Netzgruppenknoten (878) und nach Anlagen (811 und 815) eines dritten Netzgruppenknotens. Die Leitungen der Hauptrichtung liegen an Ausgängen des Wählers D_1 (mit den Schaltarmen d_1, Abb. 84 unten). Die Leitungen der Umsteuerrichtungen werden entsprechend den Kennzahlen an die Ausgänge des Drehwählers D_2 ohne Berücksichtigung der Stellenzahl mit steigender Anfangsziffer angeschlossen; die Umsteuerrichtung der niedrigsten Anfangsziffer liegt also gleich hinter der Nullstellung, die der höchsten Anfangsziffer an letzter Stelle. Durch diese Anordnung kann der Wähler D_2 schon während der Wahl der Kennzahl die nicht gewünschten Richtungen nacheinander überlaufen und braucht nach beendeter Stromstoßgabe nur noch die Leitungen der verlangten Richtung in freier Wahl abzusuchen.

Zur Einstellung des Mitlaufwerkes ist ein Stromstoßrelais vorgesehen, das die Stromstöße bei der Wahl auf die Einstellwähler Dm_1 und Dm_2 überträgt. Stehen die Einstellwähler am Ende der für den UW bestimmten Kennzahl auf einem in Abb. 84 unverdrahteten Schritt, so bedeutet das, daß keine Umsteuerung gefordert wird (z. B. Schritte 2, 3, 5, 6 usf. von Dm_1). Erreichen sie jedoch einen der dort verdrahteten Schritte, so läuft der Wähler D_2 mit seinem Sucharm auf diesen Schritt auf und dreht dann in freier Wahl über die Leitungen dieser Richtung (Prüfarm von D_2).

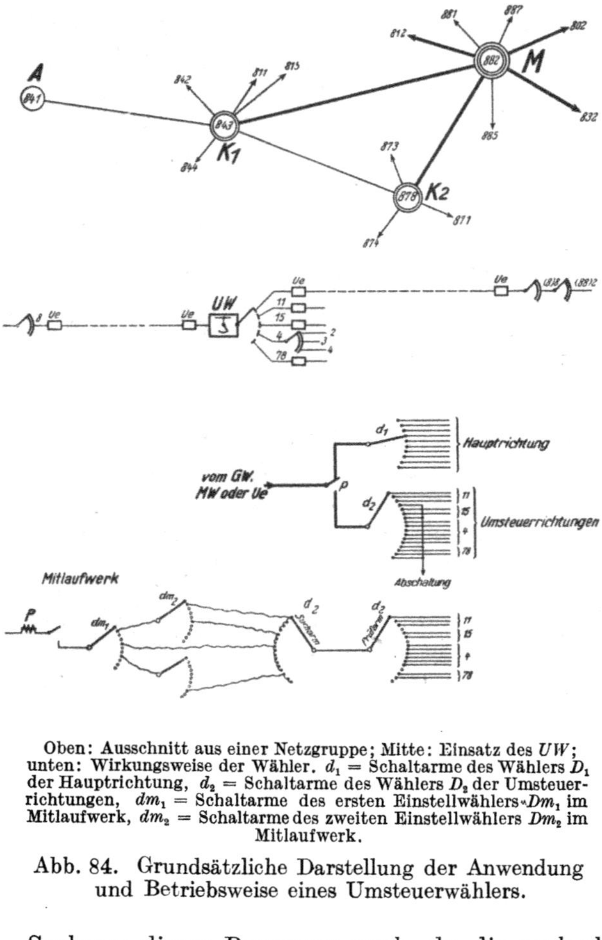

Oben: Ausschnitt aus einer Netzgruppe; Mitte: Einsatz des *UW*; unten: Wirkungsweise der Wähler. d_1 = Schaltarme des Wählers D_1 der Hauptrichtung, d_2 = Schaltarme des Wählers D_2 der Umsteuerrichtungen, dm_1 = Schaltarme des ersten Einstellwählers Dm_1 im Mitlaufwerk, dm_2 = Schaltarme des zweiten Einstellwählers Dm_2 im Mitlaufwerk.

Abb. 84. Grundsätzliche Darstellung der Anwendung und Betriebsweise eines Umsteuerwählers.

Eine Beschreibung des Verbindungsaufbaues soll diese Vorgänge näher erläutern. Bei der Belegung schaltet der UW sofort auf die freie Leitung der Hauptrichtung durch, auf der er voreingestellt stand. Die nachfolgende Stromstoßgabe wird vom Mitlaufwerk überwacht. Werden beispielsweise nach der Belegung die Kennziffern 7 und 8 (= 78) gewählt, so wird der Einstellwähler Dm_1 durch die Ziffer 7 auf den 7. Schritt geschaltet, an dem ein Arm des Einstellwählers Dm_2 angeschlossen ist. Der Wähler D_2 folgt mit seinem Sucharm dieser Bewegung nach, da die vorherliegenden Richtungen dann nicht mehr gebraucht werden. Er dreht also über die Schritte für Richtung 11, 15 und 4 hinweg und bleibt mit dem Sucharm auf dem letzten Schritt der Verdrahtung für Richtung 4 stehen (bei Relais-UW statt dessen auf dem ersten Schritt für Richtung 78). Dieser Stellung entspricht der nicht beschaltete Schritt des Prüfarmes von D_2. Die nächste Stromstoßreihe (Ziffer 8) dreht den Einstellwähler Dm_2 auf den achten Schritt, und der Wähler D_2 wird angereizt, in freier Wahl die Leitungen dieses Bündels 78 abzusuchen. Findet der Prüfarm eine freie Leitung, so schaltet das P-Relais die ankommende Verbindung von dem Wähler D_1 der Hauptrichtung auf den Wähler D_2 der Umsteuerrichtungen um, und die gewünschte Richtung ist erreicht.

Sind alle Leitungen besetzt, so dreht D_2 auf den „Abschalteschritt". Hier kann je nach Ausführung der Verdrahtung dem Teilnehmer das Besetztzeichen zurückgegeben werden, oder die Verbindung bleibt in der Hauptrichtung bestehen. Die Kennziffern 7 und 8 hatten inzwischen nämlich über die Hauptrichtung ebenfalls entsprechende Einstellungen in den fernen Anlagen veranlaßt, so daß die Verbindung über einen Umweg hergestellt ist. Dieser Umweg wäre im ersten Falle vom UW freigegeben worden.

Wäre bei der Belegung die gesamte Hauptrichtung besetzt gewesen, so hätte der UW erst die Kennzahlenwahl abgewartet, um die Möglichkeit zum Umsteuern zu geben. Das Besetztzeichen würde erst dann ertönen, wenn in diesem Falle keine Umsteuerung verlangt worden wäre.

In Abb. 84 sind die Vorgänge der besseren Übersichtlichkeit halber nur ganz allgemein dargestellt. Es wurde daher in einigen Punkten von den praktischen Ausführungen abgewichen. Ein Überblick mehr schaltungstechnischer Art folgt in den Beschreibungen der verschiedenen Ausführungsformen der UW.

Der Aufbau des UW mit Drehwähler in der Hauptrichtung ist aus Abb. 85 ersichtlich. Der 3teilige Rahmen enthält von oben nach unten zwei Drehwählerrahmen (mit je einem 17teiligen Drehwähler für die Hauptrichtung, einem 34- oder 50teiligen Drehwähler für die Umsteuerrichtungen und je zwei 10teiligen Drehwählern für das Mitlaufwerk), darunter eine Schiene mit Kondensatoren und Verteilern und drei Schienen mit den zur Steuerung erforderlichen Relais. Je nach Größe der verwendeten Wähler können zwei Rahmen (bei 50teiligen Drehwählern) bzw. drei Rahmen (bei 34teiligen Drehwählern) in einen Gestellrahmen normaler Breite eingebaut werden.

Die Arbeitsweise dieses UW soll nach der grundsätzlichen Schaltung der Abb. 86 näher erläutert werden. Die Voreinstellung des Drehwählers D_1 der Hauptrichtung wird in der gleichen Weise vorgenommen wie bei den vorher beschriebenen MW (vgl. S. 112). Dabei ist T das Voreinstellungsrelais und P_1 das Prüfrelais in der Hauptrichtung; das Relais P_2 überprüft die Umsteuerrichtungen und entspricht dem P-Relais in Abb. 84.

Die in Abb. 84 unverdrahtet angegebenen Schritte von Dm_1 und Dm_2 sind hier, wie in der praktischen Ausführung, entsprechend der zugrunde gelegten Technik und Kennzahlenvergebung verdrahtet. Diese Verdrahtung wird zusammen mit dem „Drehrelais" X dazu benutzt, den Wähler D_2 schon während der Nummernwahl über die jeweils nicht gewünschten Richtungen zu drehen (im Beispiel: 11, 15 und 4). Solange das X-Relais über seine 600-Ohm-Wicklung angezogen bleibt,

d. h. solange der Stromkreis über dm_1 und dm_2 besteht, kann der Wähler D_2 nicht drehen. In der Erklärung zu Abb. 84 war als Beispiel die Wahl der Ziffern 7 und 8 erläutert worden; dies würde hier folgende Vorgänge einleiten. X-Relais (600 Ohm) ist zunächst über die Null-

Abb. 85. 3teiliger Umsteuerwähler-Rahmen.
Ausführung mit Drehwähler in der Hauptrichtung.

stellung von dm_1 angezogen. Bei Wahl der 7 dreht Dm_1, gesteuert von dem Stromstoßrelais A, über die Schritte 1, 2 . . . auf Schritt 7. Verläßt dm_1 den 1. Schritt, so fällt X ab und schaltet den Wähler D_2 so lange weiter, bis X über d_2 (links unten) wieder anziehen kann. Dies könnte z. B. schon vor der Richtung 4 geschehen. Da aber dm_1 inzwischen durch die Nummernwahl ebenfalls weitergeschaltet wird, kommt der betreffende Stromkreis erst nach der Richtung 4 auf dem letzten Schritt (Abschalteschritt) dieser Richtung zustande. Das Nachlaufen ist damit beendet. Bei Wahl der zweiten Ziffer (8) dreht Dm_2 auf den 8. Schritt. X-Relais ist während der ersten 7 Schritte angezogen (Verdrahtung von dm_2 unmittelbar nach d_2, Abschalteschritt der Richtung 4) und bleibt es auch auf dem 8. Schritt über den v-Kontakt, da die gewünschte Richtung 78 ja erreicht ist. Nach Abfall des V-Relais schließt sich nur noch die Freiwahl von D_2 innerhalb dieser Richtung an.

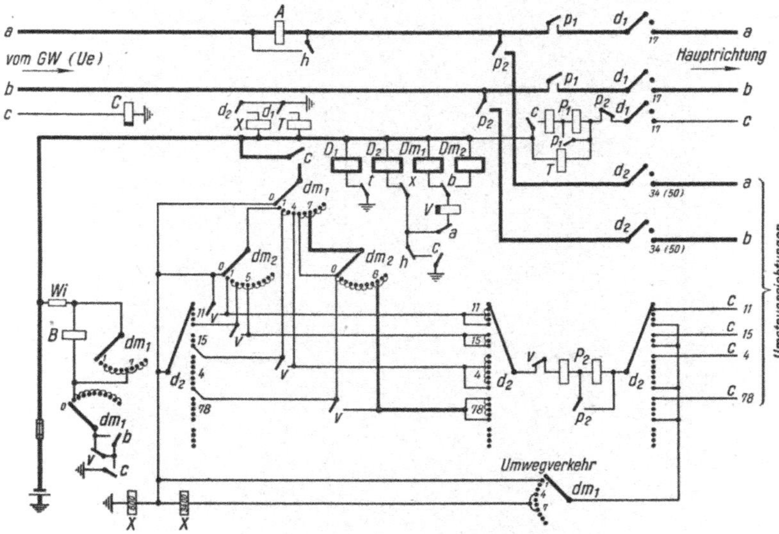

D_1 = Wähler der Hauptrichtung,
D_2 = Wähler der Umsteuerrichtungen,
Dm_1 u. Dm_2 = Einstellwähler im Mitlaufwerk.

Abb. 86. Grundsätzliche Schaltung eines Umsteuerwählers für viele Richtungen; Ausführung mit Drehwähler in der Hauptrichtung. Umwegverkehr in den Richtungen *4* und *78*; kein Umwegverkehr in den Richtungen *11* und *15*.

Sind alle Ausgänge der gewünschten Umsteuerrichtung besetzt, so gelangt der Wähler D_2 auf den Abschalteschritt. Die Abschalteschritte sämtlicher Umsteuerrichtungen sind am c-Arm miteinander verbunden und über einen dm_1-Arm nach zwei Wicklungen des X-Relais geführt. Dieses wird entweder über seine niederohmige Wicklung oder über beide Wicklungen gehalten und setzt dadurch den Wähler still. Bei Verdrahtung des dm_1-Armes zur hochohmigen X-Wicklung (z. B. Umsteuerrichtung 4 und 78) hat das in Reihe liegende P_2-Relais Fehlstrom, so daß die Hauptrichtung nicht aufgetrennt wird (= Umwegverkehr). Bei der Verdrahtung zur niederohmigen Wicklung (z. B. Umsteuerrichtung 11 und 15) wird das P_2-Relais erregt und trennt mit dem p_2-Kontakt die c-Ader des D_1-Wählers auf (= kein Umwegverkehr).

Abb. 87 zeigt den Aufbau eines 3teiligen Rahmens für Relais-UW mit Voreinstellung. Der oben eingebaute Drehwählerrahmen enthält je zwei 10teilige Drehwähler für das Mitlaufwerk. Im zweiten Rahmen sind je ein 34teiliger Drehwähler für die Umsteuerrichtungen sowie die erforderlichen

Abb. 87. 3teiliger Relaisumsteuerwähler-Rahmen.

Kondensatoren und Verteiler vorgesehen. Drei 10teilige Lampenstreifen lassen bei belegtem UW den Ausgang des Relaiswählers erkennen, über den die Belegung weitergegeben wurde; jeweils ein Kontakt des D-Relais schaltet die zugehörige Lampe ein. Durch diese Anordnung wird gewissermaßen die Zahlentrommel des Drehwählers ersetzt. Drei Relaisgrundplatten enthalten außer den D-Relais des Relaiswählers die zur Steuerung erforderlichen Relais; dabei bilden drei senkrechte Reihen eine Einheit. Drei solcher Rahmen, also insgesamt neun Wähler, können in einen Gestellrahmen normaler Breite eingebaut werden.

Einen Überblick über die Arbeitsweise des Relais-UW vermittelt die grundsätzliche Schaltung nach Abb. 88. Die Leitungen der Hauptrichtung werden durch den Relaiswähler abgesucht, dessen Arbeitsweise dem vorher beschriebenen Relais-MW entspricht (vgl. S. 114). An Stelle der dort verwendeten niederohmigen Haltewicklung der D-Relais sind örtliche Haltestromkreise über eigene d-Kontakte benutzt. Abgesehen davon

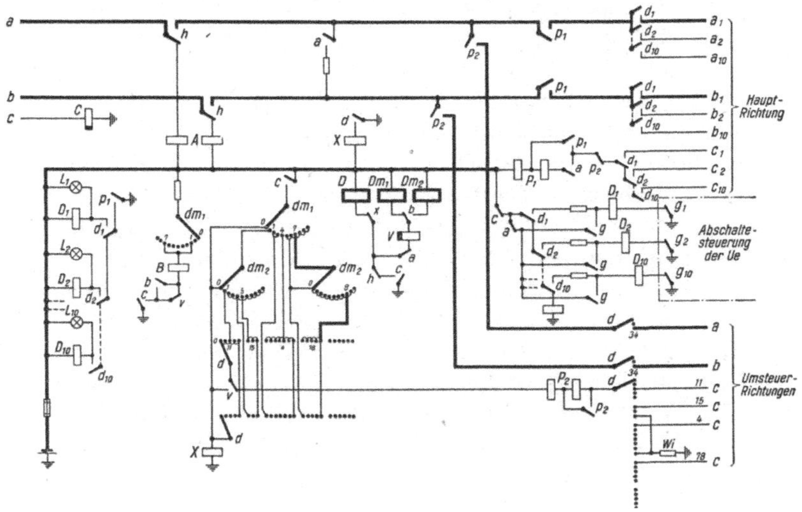

D = Wähler der Umsteuerrichtungen,
Dm_1 u. Dm_2 = Einstellwähler im Mitlaufwerk.

Abb. 88. Grundsätzliche Schaltung eines Relaisumsteuerwählers für viele Richtungen. Umwegverkehr in den Richtungen *11* und *78*; kein Umwegverkehr in den Richtungen *15* und *4*.

daß für das Sperren der abgehenden c-Ader die niederohmige Haltewicklung des D-Relais nicht besonders berücksichtigt zu werden braucht, können über die eigenen d-Kontakte gleichzeitig die vorher erwähnten Lampen zum Kennzeichnen des belegten Ausganges gesteuert werden. Die Umsteuertechnik weicht nur geringfügig von der bereits erläuterten ab. Die Wähler Dm_1 und Dm_2 des Mitlaufwerks drehen ebenfalls, veranlaßt durch die Nummernwahl, auf den gewählten Schritt. Der vorher für jede Umsteuerrichtung benötigte v-Kontakt ist eingespart worden und durch eine andere Verdrahtung der Arme des D-Wählers ersetzt.

Das Anwählen der Umsteuerrichtung 78 spielt sich wie folgt ab. Bei dem Belegen wird das X-Relais über die Nullstellung von dm_1 eingeschaltet und verhindert das Anlaufen des D-Wählers. Bei Wahl der

Ziffer 7 wird das X-Relais zunächst auf der ersten Lamelle von dm_1 noch über die Nullstellung von dm_2 gehalten und erst beim Weiterdrehen von der zweiten Lamelle ab stromlos. Das X-Relais fällt ab und schaltet im Zusammenspiel mit dem Drehmagnet den D-Wähler so lange weiter, bis es über Arm dm_1 Stellung 7, Arm dm_2 Nullstellung, unterer Arm d endgültig wieder Strom erhält. Diese Lamelle von d entspricht dem *ersten* Ausgang der gewünschten Richtung 78. Mit der anschließenden Ziffer 8 wird dm_2 auf den 8. Schritt eingestellt. Das X-Relais bleibt während dieser Stromstoßreihe über den oberen Arm d und den umgelegten v-Kontakt erregt. Nach Beendigung der Wahl fällt V-Relais ab, X-Relais wird ausgeschaltet, und der Wähler D überprüft in freier Wahl die gewünschte Richtung.

Die Anordnung für den wahlweisen Umwegverkehr konnte bei dieser Ausführung noch weiter vereinfacht werden. Ist Umwegverkehr nicht erwünscht, so wird der Abschalteschritt der betreffenden Richtung am c-Arm des Wählers D über den Widerstand Wi an Erde gelegt. Sind alle Ausgänge der gewünschten Umsteuerrichtung besetzt und dreht der D-Wähler auf den Abschalteschritt, so wird in diesem Falle P_2-Relais erregt und trennt mit seinem Kontakt p_2 die c-Ader der Hauptrichtung auf (z. B. Richtung 15 und 4). Bei Umwegverkehr unterbleibt die Verdrahtung des Abschalteschrittes. Über den unteren Arm d wird dann das X-Relais erregt, da dort die dem Abschalteschritt entsprechende Lamelle fest verdrahtet ist, so daß der D-Wähler ebenfalls stillgesetzt wird. Das P_2-Relais wird nicht erregt, und die Verbindung verläuft über den Umweg der Hauptrichtung.

Die größere Ausführung des Relais-UW sieht als Wähler D für die Umsteuerrichtungen, wie bereits eingangs erwähnt, den 100teiligen Motorwähler (vgl. S. 42) vor. Aufbaumäßig werden vier dieser UW in einem Rahmen zusammengefaßt; ein Gestellrahmen normaler Breite nimmt zwei derartiger 4teiliger UW-Rahmen auf, enthält also acht Relais-UW mit Motorwähler. Der Relaiswähler für die Hauptrichtung gleicht vollkommen dem der anderen Ausführung. Auch in der übrigen Betriebsweise sowie in sämtlichen Bedingungen, wie z. B. Nachlauftechnik, Umwegverkehr, entsprechen sich die beiden Ausführungen; schaltungstechnische Unterschiede ergeben sich lediglich durch die Verwendung des Motorwählers für die Umsteuerrichtungen.

Durch die drei behandelten UW-Bauarten (mit Drehwähler bzw. mit Relaiswähler) lassen sich alle praktisch vorkommenden Betriebsanforderungen in bezug auf die Zahl der Umsteuerrichtungen und ihre Leitungszahlen erfüllen. Dabei ist zu beachten, daß durch den für jede Umsteuerrichtung erforderlichen Abschalteschritt die Zahl der Ausgänge herabgesetzt wird; so können z. B. an einen 34teiligen Wähler bei sechs Umsteuerrichtungen insgesamt 28 Leitungen angeschlossen werden.

Für bestimmte Betriebsfälle mit geringen Leitungszahlen besteht neben dem geschilderten UW für zahlreiche Umsteuerrichtungen eine Bauart für höchstens zwei Umsteuerrichtungen.

Die Leitungen der Hauptrichtung und der Umsteuerrichtungen werden an einen einzigen 17teiligen Drehwähler angeschlossen. Als Mitlaufwerk ist ein 34teiliger Drehwähler eingesetzt. Über einen besonderen Arm werden nach den Kennzahlen Relais angeschlossen, die bei Wahl der entsprechenden Ziffern erregt werden und entweder die Umsteuerung einleiten oder das Mitlaufwerk stillsetzen. Nachdem die gewünschte Richtung gekennzeichnet ist, wird das in der *a*-Ader liegende Relais ausgeschaltet. Dieser UW ist ebenfalls mit Voreinstellung ausgerüstet und kann gleichfalls auf Wunsch für Umwegverkehr geschaltet werden, d. h. die Verbindung wird über die Hauptrichtung aufgebaut, wenn die gewünschten Querverbindungsleitungen belegt sind. Die UW werden in 3teilige Rahmen eingebaut, die zu je fünf in einem Gestellrahmen einheitlicher Breite untergebracht werden. Wegen der Begrenzung in bezug auf Richtungs- und Leitungszahlen kommt dieser Ausführung jedoch nur geringere Bedeutung zu.

Wie auch aus den Schaltungsauszügen hervorgeht, entspricht der UW in seiner Technik für die Hauptrichtung einem MW. Soweit Drehwähler in der Hauptrichtung verwendet werden, ist daher dauerndes Drehen zu verhindern, wenn alle Ausgänge der Hauptrichtung besetzt sind. Die hierfür erforderliche Abschaltesteuerung ist entweder abhängig von dem Belegtsein aller Ue oder von dem dauernden Drehen der Wähler (Selbstabschaltung). Die erste Form erfordert eine Steuerleitung von den Ue her. Das Dauerdrehen des Wählers als Kennzeichen ist nur dann empfehlenswert, wenn die Zahl der Leitungen für die Hauptrichtung dem Verkehr entsprechend bemessen ist, d. h. wenn mit geringen Verlusten gearbeitet wird und nicht mit häufiger Abschaltung zu rechnen ist. Während bei geringen Leitungszahlen in der Hauptrichtung die Abschaltung in Abhängigkeit von der Ue vorzuziehen ist, bringt die Selbstabschaltung eine wesentliche Vereinfachung der Abschalteverdrahtung mit sich, wenn die Zahl der Leitungen der Hauptrichtung die Zahl der Ausgänge am Drehwähler überschreitet, also Gruppenteilung vorgenommen werden muß. Unter bestimmten Voraussetzungen kann auch eine Vereinigung beider Abschalteformen zweckmäßig sein.

Um die UW sowohl in 100er, nur mit LW ausgerüsteten Anlagen als auch in größeren Anlagen verwenden zu können, ist der Eingang, über den der UW vom vorgeordneten Wähler her belegt wird, so ausgebildet, daß durch geringe Umschaltungen am Verteiler ein Aufprüfen vom GW oder LW her stattfinden kann.

Werden zwei Leitungen, die im Durchgangsverkehr betrieben werden sollen, über einen UW zusammengeschaltet, so muß das Durchgangskennzeichen über den UW gegeben werden. Da das Durchgangskennzeichen die Sprechadern benutzt, bietet die Einschaltung eines UW grundsätzlich keine Schwierigkeiten. In diesem Falle kann die Durchgabe des Zeichens jedoch nicht sofort bei der Belegung der Hauptrichtung stattfinden, da ja noch nicht feststeht, ob diese auch tatsächlich beibehalten wird. Der Wähler der Hauptrichtung hat daher einen weiteren Arm (bei Relaiswählern eine entsprechende Kontaktgruppe), über den das Durchgangskennzeichen erst dann veranlaßt wird, wenn keine Umsteuerung mehr in Betracht kommt. Für die Umsteuerrichtungen dagegen wird das Durchgangskennzeichen, wie üblich, sofort mit der Belegung gegeben.

Ebenso wie bei MW wird die Gesprächsdämpfung durch einen in der Verbindung liegenden UW nicht erhöht. Da jedoch die Stromstoßreihen für das Einstellen des Mitlaufwerks aufgenommen werden müssen, ist bis zur Kennzeichnung der gewünschten Richtung ein Empfangsrelais erforderlich. Dieses liegt entweder in der a-Ader (vgl. Abb. 86), und zwar in Reihe mit dem Stromstoßrelais der nachfolgenden Schalteinrichtung; oder das Empfangsrelais ist in Brücke zwischen den Sprechadern angeordnet (vgl. Abb. 88), und die Stromstoßgabe zur nachfolgenden Schalteinrichtung wird umgesetzt. Nach dem Eintreffen der erforderlichen Kennzahlen werden die Sprechadern in beiden Fällen glatt durchgeschaltet.

XI. Halbselbsttätige Vermittlungen.

1. Allgemeines.

Es ist falsch, anzunehmen, daß mit der Einführung des Selbstwählverkehrs immer die Abschaffung jeglicher Vermittlung durch Menschenhand verbunden ist. Die Technik ist zwar schon so weit entwickelt, daß ein völlig selbsttätiger Betrieb ohne irgendeine Mitwirkung von Vermittlungspersonen eingeführt werden könnte und auch vielfach weitestgehend eingeführt ist. Schon aus wirtschaftlichen Gründen wird jedoch in großen Netzen eine sofortige, alles umfassende Umstellung vom Hand- auf den Wählbetrieb kaum stattfinden können, so daß im allgemeinen noch längere Zeit Leitungen mit Handvermittlung in die Wählanlagen einmünden werden. In derartigen Großanlagen wird es ferner stets Verkehrsbeziehungen geben, die das Eingreifen einer Vermittlungsperson in den Verbindungsaufbau erfordern oder zum mindesten wünschenswert machen. Sodann besteht vielfach die Aufgabe, den Verkehr auf bestimmten Leitungen zu überwachen und u. U. die Zuständigkeit der anrufenden Teilnehmer zu überprüfen.

In allen diesen Fällen spricht man von „halbselbsttätigem“ Betrieb und wickelt dabei den Verkehr soweit wie nur irgend möglich vollselbst-

Abb. 89. Halbselbsttätiger Vermittlungsplatz für 50 Anschlußeinheiten.

tätig ab. Im einzelnen hat sich die Inanspruchnahme einer Vermittlung in folgenden Fällen als zweckmäßig bzw. unumgänglich erwiesen:

für den aus dem öffentlichen Netz ankommenden Verkehr (ankommender Amts- bzw. Postverkehr);

für den von Handvermittlungen ohne Wählmöglichkeit oder über andere Fern- oder Gesellschaftsleitungen ohne Wählmöglichkeit einmündenden Verkehr;

bei Umschaltung von vollselbsttätig betriebenen Fernwahlleitungen auf halbselbsttätigen Betrieb, wenn besondere Vorkommnisse dies erforderlich machen (z. B. im Unfallverkehr);

für den auf Auskunftsanschlüssen ankommenden Verkehr;

für den auf Hinweis liegenden Verkehr, so z. B. für den Verkehr nach vorübergehend abwesenden Teilnehmern;

für den Aufbau bestellter Verbindungen (z. B. Vermittlungsanschluß);

für einen besonderen Nachtverkehr, um von bestimmten Sprechstellen

Abb. 90. Bedienungsfeld des halbselbsttätigen Vermittlungsplatzes.

nachts unwichtige Anrufe fernhalten zu können (in Bahn-Fernsprechanlagen auch „Nachtvermittlung" genannt);

für Überwachen und etwaiges Trennen auf den vollselbsttätig betriebenen Fernwahlleitungen.

Die für die Abwicklung dieser Verkehrsarten erforderlichen Anschlüsse und Bedienungsteile sind in sog. „halbselbsttätigen Vermittlungen" zusammengefaßt. Im Einheitssystem haben sich dafür drei Ausführungen verschiedener Größe herausgebildet: Vermittlungsplätze in Tischform für größere Anlagen (bis 50 Felder) und mittlere Anlagen (bis 20 Felder) sowie eine kleinere 10teilige Vermittlung in Form eines Tischfernsprechers. Vor einer näheren Beschreibung soll jedoch nochmals vermerkt werden, daß auch diese hier für den Bahn-Fernsprechbetrieb geschilderten Einrichtungen für Anlagen anderer Unternehmen ganz oder teilweise übernommen worden sind.

Die *Vermittlungsplätze* in Tischform sind entsprechend ihrem jeweiligen Einsatz mit den verschiedenen, später beschriebenen Anschlußeinheiten bestückt. In der Ausführung mit 50 Feldern (Abb. 89) bleiben im allgemeinen 10 Felder (Abb. 90, rechts) dem Unfall- und dem Auskunftsverkehr sowie dem Vermittlungs- und dem Dienstanschluß vorbehalten. In der 20teiligen Ausführung ist wegen der geringeren Aufnahmefähigkeit auf eine derartige Aufteilung der Felder verzichtet

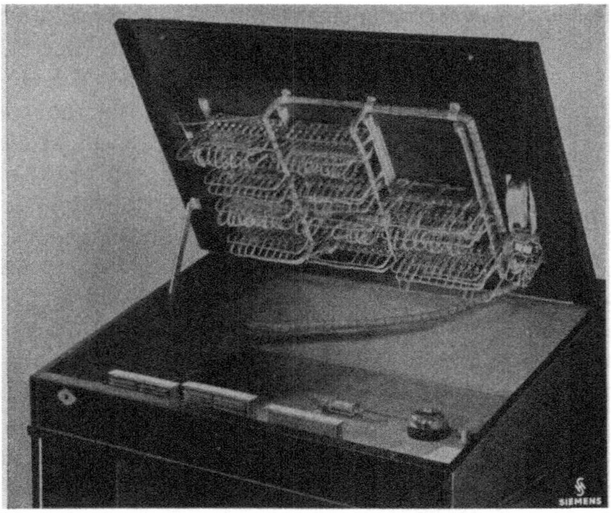

Vorn: Verteiler, zu denen die Verdrahtung der Schalter usw. führt und an die das Kabel zur Relaiseinrichtung angeschlossen wird.

Abb. 91. Halbselbsttätiger Vermittlungsplatz, aufgeklappt.

worden. Die größere Ausführung kann ferner bei Bedarf durch einen Aufsatz (vgl. Abb. 102) ergänzt werden, in dem 40 Felder für je zwei Überwachungen (vgl. S. 149) vorgesehen sind. Im übrigen gleichen sich, abgesehen von einigen Unterschieden im Aufbau, die beiden Ausführungen sowohl in der verwendeten Technik als auch in der Betriebsabwicklung.

Die zugehörigen Relaiseinrichtungen werden nicht unmittelbar von den Tasten und Schaltern der Vermittlung aus gesteuert. Diese wirken vielmehr über nur einen einzigen Draht auf besondere Steuerrelais in den Relaiseinrichtungen ein, deren Kontaktaufbauten die Obliegenheiten der früher sehr umfangreichen Federpakete der Schalter und Tasten übernehmen. Es ergeben sich durch diese *Relaissteuerung* Vorzüge, wie

bedeutend dünnere Verbindungskabel zwischen Vermittlung und Relaisteil, geringere Zahl von Verteilerpunkten und kleinere Verteiler im Vermittlungsplatz (Abb. 91, vorn),

wenige Kontakte in der Vermittlung an Stelle der umfangreichen Federpakete,

vereinfachte Verkabelung und größere Übersichtlichkeit innerhalb des Vermittlungsplatzes,

wesentliche Erleichterungen für Arbeiten an der Vermittlung (z. B. bei Erweiterungen, Fehlersuche).

Es ist ferner dadurch grundsätzlich möglich, in jedes Feld einen beliebigen Anschluß bzw. Leitung einzubauen. Aus wirtschaftlichen Gründen wurde jedoch beim Vermittlungstisch darauf verzichtet, die Vereinheitlichung vollkommen durchzuführen; beim Einbau von Überwachungen z. B. ist die Verwendung eines Abfrageschalters notwendig, der nach beiden Seiten kippbar ist.

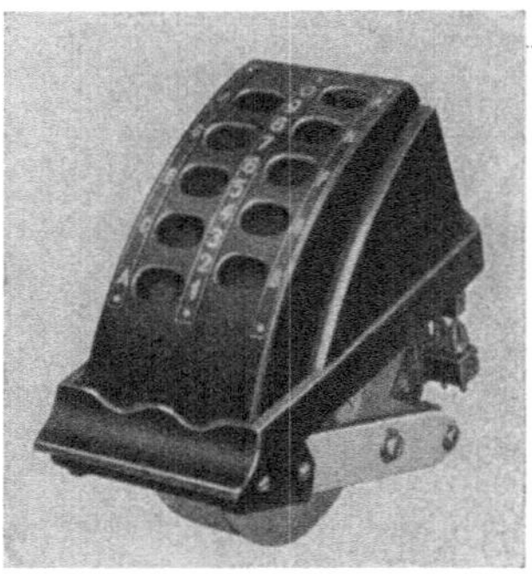

Abb. 92. Zugnummernschalter.

Neben den Bedienungsteilen, die unmittelbar zu den einzelnen Anschlüssen gehören, sind gemeinsame Lampen, Tasten und weitere Einrichtungen vorhanden. Diese dienen entweder zum Anzeigen bestimmter Vorgänge oder werden beim Umlegen eines Abfrageschalters dem betreffenden Anschluß zur Bedienung zugeordnet. So werden unter anderem die wichtigsten „Alarme" aus dem Wählersaal wiederholt. Ferner zeigt eine Rufstromüberwachungslampe an, ob z. B. beim Drücken der Ruftaste auch Rufstrom gesendet wird. Eine Anrufüberwachungslampe wird bei jedem Anruf zusammen mit der Anruflampe der betreffenden Anschlußeinheit eingeschaltet, um den Anruf auch bei durchgebrannter Anruflampe sichtbar zu machen. An gemeinsamen Tasten und Schaltern sind vorhanden: Ruftaste, Aufschaltetaste, Flackertaste, Rückmeldetaste und Wartetaste; Wähltaste, durch die der Nummernschalter jeweils der abgefragten Anschlußeinheit zugeordnet und außerdem eine Teilauslösung ermöglicht wird; Weckerschalter zum Abschalten des Anrufweckers und Postschalter für den abgehenden Post- (Amts-) Verkehr.

Zum Wählen ist ein *Zugnummernschalter* (Abb. 92) vorgesehen, als dessen Hauptvorzüge bequeme Bedienung und leichte, schnelle Auswechselbarkeit zu nennen sind. Nach Lösen einer einzigen Schraube kann der Nummernschalter, der über eine Kontaktleiste und nicht mittels Drahtverbindungen mit der Platzschaltung verbunden ist, leicht herausgenommen, geprüft oder ausgewechselt werden. Ablaufzeit und

Stromstoßgabe entsprechen denen des bekannten Nummernschalters mit Leerlauf. Das Aufziehen ist durch die gewählte Übersetzung und durch den geradlinigen Weg kürzer und bequemer geworden. Als Kontaktwerk wird dabei das des Drehnummernschalters mit Leerlauf verwendet (vgl. Abb. 91, rechts).

Um neben dem Nummernschalter auch einen Zahlengeber benutzen zu können, sind in den Übertragungen für den halbselbsttätigen Verbindungsverkehr die im Zusammenarbeiten damit notwendigen Vor-

Abb. 93. 10teilige Vermittlung.

kehrungen getroffen. In Bahnnetzen ist die Stellenzahl der zu wählenden Rufnummern durch den oft umfangreichen Fernwahlverkehr verschieden. Die Verwendung der *Zahlengeber,* die für jede Wahlstufe eine besondere Tastenreihe benötigen, ist mit gewissen Schwierigkeiten verbunden, sowohl in bezug auf die Zahl der jeweils vorzusehenden Tastenstreifen als auch wegen der räumlichen Unterbringung in den Vermittlungstischen. Demgegenüber hat sich der Zahlengeber mit Kondensatorenspeicher, für den nur eine einzige Tastenreihe mit 10 nicht sperrenden Tasten genügt, als besonders zweckmäßig erwiesen. Zum „Speichern" der gewählten Ziffern dienen hierbei Kondensatoren, die über den Arm eines Steuerschalters nacheinander an die beim Wählen gedrückten Tasten angeschaltet werden. Die Tasten selbst liegen fest an einem Spannungsteiler, so daß sich die Kondensatoren entsprechend den jeweils gedrückten Tasten verschieden hoch aufladen. Schon während des „Speicherns" wird mit dem „Auswerten" begonnen. Dabei legt ein zweiter Steuerschalter die Kondensatoren nacheinander an das Gitter einer Röhre. Mit Hilfe dieses Drehwählers und einer Relaiskette wird die Ladung der Kondensatoren gemessen und jeweils eine entsprechende Reihe von Stromstößen gesendet.

Ist die anzuschließende Leitungszahl größer als das Fassungsvermögen des Tisches, so werden zwei oder mehrere Tische nebeneinander gesetzt. Für betriebsschwache Zeiten kann die Bedienung durch eine „Konzentrationsschaltung" auf einen Platz zusammengezogen werden.

Abb. 94. Drehnummernschalter für Vermittlungen.

Für kleinere Anlagen ist eine *10teilige Vermittlung* in Form eines Tischfernsprechers (Abb. 93) geschaffen worden. Sie gestattet den Einbau jeder Anschlußart. Drei Felder (rechts) sind dabei den gemeinsamen Tasten und Lampen vorbehalten. An Stelle des Zugnummernschalters ist aus einbautechnischen Gründen ein Drehnummernschalter vorgesehen. Auch dieser Nummernschalter ist mit „Leerlauf" ausgerüstet, d. h. durch die Bauart werden eine einwandfreie Stromstoßgabe und der erforderliche Zeitabstand zwischen den einzelnen Stromstoßreihen bzw. zwischen dem Ablauf des Nummernschalters und dem Betätigen der Schalter und Tasten auch dann gewährleistet, wenn die Handhabungen überschnell vorgenommen werden. Zur Unterscheidung von den Nummernschaltern der Fernsprecher ist die Bauart für Vermittlungen (veränderter Kontaktaufbau) mit einer besonderen Aufschrift (Abb. 94) versehen.

Als Relaiseinrichtung wird die gleiche Ausführung wie bei der größeren Vermittlung benutzt. Auch bei der 10teiligen Vermittlung wird die „Relaissteuerung" zwischen Tasten und Relaisteil verwendet; durch diese Steuerungsart wurde erst die zweckmäßige Form der Kleinvermittlung ermöglicht.

Der Ausbau der Vermittlungstische richtet sich nach dem derzeitigen bzw. künftigen Bedarf, wobei für späteren Ausbau Leerfelder hinter den einzelnen Anschlußarten vorgesehen werden. Die 10teilige Vermittlung dagegen wird voll ausgebaut geliefert, da jedes Bedienungsfeld ohne Einschränkung für jeden der nachstehend noch genauer behandelten Anschlüsse benutzt werden kann.

In den folgenden Abschnitten werden die verschiedenen Anschluß- und Leitungsarten näher besprochen. Die einzelnen Verkehrsarten geben gleichzeitig ein Bild von den vielfachen Möglichkeiten, die eine neuzeitliche Vermittlungseinrichtung bietet. Einen Überblick über eine umfangreiche Fernsprechanlage dieser Art gibt Abb. 95. In diesem Übersichtsplan sind die bisher gezeigten Wählerübersichten (vgl. z. B. Abb. 18) durch die Vermittlungseinrichtungen ergänzt. Der Plan läßt

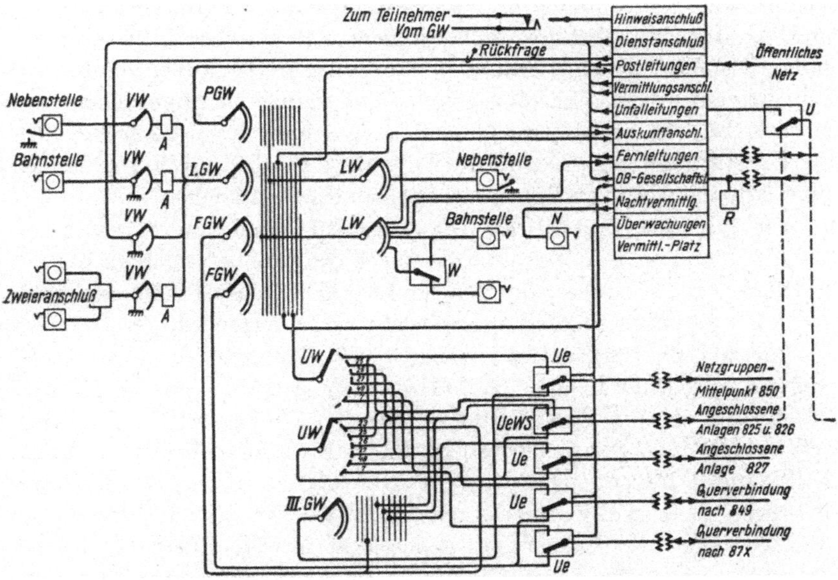

A = Zusatz für Aufschalteverhinderung, *FGW* = Ferngruppenwähler, *N* = Sprechstelle, die über die Nachtvermittlung geschaltet ist, *PGW* = Postgruppenwähler (Verkehr aus dem öffentlichen Netz), *R* = Rufausscheider, *U* = Umschalteeinrichtung für Unfallverkehr, *UeWS* = Übertragung mit Weichensender, *UW* = Umsteuerwähler, *W* = Weiterschalteinrichtung.

Abb. 95. Übersichtsplan eines Netzgruppenknotens.

das Zusammenarbeiten der zahlreichen Einrichtungen erkennen und soll gleichzeitig eine Art Leitfaden für die nachstehenden Ausführungen darstellen. Ein großer Teil der erforderlichen Relaiseinrichtung ist ferner am Schluß dieses Abschnittes (vgl. Abb. 103) dargestellt.

2. Verkehr mit dem öffentlichen Netz.

Für das öffentliche Fernsprechnetz gilt eine Fernsprechanlage dann als „Nebenstellenanlage", wenn alle oder ein Teil der Sprechstellen zum Verkehr mit dem öffentlichen Netz (Postverkehr, Amtsverkehr[1]) zugelassen sind.

[1] Für den Verkehr mit dem öffentlichen Netz werden die in der Nebenstellentechnik üblichen Ausdrücke verwendet. Der „Postverkehr" z. B. wird also mit

Die Sprechstellen werden unterteilt nach der Möglichkeit und dem Umfang, Amtsgespräche zu führen. Man unterscheidet „Nebenstellen" (Reichspostbezeichnung: „amtsberechtigte Nebenstellen") und „Bahnstellen" (allgemeiner „Hausstellen", bei der Deutschen Reichspost „nicht amtsberechtigte Nebenstellen" genannt). Nebenstellen können Amtsgespräche führen, während Bahnstellen auf den Verkehr innerhalb des betreffenden Bahnnetzes beschränkt sind. Die Nebenstellen gliedern sich wieder nach dem Umfang ihrer Berechtigung in „voll amtsberechtigte" und „halb amtsberechtigte" Nebenstellen. Voll amtsberechtigte Nebenstellen können abgehende Amtsverbindungen selbst herstellen; halb amtsberechtigten Nebenstellen dagegen ist der Zugang zum öffentlichen Netz nur mit Hilfe der Vermittlung möglich. Die Bahnstellen haben schließlich als Untergruppe sog. „begrenzte Bahnstellen", die nur Verbindungen innerhalb ihrer eigenen Fernsprechanlage aufbauen können.

Zur Unterscheidung dieser verschiedenen Arten von Sprechstellen sind Maßnahmen getroffen worden, durch die die Zuständigkeit der betreffenden Sprechstellen für den Amtsverkehr geprüft und ein Überschreiten der Berechtigung zwangsweise verhindert wird.

Für den *abgehenden* Amtsverkehr werden Bahnstellen gesperrt entweder durch Erde an dem besonderen Arm des VW (vgl. S. 47) oder durch Gruppierung, d. h. Trennung der den Bahnstellen zugänglichen GW von den GW der Nebenstellen. Die Bahnstellen-GW sind in diesem Fall in der 0. Dekade nicht verdrahtet. Fernwahl-, Fern-, Gesellschaftsleitungen usw. sind gleichfalls nicht zum Amtsverkehr zugelassen; sie werden daher wie Bahnstellen angeschlossen. Die Sperrung der begrenzten Bahnstellen wird ebenfalls durch Gruppierung vorgenommen. Die ihnen zugänglichen I. GW (bzw. LW) sind nur in den Dekaden verdrahtet, die dem erlaubten Verkehr entsprechen.

Im *ankommenden* Amtsverkehr werden die Bahnstellen im allgemeinen ebenfalls durch Gruppierung der GW bzw. LW ausgeschieden. Diese Anordnung ist deshalb am weitesten verbreitet, weil wegen der Wichtigkeit dieses Verkehrs jeder Amts-Ue (Post-Ue) ein besonderer GW oder LW fest zugeordnet wird (Amts-GW, Post-GW, PGW usw.). Die Bahn- und Nebenstellen liegen dann in verschiedenen Dekaden, wobei lediglich die Nebenstellen-Dekaden der PGW bzw. PLW verdrahtet sind (vgl. Abb. 95 u. 96).

In selteneren Fällen, besonders für den Verkehr zwischen Unterämtern und dem öffentlichen Netz, wird eine *Postsperreinrichtung* verwendet. Der Sperrung von Bahnstellen des Unteramts ist nämlich besondere Beachtung zu schenken. Getrennte Verbindungsleitungen für

---

„Amtsverkehr" bezeichnet. Vgl. auch: E. HETTWIG: Fernsprech-Wählanlagen. Oldenbourg, 1943 (2. Auflage).

den Amtsverkehr vorzusehen (die Amtsleitungen für Haupt- und Unteramt enden sehr oft im Hauptamt; vgl. S. 63), ist aus wirtschaftlichen Gründen nicht vertretbar. Der Amtsverkehr muß also über die gleichen Leitungen geführt werden wie der übrige Verkehr (Abb. 96). Gruppierung der Sprechstellen allein kann demnach noch nicht die Sperrung erzielen.

Abgehend werden auch die Bahnstellen des Unteramtes durch Erde am VW gesperrt. Ankommend dagegen wird die Ausscheidung durch die

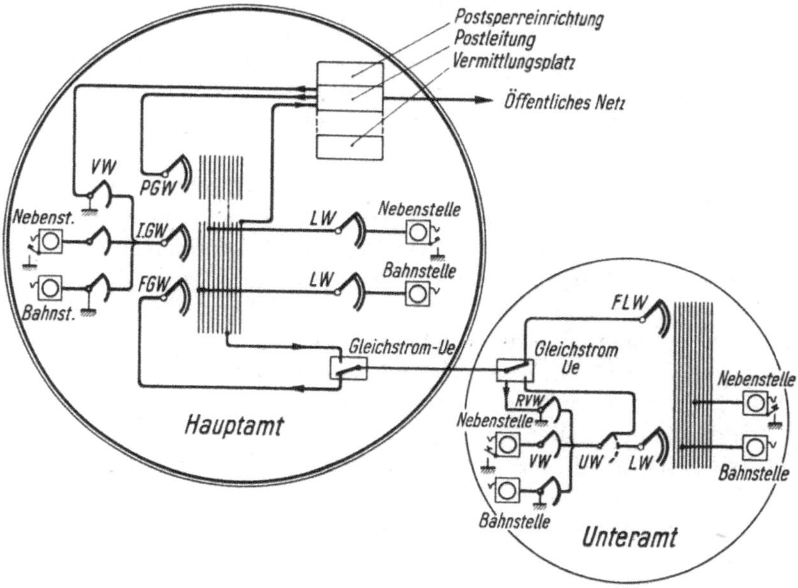

FGW, *FLW* = Ferngruppenwähler, Fernleitungswähler,
PGW = Postgruppenwähler (Verkehr aus dem öffentlichen Netz),
RVW = Rückfragevorwähler.

Abb. 96. Verkehr von Haupt- und Unteramt mit dem öffentlichen Netz.

Postsperreinrichtung in dem betreffenden Hauptamt vorgenommen. Durch diese wird die Nummernwahl der Vermittlungsperson beim Weiterleiten von Amtsverbindungen überprüft. Die Postsperreinrichtung enthält ein aus Relais und Wählern bestehendes Mitlaufwerk und veranlaßt je nach Berechtigung der gewählten Stelle das Durchschalten oder Auslösen der Verbindung.

Die Postsperreinrichtung ist eins der Beispiele für das Bestreben, den Aufwand auch für die verwickeltsten Schalteinrichtungen weitgehend herabzudrücken und dadurch stets wirtschaftlich zu bleiben; auf sie soll daher hier etwas ausführlicher eingegangen werden.

Im allgemeinen werden die Sprechstellen des Unteramtes derart in Gruppen eingeteilt werden können, daß Bahn- und Nebenstellen nicht in der gleichen Dekade liegen. Dadurch kann die Abzählung durch die Postsperreinrichtung auf eine geringere Stellenzahl als die der Teilnehmer-Rufnummern beschränkt werden. Zu diesem Rufnummernrest kommen außerdem eine oder zwei Ziffern der verdeckten oder offenen Kennzahl des Unteramtes. Es besteht daher vielfach die Notwendigkeit, von der Postsperreinrichtung dreistellige Zahlen, d. h. etwa 1000 verschiedene Nummern, auf Berechtigung oder Nichtberechtigung untersuchen zu lassen. Das würde bedeuten, daß an der letzten Wählerstufe des Mitlaufwerkes 1000 verschiedene Punkte vorzusehen sind. Diese müßten je nach Berechtigung der Nummern an die Relaisanordnung für „Trennung" oder an die für „Durchschaltung" angeschlossen werden. Eine derartige Bauart würde aber einen sehr hohen Aufwand an Wählern erfordern.

Der Aufwand der Einrichtung konnte durch mehrfache Verwendung des gleichen Drehwählers herabgesetzt werden. In jeder der Anlagen werden bestimmte Dekaden von vornherein für die Amtsberechtigung bzw. Nichtamtsberechtigung bestimmt sein (in Abb. 97 z. B. die amtsberechtigte Dekade 3 und die nicht amtsberechtigten Dekaden 8, 9 und 0). Die übrigen zu überwachenden Dekaden werden zu je zwei zusammengefaßt. Die Unterscheidung innerhalb jeder dieser „Zweiergruppen" (z. B. 1. oder 2. Hundert, 4. oder 5. Hundert) wird durch mehrfache Benutzung eines Drehwählers erreicht.

Die erste Ziffer der dreistelligen Nummern wird von dem 10teiligen Drehwähler mit den Armen d_1, d_2 und d_3 verarbeitet. Die letzten beiden Ziffern stellen einen Hebdrehwähler mit den Armen h_1, h_2 und h_3 ein. Wie die Verdrahtung in der Darstellung zeigt, werden von jedem dieser Arme zwei Hundertergruppen geprüft. Die Betriebsweise soll an den beiden Nummern 723 und 623 gezeigt werden.

Bei Wahl einer dieser beiden Nummern wird der Drehwähler auf den 6. oder 7. Schritt, der Hebdrehwähler auf den Kontakt 23 eingestellt. Dafür können vier Möglichkeiten bestehen:

1. 723 ist amtsberechtigt,
   623 ist amtsberechtigt.
2. 723 ist amtsberechtigt,
   623 ist nicht amtsberechtigt.
3. 723 ist nicht amtsberechtigt,
   623 ist amtsberechtigt.
4. 723 ist nicht amtsberechtigt,
   623 ist nicht amtsberechtigt.

Zu 1. Der Kontakt 23 des Hebdrehwählers (Arm h_3, da 6. bzw. 7. Hundert hier in Betracht kommt), führt unmittelbar zum Relais „Verbindung durchschalten!".

Zu 2. Der Kontakt 23 wird mit dem Arm d_3 des Drehwählers verbunden. Entsprechend der Wahl von 723 oder 623 steht der Drehwähler auf dem 7. oder 6. Schritt. Ist die amtsberechtigte Nummer 723 gewählt worden, dann wird über den Kontakt 7 des Armes d_3 das Relais „Verbindung durchschalten!" erregt. Ist dagegen die nicht amtsberechtigte Nummer 623 gezogen worden, so wird über den Kontakt 6 von d_3 das Relais „Verbindung trennen!" angeschaltet.

Zu 3. Der Kontakt 23 ist mit dem Arm d_2 des Drehwählers verbunden. Dort sind die einzelnen Schritte umgekehrt wie für d_3 verdrahtet,

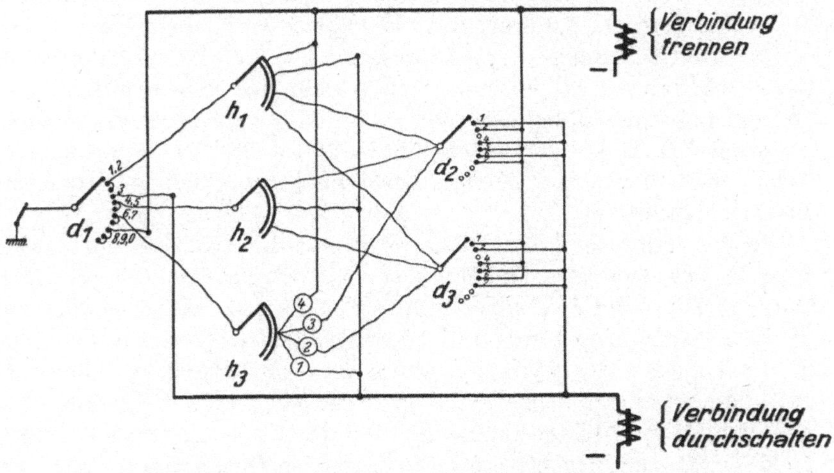

$d_1 \ldots d_3$ = Arme eines 10teiligen Drehwählers, $h_1 \ldots h_3$ = Arme eines 100teiligen Hebdrehwählers, ① … ④ = behandelte Beispiele.

Abb. 97. Grundsätzliche Darstellung einer Postsperreinrichtung.

so daß hier Kontakt 7 „Trennen" und Kontakt 6 „Durchschalten" bedeutet.

Zu 4. Der Kontakt 23 ist unmittelbar zum Relais „Verbindung trennen!" geführt.

Aus der Verdrahtung in Abb. 97 geht weiter hervor, daß der Kontakt 3 des Armes d_1 sofort das Durchschaltezeichen gibt, während die Schritte 8, 9 und 0 immer die Sperrung veranlassen würden. Es sind dies die Nummern, die hier, wie bereits erwähnt, von vornherein als in ihrer Amtsberechtigung festgelegt angenommen sind. Die Ziffern 8 und 9 z. B. sind in diesen Ausführungen die Verkehrausscheidungsziffern für den Netzgruppen- bzw. Großnetzverkehr; die Ziffer 0 ist die Kennzahl für den Amtsverkehr und ist ebenfalls gesperrt, da eine Verbindung Amtsteilnehmer—Bahnfernsprechanlage—Amtsteilnehmer nicht in Betracht kommt.

In dem Bestreben, den Verkehr völlig selbsttätig abzuwickeln, sind Einrichtungen entwickelt worden, die auch im ankommenden Verkehr vom öffentlichen Netz den Verbindungsaufbau ohne Zuhilfenahme einer Vermittlung gestatten. Bei diesem sog. SANA-Verkehr (Selbst-Anschluß-Nebenstellen-Anlagen) erscheint beim Verbindungsaufbau nur dann ein Anruf an der Vermittlung, wenn die Verbindung vom anrufenden Amtsteilnehmer lediglich bis zum Eintreffen in der Nebenstellenanlage aufgebaut, d. h. nur die Anrufnummer der Nebenstellenanlage gewählt wurde. Wird jedoch anschließend daran vom Amtsteilnehmer auch die gewünschte Sprechstelle innerhalb der Anlage gewählt, so erscheint an der Vermittlung kein Anruf, und die gesamte Verbindung ist ohne Mitwirken einer Bedienungsperson hergestellt. Der SANA-Verkehr erfordert, abgesehen von den hierfür entwickelten Ue in den Nebenstellenanlagen, naturgemäß auch in den öffentlichen Wählämtern besondere Schalteinrichtungen (z. B. GW mit Ue, LW mit Durchwahl). Ein derartiger Verkehr kann daher nur im Einvernehmen mit der zuständigen Verwaltung eingerichtet werden.

In den weitaus meisten Fällen führt man diese selbsttätige Abwicklung des ankommenden Verkehrs schon aus betrieblichen Gründen nicht durch, sondern der ankommende Anruf erscheint zunächst bei der Vermittlung (Abfragestelle) und bringt dort die Anruflampe zum Aufleuchten. Durch Umlegen des Abfrageschalters der Amtsleitung, die durch die Anruflampe gekennzeichnet ist, werden die gemeinsamen Einrichtungen des Platzes, wie Abfrageeinrichtung, Wähl-, Warte-, Aufschalte-, Rückmelde-, Ruf- und Flackertaste der betreffenden Leitung zugeordnet. Um ein unzulässiges Verbinden von zwei Leitungen zu verhindern, wird beim Umlegen zweier Abfrageschalter ein nicht abschaltbarer Alarm veranlaßt.

Bevor von der Vermittlungsperson nach dem Abfragen die gewünschte Verbindung weiter aufgebaut werden kann, muß die Wähltaste gedrückt werden, durch die ein der Amts- (Post-) Ue fest zugeordneter GW (LW) belegt wird. Nachdem die gewünschte Nebenstelle gewählt ist, setzt der selbsttätige Ruf ein. Die Verbindung zwischen der Nebenstelle und dem anrufenden Amtsteilnehmer wird durch Zurücklegen des Abfrageschalters hergestellt. Meldet sich der angerufene Teilnehmer innerhalb von etwa 40 s nicht, so fällt die von der Vermittlungsperson aufgebaute Verbindung, also der Teil innerhalb der Bahnanlage, zusammen; der Anruf erscheint erneut bei der Vermittlung („Wiederanruf"). Dem Amtsteilnehmer wird hierdurch Gelegenheit gegeben, sich mit einer anderen Stelle der Anlage verbinden zu lassen. Beim Melden des angerufenen Teilnehmers wird diese „40-s-Trennung" durch den Meldestromstoß ausgeschaltet, der vom LW rückwärts zur Amts-Ue gegeben wird. Nach Gesprächsschluß löst die Verbindung selbsttätig beim Auflegen des Nebenstellen-Teilnehmers aus.

Ist die gewünschte Nebenstelle besetzt, so erhält die Vermittlung nach Aufbau der Verbindung das Besetztzeichen und kann dies unter Benutzung der Rückmeldetaste dem Amtsteilnehmer mitteilen. Wünscht der Teilnehmer das Freiwerden der Nebenstelle abzuwarten, so schaltet die Vermittlungsperson die Amtsverbindung durch Drücken der gemeinsamen Wartetaste auf „Warten". Dieser Zustand wird durch Flackern der Belegtlampe gekennzeichnet. Der Verbindungsweg innerhalb der Anlage bis zur besetzten Nebenstelle wird beim Drücken der Wartetaste ausgelöst, damit während der Wartezeit keine Wähler unnötig belegt bleiben.

Anstatt den Teilnehmer auf „Warten" zu legen, kann sich die Vermittlungsperson in besonders dringenden Fällen auf die besetzte Nebenstelle aufschalten, um sie von dem vorliegenden Amtsanruf zu unterrichten. Während dieser Aufschaltung erhalten die beiden Teilnehmer des bestehenden Gespräches ein Tickerzeichen, das ihnen das Eintreten und das Mithören der Vermittlungsperson anzeigt; der Amtsteilnehmer jedoch ist abgeschaltet und kann die Meldung nicht mithören. Hängt der gewünschte Teilnehmer ein, so wird die bestehende Verbindung ausgelöst und die ankommende Amtsverbindung sofort zur Nebenstelle durchgeschaltet.

Jede Nebenstelle kann sowohl bei einer ankommend als auch abgehend aufgebauten Amtsverbindung Rückfrage halten, d. h. nach kurzem Drücken der Taste am Fernsprecher (Abb. 98) kann eine andere Sprechstelle gewählt werden. Beim Tastendruck wird im Fernsprecher Erde an die Teilnehmerschleife gelegt, wodurch in der Amts-Ue die Umschaltung auf Rückfrage vorgenommen wird. Dies geschieht im abgehenden Verkehr durch unmittelbare Beeinflussung eines Differenzrelais der Amts-Ue, da der Nebenstellenteilnehmer in diesem Falle über VW und GW (LW) dorthin durchgeschaltet ist. Im ankommenden Verkehr wird ein Differenzrelais des LW erregt, wodurch das Kennzeichen die aufgebaute Verbindung rückwärts bis zur Amts-Ue durchläuft (vgl. S. 55). Die Amts-Ue schaltet einen VW (Rückfrage-Vorwähler, RVW) an, mit dem jede Amtsleitung zusätzlich ausgerüstet ist (Simplex-Rückfrage). Die gewünschte Sprechstelle wird danach im ankommenden Amtsverkehr durch Rückwahl über den LW (vgl. S. 55), im abgehenden Amtsverkehr durch normale Wahl gewählt. Die Amtsverbindung hält sich währenddessen über eine Brücke; der Amtsteilnehmer kann das in Rückfrage gehaltene Gespräch nicht mithören. Nach Beendigung der Rückfrage genügt ein erneuter Tastendruck, um die Rückumsteuerung auf die Amtsverbindung zu veranlassen und die Rückfrageverbindung auszulösen.

Im ankommenden Amtsverkehr kann die Nebenstelle die Amtsverbindung auf einen anderen Teilnehmer umlegen lassen. Der Nebenstellenteilnehmer „flackert" zu diesem Zweck durch beliebiges Ablaufenlassen seines Nummernschalters zur Vermittlung, wo zusätzlich zur Belegtlampe die Anruflampe wieder erscheint. Die Vermittlungsperson

Abb. 98. Wandfernsprecher aus Preßstoff mit Leerlauf-Nummernschalter und Erdungstaste.

wird dadurch zum Eintreten in die Verbindung veranlaßt, wobei die Sprechadern zum Amtsteilnehmer aufgetrennt werden. Diese Auftrennung findet bei jedem Eintritt der Vermittlungsperson in ein bestehendes

Gespräch statt, gleichgültig ob es ankommend oder abgehend aufgebaut ist. Die Vermittlung ist dann mit dem Nebenstellenteilnehmer verbunden und kann sich nur durch Drücken der Rückmeldetaste mit dem Teilnehmer des öffentlichen Netzes verständigen. Durch Drücken der Wähltaste, die in diesem Fall als Teilauslösetaste arbeitet, wird der Innenteil der bestehenden Verbindung ausgelöst, sofern nicht durch Auflegen von der Nebenstelle aus schon vorher die Rückauslösung für diesen Teilabschnitt eingetreten ist. Ein erneutes Drücken der Wähltaste gestattet der Vermittlungsperson, in der vorher geschilderten Form eine Verbindung zu einem anderen Teilnehmer aufzubauen. Die Wähltaste arbeitet also als „Doppelbetriebstaste" und stellt entweder einen Wähler für die Wahl bereit oder veranlaßt die Teilauslösung einer aufgebauten Verbindung. Über die Möglichkeit einer selbsttätigen Umlegung, also ohne Mitwirkung der Vermittlungsperson, vgl. S. 142.

Abgehende Amtsverbindungen werden von voll amtsberechtigten Nebenstellen selbst aufgebaut. Der Teilnehmer hat zu diesem Zweck zuerst die betreffende Kennzahl (z. B. „0") zu wählen und belegt dadurch die Amts-Ue mit der Amtsleitung zum öffentlichen Amt. Die nachfolgende Stromstoßgabe wird in der Amts-Ue umgesetzt. Durch eine Sperreinrichtung, die entweder in die Schaltung der Amts-Ue eingearbeitet oder auf einer besonderen Schiene angeordnet ist, kann verhindert werden, daß Verbindungen mit höheren Gebühren, z. B. im Fern-, Netzgruppen- oder Schnellverkehr, vom Teilnehmer selbst hergestellt werden. Für diesen Verkehr ist dann eine Anmeldung bei der Vermittlung erforderlich, von der die gewünschte Verbindung für den Teilnehmer aufgebaut wird.

Die Vermittlungsperson kann ferner bestellte Amtsverbindungen herstellen. Sie wählt zu diesem Zweck nacheinander unter Benutzung des Amts(Post-)schalters in das öffentliche Netz und nach Drücken der Wähltaste in die eigene Anlage. Auf ähnliche Weise können auch die abgehenden Amtsverbindungen halb amtsberechtigter Nebenstellen vermittelt werden.

Die jeder Amtsleitung zugeordnete Trenntaste ermöglicht ein zwangsweises Trennen der Amtsverbindung. Für den Verkehr nach öffentlichen Handämtern ist zum Anruf eine Flackertaste vorgesehen.

Die bisherigen Angaben über die Betriebsabwicklung beziehen sich auf den Verkehr während der üblichen Dienststunden. Wichtige Bedingungen ergeben sich aber für die Nebenstellentechnik aus der Forderung, nachts oder zu anderen verkehrsschwachen Zeiten ohne Vermittlungspersonen in der Abfragestelle auszukommen. In Bahn-Fernsprechanlagen ist vielfach ein 24-Stunden-Dienst vorgesehen, so daß in betriebsschwachen Zeiten lediglich eine Verringerung des Bedienungspersonals vorgenommen wird. Für diese Fälle ist die bereits erwähnte Konzentrationsschaltung entwickelt. In anderen Fernsprechnetzen oder in kleineren Bahnanlagen sind jedoch die Abfragestellen nachts nicht besetzt, so daß Vorkehrungen getroffen werden müssen (Nachtschaltung), um eintreffende Anrufe zu erledigen[1]. Eine besondere Ausführung der Amts-Ue gestattet es, die betreffende Amtsleitung durch Umlegen des Nachtschalters einer bestimmten Nebenstelle fest zuzuordnen (Einzel-Nachtschaltung). Eintreffende Anrufe gelangen also unmittelbar zu diesen Teilnehmern und können von diesen entweder selbst erledigt oder auf andere Nebenstellen umgelegt werden. Diese „selbsttätige Umlegung" wickelt sich also, entgegen der weiter oben beschriebenen Möglichkeit, ohne irgendeine Hilfe einer Vermittlungsperson ab. Zu diesem Zweck wird der gewünschte Teilnehmer in Rückfrage angerufen und übernimmt das Gespräch seinerseits durch Drücken der Erdungstaste an seinem Fernsprecher. Auf die gleiche Weise können weitere Umlegungen durchgeführt werden. Sind beispielsweise in kleineren Anlagen sämtliche Amtsleitungen mit Amts-Ue für Nachtschaltung ausgerüstet, so kann das Umlegen von Amtsgesprächen auch während der normalen Betriebszeit nach Belieben durch die Vermittlung oder selbsttätig durch den Teilnehmer stattfinden.

In größeren Anlagen mit mehreren Vermittlungsplätzen ist es nicht immer möglich, die ankommenden Amtsanrufe gleichmäßig auf die einzelnen Plätze zu verteilen. Um in diesem Falle längere Wartezeiten zu vermeiden, können die ankommenden Amtsanrufe mit Hilfe einer Zusatzeinrichtung gleichzeitig auf zwei Plätze geleitet und von der zuerst frei gewordenen Vermittlungsperson abgefragt werden (Parallelschaltung).

Neben der Amts-Ue für doppeltgerichteten Verkehr gibt es auch eine Ausführung nur für abgehenden Verkehr, deren Aufwand entsprechend geringer ist. Dadurch können in größeren Anlagen, in denen eine derartige Aufteilung der Verkehrsrichtungen zweckmäßig ist, wesentliche Ersparnisse erzielt werden.

3. Verkehr über halbselbsttätige Fernleitungen und über OB-Gesellschaftsleitungen.

Halbselbsttätige Fernleitungen sind Verbindungsleitungen von einer Wählanlage nach Handvermittlungen oder auch nach anderen Wählanlagen, wenn über sie keine Fernwahl abgewickelt wird. Diese Art von Leitungen wird mit „halbselbsttätig" bezeichnet, da nur der abgehende Verkehr der betreffenden Wählanlage dort keiner Vermittlung bedarf, während ankommende Verbindungen abgefragt und weitervermittelt werden müssen.

OB-Gesellschaftsleitungen, auch „Bezirksleitungen" genannt, sind Doppelleitungen, deren Sprechstellen mit OB-Fernsprechern mit Kurbelinduktor ausgerüstet und parallel an die Leitung angeschaltet sind (vgl.

[1] Nicht zu verwechseln mit der sog. „Nachtvermittlung"; vgl. S. 149.

Abschnitt XIII). Zum Anruf einer anderen Sprechstelle oder des Vermittlungsplatzes werden auf diesen Leitungen Morsezeichen abgegeben. Damit diese an der Vermittlung nicht störend in Erscheinung treten, können sog. „Rufausscheider" (vgl. S. 171) vorgesehen werden, die nur auf die für die Vermittlung bestimmten Morsezeichen hin den Anruf veranlassen.

Beiden Leitungsarten ist also gemeinsam, daß der ankommende Verkehr vermittelt werden muß. Abgehend wird die betreffende Leitung angewählt, worauf sich bei Fernleitungen die ferne Vermittlung meldet, während bei OB-Gesellschaftsleitungen zusätzlich das Morsezeichen der gewünschten Sprechstelle gegeben werden muß. Zu diesem Zweck hat der anrufende Teilnehmer durch verschieden langen Ablauf seines Nummernschalters Striche (Wahl der Ziffer 9) und Punkte (Wahl der Ziffer 2) zu morsen. Die Umsetzung der Stromstoßreihen in Morsezeichen findet in der Anschlußübertragung der OB-Gesellschaftsleitung statt. Der Belegtzustand wird durch eine Belegtlampe gekennzeichnet. Daneben gibt es auch eine Ausführung der Anschlußübertragung für OB-Gesellschaftsleitungen, bei der durch Anwahl der OB-Gesellschaftsleitung ein Anruf bei dem betreffenden Vermittlungsplatz veranlaßt wird; in diesem Falle muß die Vermittlung die Morsezeichen abgeben.

Beim Eintreffen eines von der Leitung kommenden Rufes leuchtet die Anruflampe auf und veranlaßt die Vermittlungsperson abzufragen. Die Verbindung zu dem gewünschten Teilnehmer der Wählanlage wird in ähnlicher Weise hergestellt, wie es bei dem Verkehr mit dem öffentlichen Netz bereits geschildert wurde. Auch hier erfolgt selbsttätig Teilauslösung und Wiederanruf am Vermittlungsplatz, wenn sich die gerufene Sprechstelle nicht innerhalb von ungefähr 40 s meldet. Rückfrage-, Warte- und Umlegemöglichkeit sind jedoch nicht vorgesehen. Eine Sonderausführung der Anschlußübertragung gestattet es dem Angerufenen, zur Vermittlung zu „flackern", um ebenso wie bei ankommenden Amtsgesprächen die Verbindung umlegen zu lassen.

Tritt die Vermittlungsperson in eine bestehende Verbindung ein, so werden die Sprechadern im Gegensatz zu der Ue für den Verkehr mit dem öffentlichen Netz nicht aufgetrennt, die beiden Teilnehmer bleiben vielmehr verbunden, und das Einschalten der Vermittlungsperson wird ihnen durch ein Tickerzeichen kenntlich gemacht. An Stelle eines fest zugeordneten GW für den ankommenden Verkehr, der bei den Ue für Leitungen aus dem öffentlichen Netz verwendet wird, sind die Ue für halbselbsttätige Fern- und OB-Gesellschaftsleitungen an VW angeschlossen (vgl. Abb. 95).

Der Anruf von einer Fern- oder OB-Gesellschaftsleitung aus zum Vermittlungsplatz ist auch bei belegter Leitung möglich. Dadurch können z. B. Unfallmeldungen jederzeit abgesetzt werden. Bei OB-Gesellschaftsleitungen, an die ein Rufausscheider angeschlossen ist, wird der Unfallruf durch das Aufleuchten einer Unfallampe besonders gekennzeichnet.

Die jeder Leitung zugeordnete Trenntaste ermöglicht im Bedarfsfall ein zwangsweises Freimachen der Leitung. Soll von dem Vermittlungsplatz aus in die Leitung gerufen werden, so kann das nach Umlegen des Abfrageschalters einer freien Leitung mittels der am Platz vorhandenen gemeinsamen Ruftaste geschehen.

Für halbselbsttätige Fernleitungen und für OB-Gesellschaftsleitungen wird eine einheitliche Ausführung der Anschlußübertragung verwendet (vgl. Abb. 103, rechts), die durch geringfügige Drahtumlegung am Anschlußverteiler für eine der beiden Betriebsarten geschaltet werden kann. Ebenso wie beim Amts- (Post-) Verkehr kommen die Anrufe auch bei dieser Verkehrsart bei Benutzung einer entsprechenden Zusatzeinrichtung gleichzeitig an zwei Vermittlungsplätzen an, so daß ein schnelles Abfragen gewährleistet ist (Parallelschaltung).

4. Auskunftsanschlüsse.

Ebenso wie in öffentlichen Netzen Auskunftsstellen vorgesehen sind, erfordert auch der Betrieb in den ausgedehnten Bahn-Fernsprechnetzen die Einrichtung ähnlicher Stellen. Je nach Art des „Auskunftsanschlusses" können diese Stellen neben der Auskunftserteilung auch weitere Aufgaben übernehmen, wie z. B. dem Teilnehmer in dringenden Fällen beim Aufbau einer Verbindung behilflich zu sein.

Obwohl nämlich für den Fernwählverkehr zahlreiche Erleichterungen geschaffen werden können, wie z. B. gleiche Rufnummern für einander entsprechende Dienststellen, können in großen Landesnetzen dennoch Unbequemlichkeiten auftreten, wenn der Teilnehmer beim Verbindungsaufbau nach entlegenen Sprechstellen stets nur auf sich allein angewiesen ist. Dies ist besonders dann der Fall, wenn es unmöglich ist, sämtliche Sprechstellen mit gültigen Teilnehmerverzeichnissen für das gesamte Gebiet eines größeren Bahnnetzes zu versorgen. Für derartig große Netze ist daher auf Wunsch der Verwaltungen zwar die Möglichkeit aber nicht der Zwang zum Fernwählen vorgesehen. Der Teilnehmer kann die Verbindung selbst herstellen und wird dies auch in den meisten Fällen tun; er kann die Weitervermittlung aber auch, falls er allein nicht weiterkommt, einer Vermittlungsperson überlassen. Zu diesem Zweck sind die oben genannten Auskunftsanschlüsse vorhanden, die in jeder Anlage gewählt und zur Unterstützung herangezogen werden können.

Will z. B. ein Teilnehmer eine Sprechstelle einer fernen Anlage erreichen, ohne daß ihm deren Anrufnummer bekannt ist, so kann er durch Wählen der Kennzahl der betreffenden Anlage die Verbindung dorthin über mehr oder weniger zahlreiche Verbindungsleitungen aufbauen und sich nach Wahl des Auskunftsanschlusses die Anrufnummer des gewünschten Teilnehmers angeben lassen.

Eine solche Verbindung kann u. U. über sehr viele Verbindungsleitungen verlaufen. Um dem Teilnehmer, nachdem er die gewünschte Anrufnummer erfahren hat, ein erneutes Aufbauen der Verbindung zu ersparen, kann von der Vermittlungsperson aus, wenn dies betrieblich erwünscht ist, über den Auskunftsanschluß weitervermittelt oder vom anrufenden Teilnehmer der fernen Anlage aus auch selbst weitergewählt werden. Zu diesem Zweck ist jedem Auskunftsanschluß ein VW fest zugeordnet, der durch die Vermittlungsperson nach dem Abfragen eines aufgelaufenen Anrufes angelassen werden kann (vgl. Abb. 95).

Wird der weitere Aufbau der Verbindung von der Vermittlungsperson übernommen, so besteht Aufschaltemöglichkeit auf besetzte Teilnehmer. Durch Teilauslösung mittels der Wähltaste kann ferner das von der Vermittlungsperson aufgebaute Teilstück jederzeit wieder ausgelöst werden; bei besetzter Sprechstelle besteht also auch die Möglichkeit, die Verbindung nach einem anderen Teilnehmer zu leiten. Die Auslösung der Verbindung über einen Auskunftsanschluß wird selbsttätig durch den zuerst auflegenden Teilnehmer veranlaßt (Auslösung bzw. Rückauslösung).

Bei Vorhandensein einer Zusatzeinrichtung können auch die Auskunftsanrufe gleichzeitig an zwei Plätzen ankommen, wie dies bereits für die vorher beschriebenen Anschlußarten angegeben wurde (Parallelschaltung).

Da die Auskunftsanschlüsse nicht nur von den Teilnehmern der eignen Anlage, sondern auch von fernen Teilnehmern gewählt werden, ist es zweckmäßig, für sie innerhalb des gesamten Netzes eine einheitliche Rufnummer festzulegen.

Um dies für die Anlagen verschiedener Größe zu ermöglichen, können die Anschlüsse sowohl an GW als auch an LW angeschlossen werden; ferner ist das Speichern von zwei Ziffern vorgesehen, um auch in kleinen Anlagen den Anruf stets erst nach Wahl der vollständigen Nummer zur Auswirkung zu bringen. Dadurch wird ein vorzeitiges Eintreten der Vermittlungsperson verhindert, das u. U. das Meldezeichen unterdrücken könnte.

Der Aufwand für den Auskunftsanschluß ohne Weitervermittlung ist naturgemäß niedriger als für den mit Weitervermittlung, so daß auch einfacheren Verhältnissen Rechnung getragen werden kann.

5. Unfallanschlüsse und Unfallverkehr.

Bei einer Verkehrsstörung bzw. einem Unfall sind Gesprächsverbindungen zwischen der Unfallstelle und bestimmten Dienststellen bzw. dem übrigen Fernsprechnetz erforderlich. Um nicht auf jeder Strecke Sonderleitungen für derartige Fälle vorsehen zu müssen, werden bestimmte Leitungen, die im allgemeinen dem vollselbsttätigen Fernverkehr dienen, im Bedarfsfall auf Unfallverkehr umgeschaltet und halbselbsttätig betrieben. Diese ,,Unfallnachrichtenleitungen'', die für diese Betriebsart von vornherein bestimmt und auf der Strecke besonders gekennzeichnet werden, sind in den Anlagen über eine *Umschalteeinrichtung für Unfallverkehr* (Abb. 99) geführt.

Die Umschalteeinrichtung hat ein nach dem Koordinatensystem aufgebautes Feld von 4 senkrechten Verbindungs- und 10 bzw. 25 waagerechten Anschlußreihen (Abb. 100). Die senkrechten Verbindungsreihen enden an Ue für halbselbsttätigen Verkehr, für die besondere ,,Unfallanschlüsse'' am Vermittlungsplatz vorgesehen sind. Über die waagerechten Anschlußreihen sind bestimmte Fernwahlleitungen, die erwähnten Unfallnachrichtenleitungen, der einzelnen Verkehrsrichtungen geführt. Durch Drehen der seitlich angeordneten Sperrtaste wird die zur Fernwahl-Ue führende Verbindung aufgetrennt, so daß die Leitung vom normalen Verkehr nicht mehr erreicht werden kann.

Abb. 99. 10teilige Umschalteeinrichtung für Unfallverkehr.

Durch Umstecken eines der oben in Leerklinken (*b* in Abb. 100) befindlichen schnurlosen Stöpsel kann eine Anschlußreihe auf eine Verbindungsreihe geschaltet werden. Die betreffende Unfallnachrichtenleitung führt dann unmittelbar nach einem Unfallanschluß der Vermittlung (Verbindung 1—2).

Soll die Unfallstelle nicht mit der nächstgelegenen Vermittlung, sondern mit der einer dahinterliegenden Anlage verbunden werden (Abb. 101), so ist die dazwischenliegende Anlage zu umgehen. Zu diesem Zweck wird die ankommende und eine weiterführende Unfallnachrichtenleitung durch Drehen der Sperrtasten gesperrt und über zwei Stöpsel auf die gleiche Verbindungsreihe geschaltet (Verbindung 3—4 in Abb. 100). Die umgangene Vermittlung wird ebenfalls durch Drehen der Sperrtaste unterhalb der betreffenden Verbindungsreihe abgetrennt.

Nach der Umschaltung wickelt sich auf den bis dahin vollselbsttätig betriebenen Fernwahlleitungen der Verkehr, abgesehen von einigen betrieblichen Maßnahmen, ähnlich ab wie auf halbselbsttätigen Fernleitungen bzw. OB - Gesellschaftsleitungen. An der Unfallstelle wird ein tragbarer OB - Fernsprecher mit Kurbelinduktor angeschlossen (vgl. Abb. 101 bzw. auch Abb. 5).

Durch Betätigen des Kurbelinduktors an der Unfallstelle wird die Anruflampe am Platz zum Aufleuchten gebracht. Die Weitervermittlung geschieht genau so, wie es schon bei dem Verkehr über halbselbsttätige Fernleitungen geschildert wurde.

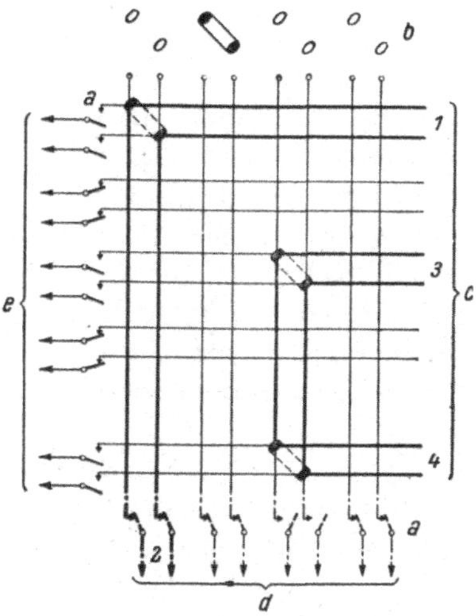

a = Sperrtasten, b = Leerklinken, c = ankommende Unfallnachrichtenleitungen, d = nach den halbselbsttätigen Übertragungen und zum Vermittlungsplatz, e = nach den Fernwahlübertragungen.

Abb. 100. Grundsätzliche Darstellung der Umschalteeinrichtung für Unfallverkehr.

In entgegengesetzter Richtung wird es im allgemeinen erwünscht sein, die Berechtigung eines Anrufes zur Unfallstelle zu prüfen. Durch geringfügige Umschaltungen in der Anschluß-Ue kann auch für diesen Verkehr die Anruflampe gebracht werden, so daß das Durchschalten des Anrufes zur Unfallstelle von der Vermittlungsperson abhängt. Dann müßte die Anrufnummer des Unfallanschlusses bekannt

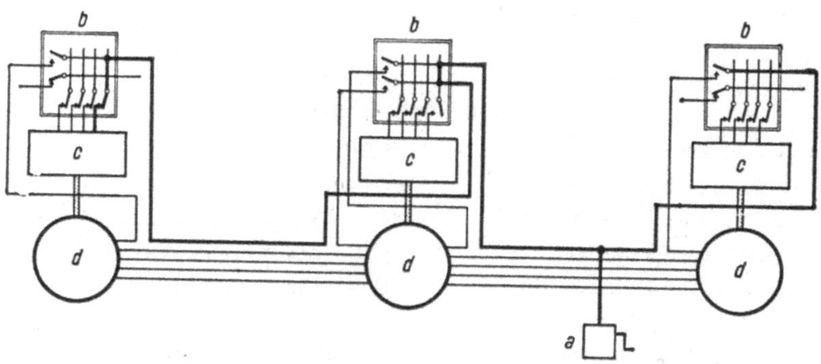

a = Unfallstelle mit OB-Fernsprecher, b = Umschalteeinrichtung, c = Vermittlungsplatz, d = Wählanlage.

Abb. 101. Unfallverkehr.

sein. Ferner könnte der Platz auch über einen Auskunftsanschluß angerufen werden, über den dann die Weitervermittlung zur Unfalleitung stattfinden würde.

Es besteht aber auch die Möglichkeit, die Auskunftsanschlüsse nur zum Anmelden des Gespräches bei der Vermittlung zu benutzen (vgl. Abb. 95). Danach baut die Vermittlungsperson vom Unfallanschluß aus die Verbindung von neuem zum Anrufenden auf, der inzwischen eingehängt haben muß. Zum Rufen der Unfallstelle dient dann die gemeinsame Ruftaste, die z. B. für die Zeichengabe über OB-Gesellschaftsleitungen an jedem Vermittlungsplatz vorgesehen ist. Diese Verkehrsabwicklung bietet gleichzeitig die Möglichkeit, die Angaben des anrufenden Teilnehmers, der ja seine Anrufnummer angeben muß, und seine Berechtigung für den Unfallverkehr zu prüfen.

In dringenden Fällen kann durch Drücken der Trenntaste, die jeder Unfalleitung zugeordnet ist, eine bestehende Verbindung zugunsten einer anderen getrennt werden.

6. Vermittlungsanschluß.

Um bestellte Verbindungen innerhalb des gesamten Bahnnetzes herstellen zu können, ist ein sog. „Vermittlungsanschluß" zum Anrufen und Verbinden zweier Teilnehmer der eigenen oder einer fremden Anlage vorgesehen.

An den Vermittlungsanschluß sind zwei VW angeschlossen (vgl. Abb. 95). Durch Umlegen des Abfrageschalters nach beiden Richtungen und jeweilige Wahl eines Teilnehmers wird die gewünschte Verbindung hergestellt und durch Zurücklegen des Schalters in die Ruhelage durchgeschaltet. Jeder Wahlvorgang wird auch hier durch Drücken der Wähltaste eingeleitet. Eine Belegtlampe kennzeichnet den Zustand des Vermittlungsanschlusses. Trennmöglichkeit ist vorgesehen. Die Verbindung wird ausgelöst, wenn einer der beiden Teilnehmer den Hörer wieder auflegt.

7. Dienstanschluß; Platzverkehr.

Für den abgehenden Verkehr der Vermittlungsperson ist ein „Dienstanschluß" am Platz vorhanden. Die Vermittlungsperson ist durch ihn in der Lage, alle Sprechstellen der eigenen Anlage oder des angeschlossenen Bahnnetzes anzuwählen. Die Anschaltung an die Wähleinrichtung findet teilnehmermäßig über einen VW statt (vgl. Abb. 95).

Darüber hinaus kann es in größeren Anlagen mit mehreren Vermittlungsplätzen zweckmäßig sein, eine Verständigungsmöglichkeit zwischen den Vermittlungspersonen nicht benachbarter Plätze zu schaffen. Eine Einheit (Feld) des Vermittlungsplatzes kann jeweils zwei Anschlüsse für einen derartigen „Platzverkehr" aufnehmen. Der Kippschalter wird dabei nach beiden Seiten hin ausgenutzt; zum Anrufen ist die Ruftaste zu drücken. Die Ausführung dieses „Platzverkehrsanschlusses" wird auch für den Verkehr mit dem „Aufsichtsfernsprecher" verwendet (vgl. S. 155).

8. Hinweisanschlüsse.

Um die Anrufe bei Teilnehmern zu erfassen, die vorübergehend abwesend oder deren Rufnummern geändert worden sind, werden die betreffenden Teilnehmerleitungen am Hauptverteiler der Anlage abgesteckt und auf die hierfür vorgesehenen Hinweisanschlüsse der Vermittlung geschaltet. Zu diesem Zweck enden die Leitungen, die vom Verteiler nach den Hinweisanschlüssen führen, an besonderen Stöpseln (vgl. Abb. 95). Bei der Umschaltung werden diese Stöpsel am Hauptverteiler auf die betreffenden Teilnehmeranschlüsse gesteckt, wobei gleichzeitig die zu den Teilnehmern führenden Leitungen abgetrennt werden.

Alle Anrufe für derartige auf „Hinweis" geschaltete Sprechstellen kommen bei der Vermittlung an und können dort nach Umlegen des Abfrageschalters entsprechend beantwortet werden.

Zwei Hinweisanschlüsse beanspruchen nur den Platz einer der Einheiten, mit denen der halbselbsttätige Vermittlungsplatz ausgebaut werden kann.

9. Nachtvermittlung.

Um bestimmte Teilnehmer nachts dienstlich in ihrer Wohnung erreichen, gleichzeitig aber auch eine Störung durch nicht wichtige Anrufe verhindern zu können, sind die Teilnehmerleitungen nach den betreffenden Sprechstellen über besondere Anschlüsse des Vermittlungsplatzes geführt (vgl. Abb. 95). Jedes der für diese Sprechstellen ankommenden Gespräche kann dort, sofern die „Nachtvermittlung" durch Umlegen eines Schalters in Betrieb genommen ist, vorerst von der Vermittlungsperson auf Dringlichkeit hin geprüft und danach vermittelt oder abgelehnt werden[1].

Während der abgehende Verkehr vollselbsttätig in der üblichen Form abgewickelt wird, laufen ankommende Verbindungen nach Umlegen des Schalters am Vermittlungsplatz auf und bringen die Anruflampe zum Leuchten. Die Vermittlungsperson wird dadurch zum Eintreten veranlaßt und übernimmt nach Vorschrift die Erledigung der ankommenden Anrufe. Bestehende Gespräche werden bei Umlegen dieses „Nachtschalters" und des Abfrageschalters nicht beeinflußt, so daß es der Vermittlungsperson nicht möglich ist, sich in Gespräche einzuschalten. Eine Belegtlampe, die sowohl vom abgehenden als auch vom ankommenden Verkehr gesteuert wird, kennzeichnet den Besetztzustand des Teilnehmeranschlusses.

10. Überwachung von Fernwahlleitungen.

Eine wichtige Aufgabe der Vermittlung ist ferner die Überwachung vollselbsttätig betriebener Leitungen. Die ausgedehnten Bahnnetze und die Eigenart dieses Betriebes erfordern es, daß dringende Anrufe im Be-

[1] „Nachtvermittlung" ist eine für diesen Verkehr im Bahn-Fernsprechbetrieb

darfsfall auch bei Besetztsein aller Leitungen eines Bündels herzustellen sind. Aus diesem Grunde werden auch die Fernwahlleitungen einer gewissen Überwachung unterworfen. Um die Vermittlungsperson möglichst wenig zu belasten und mit Rücksicht auf größtmögliche Wirtschaftlichkeit ist man bestrebt, die Überwachung einer solchen Leitung mit geringen Mitteln durchzuführen. Eine Lampe kennzeichnet die Belegung der Leitung. Durch Umlegen eines Abfrageschalters kann die Vermitt-

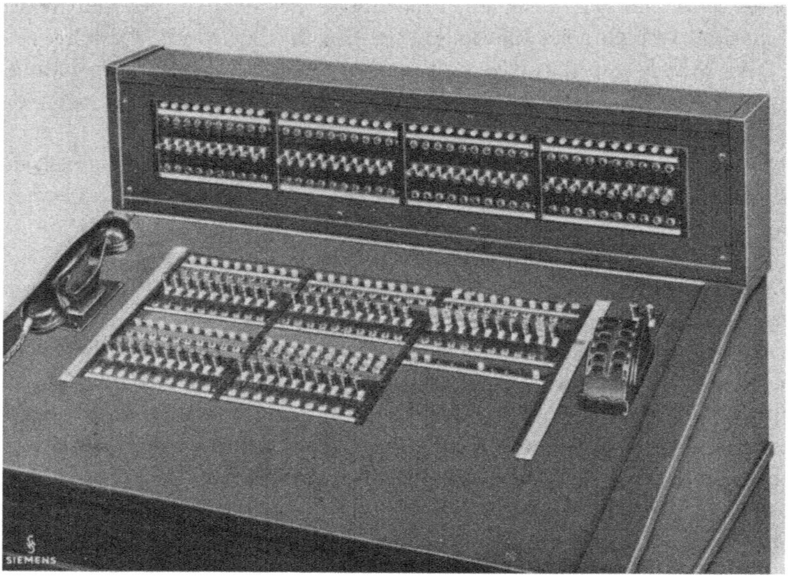

Abb. 102. Halbselbsttätige Vermittlung mit 40teiligem Aufsatz für 80 Überwachungen.

lungsperson in eine bestehende Verbindung eintreten, sich von der Wichtigkeit des Gespräches überzeugen und die Verbindungsleitung gegebenenfalls mit Hilfe einer zugeordneten Trenntaste für ein dringenderes Gespräch frei machen. Ein Tickerzeichen zeigt den sprechenden Teilnehmern das Eintreten der Vermittlungsperson an. Mittels dieses einfachen Zusatzes kann durch zweckmäßige Ausnutzung des Auskunftsanschlusses jederzeit eine eilige Sofortverbindung unabhängig vom Zustand der Leitung, allerdings nur mit Hilfe einer oder mehrerer Vermittlungspersonen, über beliebig viele Anlagen hinweg aufgebaut werden. Je zwei derartige Einrichtungen entsprechen einer der erwähnten Einheiten, mit denen der Vermittlungsplatz ausgebaut werden kann.

---

besonders benutzte Bezeichnung und nicht zu verwechseln mit „Nachtschaltung" bzw. der Reichspostbezeichnung „Nachtvermittlung"; vgl. S. 142.

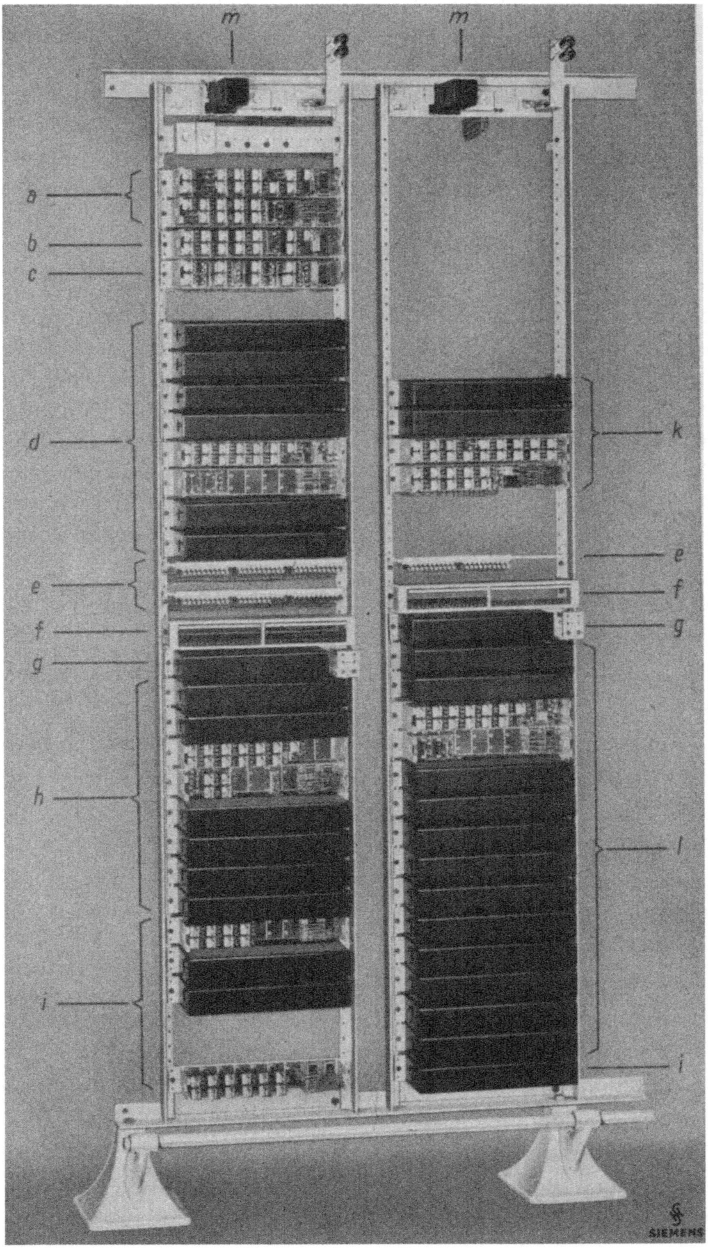

Abb. 103. Gestellrahmen mit Relaiseinrichtungen für halbselbsttätige Vermittlungen.

In Anlagen, in denen viele Fernwahlleitungen enden, wird im allgemeinen auch die Zahl der Überwachungseinrichtungen verhältnismäßig groß sein, selbst wenn jede Richtung nur mit einigen Überwachungen ausgerüstet ist. Diese Überwachungen werden dann in einem 40teiligen Aufsatz zusammengefaßt, in dem 80 Überwachungen untergebracht werden können (Abb. 102). Eine wesentliche Mehrbelastung der Vermittlungsperson ist mit der Vergrößerung des Abfragefeldes nicht verbunden.

11. Einbau des Relaisteils.

Die Relaiseinrichtungen für die verschiedenen Anschlüsse und Leitungen der halbselbsttätigen Vermittlung werden, wie schon erwähnt, in ein- oder mehrteiligen Rahmen bzw. auf Schienen angeordnet. Mehrere dieser Einheiten werden in Gestellrahmen normaler Abmessungen zusammengefaßt. Abb. 103 zeigt zwei derartige Gestellrahmen, die etwa dem Ausbau einer mittleren Anlage entsprechen. Im linken Gestell sind u. a. die Relaiseinrichtungen untergebracht, die zum Normalausbau einer Vermittlung gehören. In weiteren Gestellen werden die Einrichtungen zusammengefaßt, die die Leitungszahl und -art der betreffenden Anlage erfordern.

In dem abgebildeten Beispiel (Abb. 103) sind im einzelnen folgende Rahmen bzw. Schienen eingebaut:

a = 1 Rahmen mit 2 Schienen für den Relaisteil der Platzeinrichtungen.

b = 1 Relaisschiene für den Vermittlungs- und den Dienstanschluß.

c = 1 Relaisschiene für 4 Hinweisanschlüsse (der darunter befindliche Raum ist für den Nachbau von weiteren 4 Hinweisanschlüssen frei gelassen).

d = 4 Rahmen mit je 2 Relaisschienen für die Umstellung von Fernwahlleitungen auf halbselbsttätigen Betrieb (z. B. für den Unfallverkehr).

e = Sicherungsschienen mit Einzelsicherungen.

f = Zusatzapparaterahmen mit Tasten- und Klinkenstreifen für Sperrtasten und Prüfklinken sowie Bezeichnungsstreifen.

g = Signalschiene mit Sperrelais, Sperrlampen usw. Die Sperrelais übernehmen beim Belegen einer Einrichtung über deren Prüfklinke die Sperrung für den Fernsprechverkehr.

h = 4 Rahmen mit je 2 Relaisschienen für 4 Auskunftsanschlüsse.

i = Überwachungen für Fernwahlleitungen.

k = 2 Anschlußübertragungen (2 Rahmen mit je 2 Relaisschienen) für den Verkehr mit dem öffentlichen Netz (Amts-, Postverkehr).

l = 7 Rahmen mit je 2 Relaisschienen für 7 halbselbsttätige Fern- oder OB-Gesellschaftsleitungen.

m = Sicherungsalarmrelais. Auf der gleichen Schiene bzw. darunter befinden sich Hauptsicherungen, Erdklemme, Verteiler und Lampenwinkel.

XII. Zusatz- und Sondereinrichtungen.

Neben den bisher behandelten Einrichtungen und Anordnungen — Wähler, Schaltmittel für den Fernwählverkehr und Einrichtungen zur Abwicklung des halbselbsttätigen Betriebes — können die Fernsprechanlagen mit den verschiedenartigsten Zusatzeinrichtungen ausgestattet sein. Mit ihnen werden zusätzlich Eigenheiten eines bestimmten Verkehrs erfüllt oder besonderen Verhältnissen an einzelnen Sprechstellen Rechnung getragen; andere dienen der erhöhten Bequemlichkeit des Teilnehmers.

Je nach Bedeutung und Einsatz dieser Zusatzeinrichtungen, ob sie z. B. der Allgemeinheit oder nur einzelnen Teilnehmern zur Verfügung stehen, sind sie in der Fernsprechanlage selbst oder bei den Sprechstellen, oft auch auf beide Stellen aufgeteilt, untergebracht.

Ein Teil dieser Einrichtungen, denen im Zusammenhang mit den hier behandelten Anlagen besondere Bedeutung zukommt, soll nachstehend kurz beschrieben werden.

1. Entstörungsstelle.

Zur Meldung von Störungen an den Sprechstellen, Leitungen usw. wird in jeder Anlage eine sog. „Entstörungsstelle“, auch „Störungsstelle“ oder „Störbeseitigungsstelle“ genannt, eingerichtet. Sie kann von jeder Sprechstelle aus, auch von denen ferner Anlagen, unter einer bestimmten Rufnummer erreicht werden; diese Rufnummer wird zweckmäßig für alle Anlagen des gesamten Netzes vereinheitlicht.

Der Entstörungsstelle werden bis drei Leitungen zugeordnet. Da sich das Pflegepersonal im Wählersaal, Prüfraum, Batterieraum usw. aufhalten kann, ist die Aufstellung mehrerer Fernsprecher vorteilhaft, zu denen jeweils alle drei Leitungen führen. Um den Gesamtaufwand möglichst gering zu halten, wurde die Zahl der Fernsprecher auf drei beschränkt. Das Entstörungspersonal kann sich von jedem dieser Fernsprecher an jede der drei Leitungen anschalten. Darüber hinaus wird bei Bedarf als vierte Stelle ein Anschluß in der halbselbsttätigen Vermittlung vorgesehen. Dort wird der Anruf jedoch verzögert gebracht, damit sich die Vermittlung nur einschaltet, wenn sich die Entstörungsstelle selbst nicht meldet.

In den drei Fernsprechern (Abb. 104) sind jeder Leitung neben Abfrage- und Haltehebel eine Anruflampe und eine Besetztlampe zugeordnet. Es kann also überall sofort erkannt werden, daß ein neuer Anruf vorliegt und ob er schon von einer anderen Stelle aus entgegengenommen wird.

Mit Rücksicht auf die verschiedenen Bedingungen, die die Entstörungsstelle erfüllen muß, ist der Anschluß an die LW (bzw. GW) nicht teil-

Abb. 104. Fernsprecher für die Entstörungsstelle.

nehmermäßig, sondern über besondere Anschlußübertragungen vorgenommen worden. Außerdem ist jeder Leitung ein VW zugeordnet, über den die abgehenden Verbindungen hergestellt werden.

Um in einem Netz die Nummer der Entstörungsstelle einheitlich festlegen zu können, wird die Entstörungsstelle abhängig von der Größe der Anlage wahlweise an GW oder LW angeschlossen. Dabei läßt es sich mitunter nicht verhindern, daß sie in kleinen Anlagen schon mit einer geringeren Anzahl von Ziffern erreicht wird, als den allgemein festgelegten Anrufnummern entspricht. Um Unzuträglichkeiten durch vorzeitiges Eintreten des Entstörungspersonals zu vermeiden, und vor allem zur Sicherstellung des Teilnehmer-Meldestromstoßes, ertönt der Anruf bei der Entstörungsstelle immer erst dann, wenn die Wahl der vollständigen Rufnummer beendet ist. Für Fälle, in denen die Belegung schon früher stattfindet, ist eine Speicherung bis zu zwei Ziffern vorgesehen.

Trifft auf einer Leitung ein Anruf ein, während vom gleichen Fernsprecher aus noch auf einer der anderen Leitungen gesprochen wird, so kann die erste Verbindung mittels eines zugeordneten Haltehebels gehalten werden. Der Abfragehebel der ersten Leitung geht beim Abfragen des neuen Anrufes selbsttätig in die Ruhelage zurück. In der gleichen Weise kann auch ein dritter Anruf abgefragt werden. Die erste Verbindung wird durch erneutes Umlegen des entsprechenden Abfragehebels übernommen. Durch eine besondere Verriegelung wird das Zusammenschalten zweier Leitungen zwangläufig verhindert.

2. Aufsichtsfernsprecher.

In größeren Anlagen mit zahlreichen Vermittlungsplätzen für den halbselbsttätigen Verkehr kann das Einrichten einer besonderen Aufsichtsstelle zweckmäßig werden. Für derartige Fälle ist der „Aufsichtsfernsprecher“ vorgesehen, der in seinem Äußeren dem der sog. 10teiligen Vermittlung entspricht (vgl. Abb. 93). Lediglich das Bedienungsfeld ist dem besonderen Verwendungszweck angepaßt. Zehn Felder des Fernsprechers nehmen die Anschlüsse von 20 Vermittlungsplätzen auf; ein Feld ist für den abgehenden und ankommenden Verkehr der Aufsichtsperson selbst vorgesehen; in ein weiteres Feld wird die gemeinsame Ruftaste eingebaut. Eine Einheit ist nicht belegt und kann je nach Bedarf ausgebaut werden. Für jeden Vermittlungsplatz ist ein „Platzanschluß am Aufsichtsfernsprecher“ erforderlich. Die Relaiseinrichtungen für drei solcher Platzanschlüsse sind jeweils auf einer Relaisschiene normaler Breite untergebracht. Eine Grundplatte nimmt die gemeinsamen Bauteile auf, sowie diejenigen für den Teilnehmeranschluß der Aufsichtsperson.

Zum Überwachen eines Vermittlungsplatzes legt die Aufsicht den Abfrageschalter um und verbindet die Abfrageschaltung des betreffenden Platzes mit dem Mithöranschluß des Aufsichtsfernsprechers. Am Leuchten der Lampen im Aufsichtsfernsprecher erkennt sie, an welchen Plätzen gerade vermittelt wird. Mitsprechen ist der Aufsicht nicht möglich, um die Verständigung der Vermittlungsperson mit dem dort abgefragten Teilnehmer nicht zu stören. Wünscht die Aufsicht mit der Vermittlung auch zu sprechen, so kann sie durch zusätzliches Drücken der Ruftaste bei der Vermittlung anrufen. Dieser Anruf kommt am Vermittlungsplatz auf einem Feld an, das wie der Platzverkehrsanschluß ausgebildet ist (vgl. S. 148). Umgekehrt kann die Vermittlung über die gleiche Anschlußeinheit die Aufsicht anrufen. Als Anrufzeichen am Aufsichtsfernsprecher flackert dann die je Platz vorhandene Lampe.

Der Teilnehmeranschluß wird für den abgehenden und ankommenden Verkehr benutzt und ist am I. VW und LW „teilnehmermäßig" in der Anlage angeschlossen; er kann als Bahnstelle oder Nebenstelle geschaltet sein. Es ist daher eine weitere Taste für Rückfragen und Aufschalten vorhanden, mit der über eine Drossel Erde an die Sprechadern gelegt wird.

Der Aufsichtsfernsprecher ist, wie schon erwähnt, vor allem für größere Anlagen gedacht. In mittleren Anlagen wird die Aufsichtsperson vielfach nicht voll beschäftigt sein, so daß es naheliegt, die nachstehend beschriebene Postauskunft (Amtsverkehr) mit der Aufsicht zu vereinigen. Für derartige Fälle können daher in den Aufsichtsfernsprecher auch sog. Postauskunftsanschlüsse eingebaut werden.

3. Postauskunft.

Der ankommende Amts-(Post-)Verkehr aus dem öffentlichen Netz soll bei der halbselbsttätigen Vermittlung möglichst schnell abgefragt und weitervermittelt werden. Die Vermittlungsperson kann sich nicht mit langem Suchen nach dem gewünschten Anschluß aufhalten. Bei Unklarheiten wird daher der eintreffende Amtsanruf zur „Postauskunft" geleitet, die den gewünschten Teilnehmer feststellt.

Für die Postauskunft kann ebenfalls der 10teilige Tischfernsprecher benutzt werden, der dann mit der erforderlichen Anzahl Postauskunftsanschlüssen ausgerüstet wird. In größeren Anlagen werden die Postauskunftsanschlüsse oft mit den übrigen Auskunftsanschlüssen (vgl. S. 144) zusammengefaßt und in dem normalen Vermittlungstisch untergebracht. Je Anschluß ist ein Feld der Vermittlung erforderlich. Die Relaiseinrichtung ist auf Schienen normaler Breite angeordnet.

Die Anschlüsse können sowohl vom GW als auch vom LW her erreicht werden, so daß vollkommene Freizügigkeit bezüglich ihrer Numerierung besteht. Zweckmäßig wird man sie an eine freie Dekade des Amts-(Post-) GW bzw. -LW anschließen, weil dadurch die Postauskunft von der Vermittlung durch Wählen von nur einer Ziffer erreicht werden kann. Bei einem eintreffenden Anruf leuchtet die Anruflampe, bis sie durch Umlegen des Abfrageschalters abgeschaltet wird; danach leuchtet die Belegtlampe. Nach erteilter Auskunft wird von der Postauskunft zur Vermittlung zurück geflackert und das Amtsgespräch durch den normalen Umlegevorgang (s. S. 139) der ermittelten Nebenstelle zugeleitet.

Zur endgültigen Erledigung eines Auskunftsanrufes kann eine Rückfrage seitens der Auskunftsbeamtin in der eigenen Anlage notwendig werden. Zu diesem Zweck ist im Fernsprecher ein Dienstanschluß vorgesehen, der dem der halbselbsttätigen Vermittlung (s. S. 148) vollkommen entspricht. Um das Auslösen des Auskunftsanrufes während der Rückfrage zu verhindern, wird dieser Anruf auf Warten gelegt (gemeinsame Wartetaste). Zum Zeichen dafür, daß die Verbindung auf Warten liegt, flackert die Belegtlampe. Beim erneuten Umlegen des Abfrageschalters wird der Wartezustand selbsttätig wieder aufgehoben. Für den ankommenden Verkehr aus der Anlage selbst kann je nach Bedarf ein weiterer Auskunftsanschluß vorgesehen werden.

Wie schon angedeutet, ist es möglich, durch Einbau von Postauskunftsanschlüssen in den Aufsichtsfernsprecher die Postauskunft mit der Aufsicht zu vereinigen. Entsprechend der Betriebsform des Aufsichtsfernsprechers werden dann die Anrufe durch Flackern der Anruflampe kenntlich gemacht. Im übrigen wickelt sich der Verkehr in der gleichen Weise, wie oben geschildert, ab. An Stelle des Dienstanschlusses ist dann ein Teilnehmeranschluß vorhanden.

4. Fangeinrichtung.

Böswillige Anrufer können mittels einer Fangeinrichtung festgestellt werden, die bestimmten Teilnehmern, die sich belästigt fühlen, zeitweise oder dauernd zugeordnet wird. Die Anschaltung der Fangeinrichtung wird am Hauptverteiler und am Verteiler des VW-Rahmens vorgenommen.

Kommt ein Anruf bei einer Sprechstelle an, deren Anschlußleitung an die Fangeinrichtung angeschaltet ist, so wird der LW beim Abheben des angerufenen Teilnehmers auf die Fangeinrichtung durchgeschaltet, wonach die Auslösung der Verbindung vom Angerufenen abhängig ist.

Handelt es sich um einen böswilligen Anruf, und wünscht der angerufene Teilnehmer die Feststellung des Anrufenden, so drückt er die Taste seines Fernsprechers. Dadurch wird in der Fangeinrichtung eine Rückfrageumsteuerung vorgenommen und dem Teilnehmeranschluß des Angerufenen ein Rückfragevorwähler zugeordnet; die Verbindung zum anrufenden Teilnehmer wird gehalten. In der Rückfragestellung kann der belästigte Teilnehmer eine bestimmte Stelle der Fernsprechanlage, z. B. die Störungsstelle, anrufen, die durch Belegtlampe und Abfrageklinke in der Fangeinrichtung die „gefangene“ Verbindung feststellt. Durch Drücken der Fangtaste wird der Anrufende endgültig festgehalten und gleichzeitig ein Summerzeichen an die Leitung gelegt, damit die Verbindung leichter durch die Anlage hindurch verfolgt werden kann. Während dieser Untersuchung kann der angerufene (belästigte) Teilnehmer über den Rückfrageanschluß abgehend sprechen. Nach Feststellung des Anrufenden wird die Einrichtung ausgelöst und die festgehaltene Verbindung und damit auch der Anschluß des angerufenen Teilnehmers aus der Rückfragestellung zurückgeschaltet.

5. Zweieranschluß.

In Bahnanlagen sind vielfach Sprechstellen vorhanden, die zwar selbst nahe beieinander liegen, jedoch zum Anschluß an ihre Selbstanschlußanlage längere Teilnehmerleitungen benötigen würden. Da der Verkehr solcher Stellen oft gering ist, wird man bestrebt sein, die notwendige Anschlußleitung gemeinsam mehreren Sprechstellen zuzuordnen. Neben den in Abschnitt VIII beschriebenen Kleinanlagen können sog. „Zweieranschlüsse" verwendet werden, die jeweils den Anschluß zweier benachbarter Sprechstellen über eine gemeinsame Teilnehmerleitung ermöglichen.

Solche Zweieranschlüsse werden mit oder ohne Verkehr der beiden Teilnehmer untereinander ausgerüstet. Da es sich jedoch immer um die Vereinigung zweier benachbarter Sprechstellen handelt, ist der höhere Aufwand für die Gesprächsmöglichkeit der beiden Teilnehmer untereinander nur in seltenen Fällen gerechtfertigt. Es soll daher in diesem Zusammenhang nur auf Zweieranschlüsse ohne gegenseitigen Verkehr eingegangen werden.

Jede der beiden Sprechstellen hat eine besondere Rufnummer und demnach auch eigene Ausgänge am LW. Gemeinsam wird von ihnen die Teilnehmerleitung und der VW (bzw. die Teilnehmerschaltung bei Anrufsucherbetrieb) benutzt. Gegenüber der Ersparnis an einer vollständigen Teilnehmerleitung und einem Vorwähler steht der Aufwand der „Sperrschaltung" und eine geringfügige Erweiterung der VW- bzw. Teilnehmerschaltung. An Stelle eines gemeinsamen geänderten VW können auch zwei normale VW verwendet werden, die über eine Vorübertragung an die gemeinsame Teilnehmerleitung angeschlossen sind. Die Wirtschaftlichkeit von Zweieranschlüssen steigt mit wachsender Länge der Teilnehmerleitung.

Die Sperrschaltung wird in der Nähe der beiden Teilnehmer untergebracht. Sie ist die Trennstelle, an der sich die zweiadrige Teilnehmerleitung in zwei Doppelleitungen für die beiden Fernsprecher teilt (Abb. 105). Die erforderlichen Schaltmittel sind zusammen mit einer Anschlußleiste in einem Beikasten (Abb. 106) eingebaut.

Zum Anruf eines Teilnehmers wird je nach dessen Anschaltung die *a*- oder *b*-Ader der Teilnehmerleitung benutzt. Da der Rufstrom im LW an die *a*-Ader gelegt wird, ist der eine Anschluß am LW normal an die gemeinsame Leitung angeschlossen, so daß der entsprechende Teilnehmer über die *a*-Ader, über seinen Fernsprecher und den geerdeten Kontakt seines Umschalterelais (u_1) gerufen wird. Der zweite Teilnehmer jedoch ist derart angeschaltet, daß die *a*-Ader des LW mit der *b*-Ader der gemeinsamen Anschlußleitung verbunden wird; der von der *a*-Ader des LW kommende Rufstrom gelangt also über die *b*-Ader zum Fernsprecher des zweiten Teilnehmers und Erde am u_2-Kontakt. Die in dem Beikasten eingebaute Sperrschaltung schaltet im Ruhezustand für einen Teilnehmer jeweils nur die *a*- und für den anderen Teilnehmer nur die *b*-Ader zum Fernsprecher durch und stellt somit den Anruf des gewünschten Teilnehmers sicher. Hebt dieser ab, so trennt das zugehörige U-Relais (U_1 oder U_2) die Erde ab und schaltet seinen Fernsprecher auf die Teilnehmerleitung.

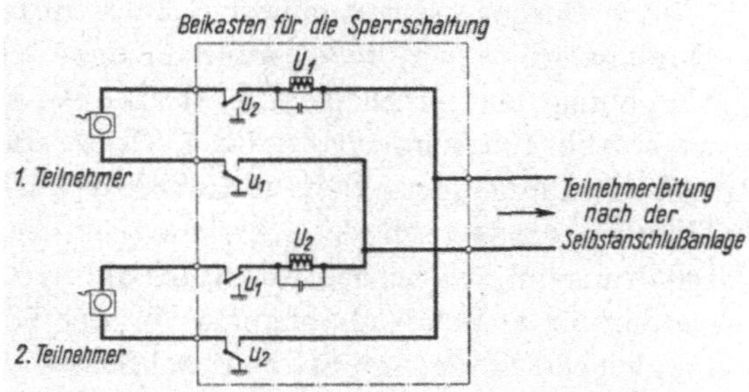

Abb. 105. Sperrschaltung für Zweieranschlüsse.

Im abgehenden Verkehr wird der VW vom 1. Teilnehmer über die *a*-Ader, vom 2. Teilnehmer über die *b*-Ader angereizt. Um das Anziehen bzw. Halten des U-Relais sicherzustellen, muß je nach dem anrufenden Teilnehmer Spannung auf der *a*-Ader oder auf der *b*-Ader vorhanden sein. Da die Speisebrücke im allgemeinen Spannung an die *a*-Ader und Erde an die *b*-Ader anlegt, ist für den 2. Teilnehmer eine Kreuzung der Sprechadern im I. VW bzw. in der Vorübertragung erforderlich.

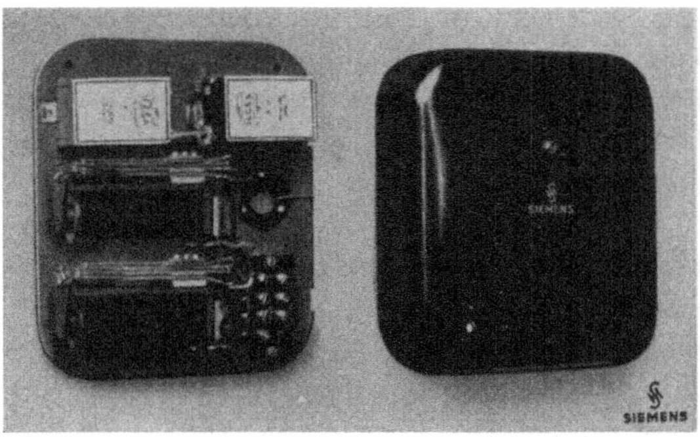

Abb. 106. Beikasten für Zweieranschlüsse.

Während des Bestehens einer Verbindung trennt das je-

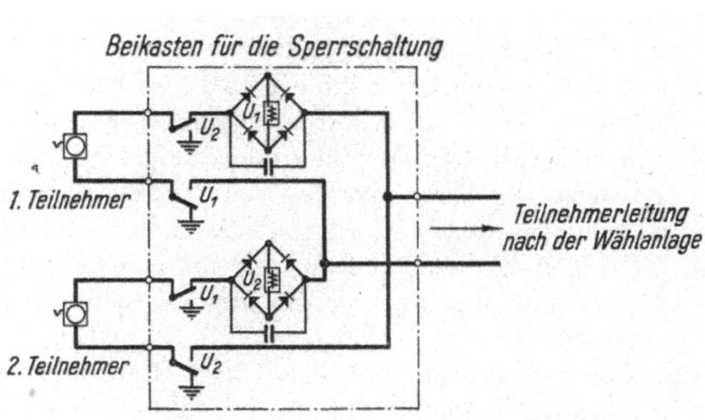

Abb. 107. Sperrschaltung für Zweieranschlüsse mit Gleichrichtern.

weils erregte U-Relais den anderen Teilnehmer ab, so daß das Gesprächsgeheimnis gewahrt bleibt.

Zur Durchgabe bestimmter Schaltkennzeichen (z. B. Endverstärker-Durchgangszeichen) findet während des Verbindungsaufbaues u. U. eine Umpolung der Sprechadern statt. Bei Benutzung einer Sperrschaltung nach Abb. 105 würde dann das U-Relais durch die Umpolung abfallen und die Teilnehmerschleife unterbrechen; die teilweise aufgebaute Verbindung würde auslösen. In derartigen Fällen sieht man eine Sperrschaltung mit Gleichrichtern nach Abb. 107 vor. In dieser Schaltung werden die U-Relais unabhängig von der Polung der Sprechadern stets im gleichen Sinne vom Strom durchflossen.

Zur Verbesserung der Längssymmetrie können in der *b*-Ader der Zweigleitungen Drosseln mit Parallelkondensatoren als Ausgleich zu den U-Relais eingeschaltet werden.

6. „Zweite" Fernsprecher, Umschaltefernsprecher.

Aus betrieblichen oder wirtschaftlichen Gründen kann es wünschenswert sein, zwei Fernsprecher einer einzigen Teilnehmerleitung zuzuordnen. So sollen z. B. zwei Teilnehmer, deren Arbeitsplätze räumlich voneinander getrennt sind, unter der gleichen Rufnummer erreichbar sein. Oder die Anrufe sollen u. U. in Abwesenheit des Teilnehmers von seinem Vertreter entgegengenommen werden (vgl. auch „Weiterschalteinrichtung").

In derartigen Fällen werden *zwei* Fernsprecher vorgesehen, die anschlußmäßig als *eine* Sprechstelle gelten. Der zusätzliche Fernsprecher wird mit „zweiter Fernsprecher" bezeichnet; er ist in der Regel ein einfacher Wählfernsprecher. In der Fernsprechanlage werden keine besonderen Vorkehrungen notwendig (im Gegensatz zum „Zweieranschluß").

Das Zusammenschalten der beiden Fernsprecher kann verschieden sein. Sie können beide gleichberechtigt, einer von ihnen jedoch auch vorberechtigt sein. Die Sprechstellen können entweder beide an einem Gespräch teilnehmen, oder es ist schaltungsmäßig vorgesehen, daß stets nur eine von ihnen sprechen kann. Die Abschaltung der anderen Sprechstelle kann entweder von Hand mittels Schalter oder selbsttätig mittels Relais vorgenommen werden. Unter Umständen sind sogar Schauzeichen eingebaut, die den Betriebszustand der anderen Sprechstelle anzeigen. Ein Beispiel aus der Gruppe der vorberechtigten Ausführungen ist der „Umschaltefernsprecher".

Der Umschaltefernsprecher hat eine Umschaltetaste, die sich an Stelle der Erdungstaste befindet. Mit ihr wird wahlweise einer der beiden Fernsprecher an die Leitung gelegt. Es kann bei dieser Ausführung jeweils nur an einem der beiden Fernsprecher gesprochen werden. Das

Umschalten auf die andere Sprechstelle ist auch während eines Gespräches möglich.

7. Selbsttätige Weiterschalteinrichtung.

Die „Weiterschalteinrichtung" dient zum selbsttätigen Umlegen eines Anrufes auf eine bestimmte andere Sprechstelle, wenn sich der zuerst angerufene Teilnehmer nicht innerhalb einer gewissen Frist meldet. Sie ergibt also eine weitere Möglichkeit, Gespräche in Abwesenheit des Teilnehmers durch einen Vertreter entgegennehmen zu lassen. Die Einschaltung ist in dem Übersichtsplan in Abb. 95 angedeutet.

Sofort nach dem Belegen des VW durch einen LW wird der Thermokontakt der Weiterschalteinrichtung geheizt. Nach Ansprechen dieses Kontaktes wird ein Umschalterelais betätigt, sofern der Teilnehmer nicht vorher abgehoben und dadurch Thermokontakt und Umschalterelais abgeschaltet hat. Das Umschalterelais legt den Anruf auf den anderen Teilnehmeranschluß um. Meldet sich der zuerst angerufene Teilnehmer, bevor der zweite abgehoben hat, so wird die Umschaltung wieder rückgängig gemacht; meldet er sich jedoch erst, nachdem der zweite Teilnehmer abgehoben hat, so bleiben beide Teilnehmer eingeschaltet, und das Gespräch kann nach Vereinbarung von jedem der beiden weitergeführt werden.

Ist der zweite Teilnehmeranschluß beim Eintreffen des Anrufes für den ersten Teilnehmer bereits besetzt, so wird die Weiterschalteinrichtung während der Dauer dieses Gespräches gesperrt; es können also niemals zwei Verbindungen zusammengeschaltet werden. Der Anschluß eines Besetztzeichens für den mit der Weiterschalteinrichtung ausgerüsteten Fernsprecher ist vorgesehen.

8. Vorzimmer-Fernsprechanlage.

Die Vorzimmer-Fernsprechanlage hat die Aufgabe, bevorzugte Teilnehmer weitestgehend zu entlasten. Beim bevorzugten Teilnehmer und in seinem Vorzimmer werden besondere Fernsprecher mit Hebeln, Tasten und Lampen verwendet (Abb. 108). Die erforderliche Relaiseinrichtung ist in einem Beikasten untergebracht.

Der bevorzugte Teilnehmer steht über zwei Leitungen mit der Zentrale in Verbindung. Eine von ihnen, die er zweckmäßig nur für abgehende Verbindungen verwendet, endet in seinem Fernsprecher, die andere ist über beide Fernsprecher geschleift (gemeinsame Leitung). Im Vorzimmer-Fernsprecher endet ebenfalls eine eigene Leitung. Außerdem besteht noch eine unmittelbare Verbindung zwischen beiden Fernsprechern.

Kommt ein Anruf über die gemeinsame Leitung an, so leuchtet an jedem Fernsprecher die betreffende Anruflampe; im Vorzimmer-Fernsprecher ertönt die Anrufschnarre. Wird im Vorzimmer nach dem Umlegen des Amtshebels abgefragt, so leuchtet an dem anderen Fernsprecher die Belegtlampe. Soll die Verbindung zum bevorzugten Teilnehmer weitergeleitet oder bei ihm Rückfrage gehalten werden, so wird er mittels des Rückfragehebels über die unmittelbare Leitung angerufen. Durch Umlegen des Amtshebels der gemeinsamen Leitung kann jeder der beiden Teilnehmer anschließend das Gespräch weiterführen. Durch eine Dreh-

Abb. 108. Vorzimmer-Fernsprecher.

taste, die im allgemeinen im Vorzimmer-Fernsprecher eingebaut ist, können Anrufe auf der gemeinsamen Leitung auch unmittelbar zum bevorzugten Teilnehmer geleitet werden.

Jeder der beiden Teilnehmer kann außerdem über die ihm besonders zugeordnete Leitung Gespräche abwickeln. Führt der bevorzugte Teilnehmer ein derartiges Gespräch, so leuchtet im Vorzimmer-Fernsprecher eine Belegtlampe als Zeichen, daß Störungen durch weitere Anrufe zu vermeiden sind.

Zwischen den beiden Leitungen jedes der beiden Fernsprecher besteht Rückfragemöglichkeit derart, daß zwischen den Verbindungen auf beiden Leitungen beliebig gewechselt werden kann.

9. Mehrfachfernsprecher.

In vielen Betriebsstellen des Bahnverkehrs, wie Stellwerke, Bahnhöfe usw., laufen oftmals mehrere Leitungen zusammen, die verschiedenen Verkehrsarten dienen. Um in solchen Fällen nicht zahlreiche Fernsprecher aufstellen zu müssen, deren Anrufe — abgesehen von dem erheblichen Platzbedarf — nur schwer zu unterscheiden sind, kann der sog. ,,Mehrfachfernsprecher“ benutzt werden. Die 5teilige Ausführung (Abb. 109) nimmt insgesamt fünf Anschlüsse auf, wobei wahlweise ,,Sprechstellen“ von Wählanlagen, Wahlrufleitungen (vgl. S. 179) oder Befehlsanlagen (vgl. S. 186) für die Anschaltung in Betracht kommen können. In den

Abb. 109. Mehrfachfernsprecher.

10teiligen Mehrfachfernsprecher lassen sich zehn der vorgenannten Anschlüsse einbauen; dabei ist allerdings die Zahl der Wahlrufleitungen auf höchstens fünf beschränkt worden.

Auf Abb. 109 ist der Ausbau des 5teiligen Mehrfachfernsprechers zu sehen. Jedes der fünf Felder enthält von oben nach unten einen Abfragehebel, Anruflampe, Belegtlampe sowie den Bezeichnungsstreifen. Bei 10teiligem Ausbau wird die gleiche Form des Fernsprechers benutzt; der unter dem Bezeichnungsstreifen in Abb. 109 noch freie Raum wird ebenfalls mit fünf Abfragehebeln und fünf Anruflampen belegt. Aus dem Verzicht auf Belegtlampen ergibt sich die erwähnte Einschränkung auf höchstens fünf Wahlrufanschlüsse. Auf beiden Seiten des Fernsprechers sind zwei gemeinsame Tasten vorgesehen, rechts die Wartetaste und links die Aufschalte- und Trenntaste.

Den Anschlüssen sind Relaiseinrichtungen zugeordnet, die auf Relaisschienen oder in Relaisrahmen untergebracht sind; sie werden zusammen mit den gemeinsamen Bauteilen in einem Gestellrahmen oder in einem schwenkbaren Wandrahmen an geeigneter Stelle eingebaut. Als Betriebsspannung ist 24 V vorgesehen.

Eintreffende Anrufe werden akustisch durch eine Schnarre und optisch durch Leuchten der entsprechenden Anruflampe angezeigt. Durch Abheben des Handapparats und Umlegen des Abfragehebels wird die Abfragegarnitur mit dem betreffenden Anschluß verbunden. Ein Sperrhebel hält den Abfragehebel in seiner gedrückten Lage so lange fest, bis entweder der Handapparat wieder aufgelegt oder ein anderer Hebel umgelegt wird. Im abgehenden Verkehr wird die gewünschte Leitung nach Abheben des Handapparats durch Umlegen des betreffenden Abfragehebels belegt.

Die Belegtlampe ist nur bei den Anschlüssen von Wahlrufleitungen erforderlich, um anzuzeigen, ob die Wahlrufleitung bereits von einer anderen Sprechstelle aus benutzt wird. Entsprechend den Bedingungen für Wahlrufleitungen kommt ein Anruf auch dann an, wenn der Handapparat nicht aufgelegt ist. Weiterhin kann sich der Teilnehmer vom Mehrfachfernsprecher aus ebenso wie von anderen Sprechstellen der Wahlrufleitung durch Drücken der Aufschaltetaste auf belegte Leitungen aufschalten und gegebenenfalls trennen. Um das Aufschalten nur auf dringende Fälle zu beschränken, ist die Taste plombiert (vgl. S. 177).

Über eine Warteschaltung, die nach Bedarf vorgesehen wird, können nach Drücken der Wartetaste bestehende Verbindungen gehalten werden, um nach Umlegen eines anderen Abfragehebels eine Rückfrage einzuleiten oder andere inzwischen eingelaufene Anrufe zu erledigen. Der Abfragehebel der auf Warten liegenden Verbindung geht dabei in die Ruhelage zurück; als Wartezeichen brennt die Anruflampe dunkel. Beim erneuten Umlegen des ersten Abfragehebels wird der Wartezustand wieder aufgehoben.

10. Teilnehmeranschaltung für induktive Stromstoßgabe.

Auf beeinflußten Teilnehmerleitungen ist mit den üblichen Teilnehmereinrichtungen ein gefahrloser und ungestörter Fernsprech- und Wählverkehr nicht möglich. Zum Schutze von Teilnehmer und Einrichtungen ist die Abriegelung der beeinflußten Leitung notwendig. Das bedingt jedoch ebenso wie bei der Fernwahl über abgeriegelte Leitungen eine andere Wähltechnik.

Für die Zeichengabe vom Teilnehmer zur Anlage wird die induktive Stromstoßgabe (vgl. S. 94), in umgekehrter Richtung Wechselstromanruf verwendet. Dadurch kann diese Teilnehmeranschaltung auch für Sprechstellen benutzt werden, die sehr weit von ihrer Fernsprechanlage entfernt liegen. Auf der Teilnehmerseite wird neben dem abriegelnden Übertrager ein OB-Fernsprecher mit Nummernschalter und ein Relaisbeikasten (Abb. 110) erforderlich, der die notwendigen Schaltmittel, wie Stromstoß-Transformator, Rufstrom-Empfangsrelais, Schaltrelais für die örtlichen Stromkreise usw. enthält. Der OB-Fernsprecher gleicht äußerlich vollkommen einem Wählfernsprecher ohne Erdungstaste. Zur OB-Speisung dient eine 6-V-Batterie.

Auf seiten der Anlage ist zwischen dem abriegelnden Übertrager der Teilnehmerleitung und der Wählereinrichtung eine Relaisübertragung (Ue) eingeschaltet, die die Aufgabe hat, den vom LW ankommenden Rufstrom weiterzuleiten und in umgekehrter Richtung die vom Teilnehmer eintreffenden induktiven Stromstöße in Schleifenstromstoßgabe umzuwandeln. Als Schaltmittel sind neben einem gepolten und einem Rufstrom-Empfangsrelais mehrere neutrale Relais vorhanden.

P = gepoltes Empfangsrelais, R_1, R_2 = Rufstrom-Empfangsrelais, Tr = Stromstoß-Transformator.

Abb. 110. Grundsätzliche Darstellung der Teilnehmeranschaltung für induktive Stromstoßgabe.

Beim Abheben des Handapparates wird ein Belegungszeichen zur Ue der Anlage gesendet, wodurch der zugehörige VW anläuft. Das Belegungszeichen besteht aus zwei Einzelstromstößen wechselnder Richtung, durch die in der Ue das gepolte Empfangsrelais (P) kurzzeitig in die Arbeitsstellung umgelegt wird. Gleichzeitig wird in der Ue auch die a/b-Leitung durchgeschaltet und das Wählzeichen zum Teilnehmer zurückgegeben. Bei der Nummernwahl entspricht jeder gewählten Ziffer eine entsprechende Zahl von *Schließungen* des Stromstoßkontaktes am Nummernschalter, von denen jede in zwei Stromstöße wechselnder Richtung umgewandelt und über die abgeriegelte Leitung zur Ue gegeben wird; dort wirken sie, in *Schleifenöffnungen* umgesetzt, auf den jeweils belegten Wähler ein. Der Nummernschalter des Teilnehmer-Fernsprechers ist also mit einem anderen Stromstoßkontakt ausgerüstet, als im üblichen Verkehr verwendet wird.

Legt bei Gesprächsschluß zuerst der angerufene Teilnehmer auf, so erhält der Anrufende („induktiver" Teilnehmer) nach dem Zusammenfall der Verbindung das Wählzeichen, das ihm von der Trennung Kenntnis gibt. Beendigt der anrufende Teilnehmer das Gespräch, so wird ein Auslösezeichen, das jedoch nur aus *einem* Stromstoß besteht, über die Leitung gegeben. Hat die Auslösung stattgefunden, so wird das gepolte

Relais über einen örtlichen Stromkreis wieder in die Ruhestellung zurückgelegt.

Der bei dem Teilnehmer ankommende Verkehr wird durch die Belegung des VW und der Ue vom LW her eingeleitet, wobei der VW in bekannter Weise gesperrt wird. Der Rufstrom des LW wird in der Ue von einem Rufstromrelais (R_1) aufgenommen und neu in der erforderlichen Stärke auf die Teilnehmerleitung gegeben. Im Beikasten des Teilnehmers spricht dadurch das Rufstromrelais (R_2) an und schaltet örtlich den Gleichstromwecker ein. Meldet sich der Teilnehmer, so wird der Teilnehmer-Meldestromstoß, bestehend aus zwei Stromstößen wechselnder Richtung, zur Ue zurückgegeben. Dort wird das gepolte Empfangsrelais (P) entsprechend betätigt und die endgültige Durchschaltung für den Gesprächszustand veranlaßt.

11. Anruflichtschauzeichen.

In Dienststellen, in denen mehrere Teilnehmeranschlüsse vorhanden sind, können die einzelnen Anrufe u. U. schwer zu unterscheiden sein. Auch durch verschieden abgestimmte Wecker ist oft keine betriebliche Erleichterung zu erzielen. In solchen Fällen wird der Anruf optisch gekennzeichnet, indem zusätzlich zu den Schallsendern Anruflichtschauzeichen (Lampenbeikasten) vorgesehen werden.

Durch den Rufstrom wird eine Relaisanordnung über einen Elektrolytkondensator betätigt und eine Anruflampe zum Leuchten gebracht. Die Lampe erlischt erst wieder, wenn der Angerufene abhebt oder wenn der Anrufende einhängt, bevor sich der Angerufene meldet.

In dem Lampenbeikasten können Lichtschauzeichen für fünf Leitungen untergebracht werden. Zum Betätigen der Lampen und Relais ist eine 4-V-Trockenbatterie vorgesehen.

12. Bahnsteigrufanlage.

Auf den Bahnhöfen erstreckt sich der Dienst bestimmter Beamten, wie z. B. des Fahrdienstleiters, Wagenmeisters usw., über mehrere Bahnsteige oder sogar über das gesamte Gelände des Bahnhofes. Trotz häufigem Ortswechsel müssen diese Beamten, die fernmündlich sehr oft verlangt werden, ständig und schnell erreichbar sein. Dieser Forderung trägt die Bahnsteigrufanlage Rechnung, mit der die Betreffenden ohne Schwierigkeiten und in kürzester Zeit fernmündlich erreicht werden können.

Jeder, der über diese Anlage erreicht werden soll, erhält eine bestimmte Suchnummer und eine nur ihm bekannte Meldenummer.

Der Anruf wird durch Lampentafeln sichtbar gemacht, die über die einzelnen Bahnsteige oder Räume verteilt werden (Abb. 111). An diesen

Lampentafeln leuchten bei einem Anruf die entsprechenden Lampen auf; gleichzeitig ertönt ein Weckerzeichen.

Der Suchende wählt bei der Herstellung einer Verbindung über die Bahnsteigrufanlage die bekanntgegebene Suchnummer des Beamten, den er in seinem Dienstraum nicht erreichen konnte. Die Ausgänge der LW für diese Anschlußnummer führen zu der Relaiseinrichtung der Bahnsteigrufanlage. Der LW belegt die Suchleitung (z. B. *c* durch Wählen von 130), wodurch an allen Lampentafeln die betreffende Lampe oder

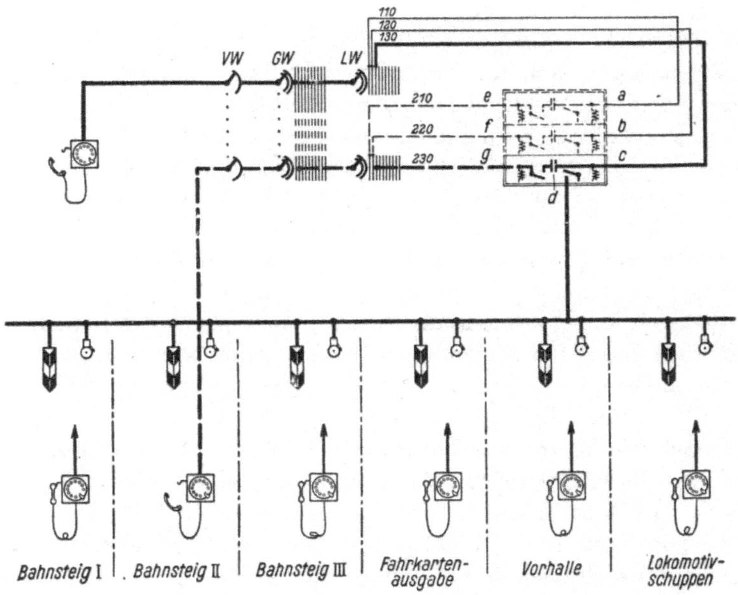

a, *b*, *c* = Suchleitungen, *e*, *f*, *g* = Meldeleitungen.

Abb. 111. Grundsätzliche Darstellung der Bahnsteigrufanlage.

Lampenkombination aufleuchtet und der Wecker im Takt der Rufzeichen ertönt. Der Anrufende erhält wie üblich das Rufzeichen. Wäre die betreffende Suchleitung belegt gewesen, so würde er entsprechend das Besetztzeichen erhalten. Zur Entgegennahme des Gespräches wählt der Gesuchte von einem *beliebigen* Fernsprecher aus die nur ihm bekannte Meldenummer und gelangt über einen anderen LW auf die Meldeleitung der Einrichtung (z. B. *g* durch Wählen von 230). In dem Relaisteil werden Suchleitung und Meldeleitung durchverbunden, die Anrufzeichen an den Tafeln verschwinden, und das Gespräch kann stattfinden. Nach Gesprächsschluß wird die Einrichtung sowohl durch Auslösen als auch durch Rückauslösen wieder freigegeben.

XIII. OB-Gesellschafts- und Wahlrufleitungen.

1. Einführung.

Die bisher behandelten Schalteinrichtungen — Wähler, Übertragungen usw. — stellen neben den halbselbsttätigen Vermittlungseinrichtungen die Bauelemente zum Aufbau von Anlagen, Netzgruppen usw. dar und ermöglichen den Verkehr der Teilnehmer innerhalb einer Anlage und über mehrere Anlagen hinweg. Der Fernsprechbetrieb in Verkehrsnetzen wickelt sich jedoch auch noch über andere Verbindungswege ab (vgl. Abb. 4).

In den bisher behandelten Fällen werden die einzelnen Sprechstellen über eigene Leitungen, die „Teilnehmerleitungen", mit ihrer Anlage verbunden. Für weit verstreut liegende Sprechstellen hat sich zwecks Einsparung von Leitungen auch eine andere Form der Anschaltung herausgebildet. Hierbei wird eine größere Anzahl von Sprechstellen parallel an eine gemeinsame Doppelleitung angeschlossen, die dann von Sprechstelle zu Sprechstelle führt. Derartige „Gesellschaftsleitungen", auch Gemeinschaftsleitungen, Bezirksleitungen, party lines genannt, werden längs Bahnstrecken, Kanälen, Hochspannungsleitungen usw. eingesetzt. Man verwendet sie immer dann, wenn besondere Leitungen nach jeder Sprechstelle einen zu großen Aufwand erfordern würden oder wenn es aus betrieblichen Gründen erwünscht ist, eine größere Anzahl von Teilnehmern über eine einzige Leitung zu erreichen.

Ähnlich wie die gesamte Fernsprechtechnik haben die Einrichtungen für die Gesellschaftsleitungen eine Entwicklung zum Wählbetrieb durchgemacht. In ihrer neuesten Form bieten sie die fast selbstverständlich gewordenen Vorteile der Wählanlagen auch den Teilnehmern, die gemeinsam einer einzigen Leitung zugeordnet sind.

Während jedoch in der allgemeinen Technik die früheren Verkehrsarten des handvermittelten Betriebes durch den Wählverkehr größtenteils verdrängt wurden, haben sich bei Gesellschaftsleitungen die hauptsächlichsten Betriebsformen bis zur Gegenwart gehalten. Dabei wurden die verwendeten Geräte in ihrem Rahmen stets für sich weiter entwickelt, so daß die einzelnen Betriebsarten gegenwärtig, mit den neuesten Einrichtungen ausgerüstet, nebeneinander bestehen.

2. Allgemeines.

Sämtliche Sprechstellen sind bei den hier behandelten Ausführungen parallel an eine einzige Doppelleitung angeschlossen. An jeder Sprechstelle ist eine Ortsbatterie (OB) erforderlich. Die Gesellschaftsleitungen können auch über entsprechende Einrichtungen mit Fernsprechanlagen (selbsttätige oder handvermittelte) verbunden werden. Dadurch stehen die Teilnehmer der Gesellschaftsleitung mit Sprechstellen des übrigen

Fernsprechnetzes in Verbindung. Bei handbedienten Anlagen übernehmen Vermittlungspersonen das Herstellen der Verbindungen zwischen Teilnehmern der Anlage und der Gesellschaftsleitung; bei Selbstanschlußanlagen richtet sich die Verkehrsabwicklung nach der Art der Gesellschaftsleitung (siehe später). Die Anlagen können an beliebigen Punkten an die Gesellschaftsleitung angeschlossen werden.

Auf einer Gesellschaftsleitung kann jeweils nur *ein* Gespräch geführt werden; eine Ausnahme bildet die neueste Ausführungsform, bei der die Leitung — durch Kupplungsübertragungen aufgeteilt — mit mehreren Gesprächen gleichzeitig belegt werden kann (s. S. 182).

Die einzelnen Ausführungen unterscheiden sich sowohl in der Betriebsabwicklung als auch in der technischen Ausrüstung. Im folgenden sollen Technik und Betrieb von vier Ausführungen behandelt werden, die eine besondere Verbreitung gefunden haben. Sie sind nachstehend bezeichnet als:

1. OB-Gesellschaftsleitungen,
2. OB-Gesellschaftsleitungen mit Wahlzusatz,
3. Wahlrufanlagen nach dem Speichersystem,
4. Wahlrufanlagen mit Induktivwahl.

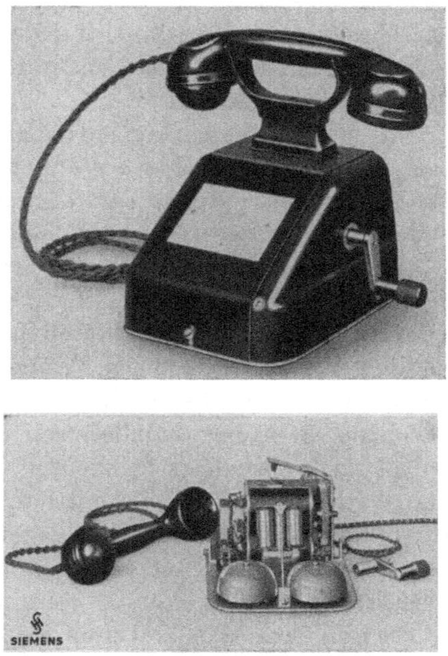

Abb. 112. OB-Fernsprecher, Bauart 1933.

3. OB-Gesellschaftsleitung.

Die Sprechstellen erhalten einfache OB-Fernsprecher mit Kurbelinduktor (Abb. 112). Leistung von Kurbelinduktor sowie Schaltung und Bemessung von Fernsprecher und Wecker gewährleisten, daß der Anruf auch dann an allen Sprechstellen ohne merkbare Verschlechterung zu hören ist, wenn sich bereits ein oder mehrere Fernsprecher zufällig oder aus Unachtsamkeit in Sprechstellung (= Handapparat abgehoben) befinden. Zur Mikrophonspeisung werden Trockenelemente von 1,5 bis 4,5 V bzw. Sammlerbatterien von 2 oder 4 V Spannung benutzt.

Der Ruf nach einer anderen Sprechstelle der Gesellschaftsleitung wird mittels Kurbelinduktor vorgenommen. Vor Abgabe des Rufzeichens hat der Teilnehmer durch Hören festzustellen, ob die Leitung frei ist.

Die Rufe sind an allen Sprechstellen hörbar; den einzelnen Sprechstellen müssen daher besondere Rufzeichen in Form von Morsezeichen zugeordnet werden. Dabei kann beispielsweise der „Punkt“ im Morsealphabet mit *einer* Kurbelumdrehung, der „Strich“ mit *drei* Kurbelumdrehungen gebildet werden. Durch das Abheben oder Auflegen des Handapparates werden auf der Leitung keinerlei Schaltungen vorgenommen.

Da sich alle Teilnehmer durch Abheben des Handapparates in die Leitung einschalten können, besteht keine Geheimhaltung der Gespräche. Allerdings ergibt sich dadurch auf einfache Weise die Möglichkeit, jederzeit in ein bestehendes Gespräch einzutreten, um eine eilige Meldung durchzugeben.

An einem Gespräch können auch mehr als zwei Sprechstellen beteiligt sein. Für derartige *Gruppenrufe* (gleichzeitiger Anruf bestimmter Sprechstellengruppen) und *Sammelrufe* (gleichzeitiger Anruf sämtlicher Sprechstellen) werden dann besondere Morsezeichen festgelegt.

Verbindungen von der Gesellschaftsleitung nach Sprechstellen angeschlossener Anlagen erfordern dort das Mitwirken von Vermittlungspersonen. Die betreffende Vermittlung wird durch ein Morsezeichen angerufen und stellt dann die Verbindung nach dem gewünschten Teilnehmer der Anlage her (vgl. Abschnitt XI, 3). Für den Verkehr in umgekehrter Richtung, nämlich von einem Teilnehmer der Fernsprechanlage nach einer Sprechstelle der Gesellschaftsleitung, übernimmt bei Handvermittlungen die Vermittlungsperson ebenfalls die Verbindungsherstellung; in Selbstanschlußanlagen dagegen wählt der Teilnehmer die Gesellschaftsleitung mit einer besonderen Kennzahl an und gibt danach, sofern er hört, daß die Leitung frei ist, das Morsezeichen der gewünschten Sprechstelle. Durch verschieden langen Ablauf seines Nummernschalters sendet er dabei kurze und lange Stromstoßreihen, die in der Ue der OB-Gesellschaftsleitung in „Rufpunkte“ und „Rufstriche“ umgewandelt werden. Für die Abgabe eines Morsepunktes hat sich z. B. das Wählen der Ziffer „2“, für einen Morsestrich das einer „9“ als zweckmäßig ergeben.

Bei stärkerem Verkehr können die dauernden Klingelzeichen der Anrufe aller Sprechstellen außerordentlich störend sein, zumal im allgemeinen mehrmals gerufen werden muß, bis sich die gewünschte Stelle meldet. Dies ist besonders an den Vermittlungen und an den Sprechstellen der Fall, die von mehreren Gesellschaftsleitungen berührt werden. Zur Vermeidung der Störungen ist die Anschaltung eines sog. *Rufausscheiders* zweckmäßig, der von allen ankommenden Morsezeichen nur die für die betreffende Stelle bestimmten Zeichen als Anruf weitergibt. Die Einrichtung prüft jedes eintreffende Rufzeichen, so daß lediglich die Zeichen, auf die der Rufausscheider eingestellt ist, ausgesiebt und gleichstrommäßig als Anrufe weitergegeben werden. Dies können gewöhnliche Anrufe, aber auch Sammel- und Unfallrufe sein. Die Aussiebung der Zeichen kann grundsätzlich elektrisch, durch mechanische Einstellwerke oder durch Vereinigung beider Verfahren vorgenommen werden. In einer der „elektrischen" Ausführungen wird der zeitliche Unterschied zwischen einem Morsepunkt und einem Morsestrich mittels Relaisketten ausgenutzt. Abb. 113 zeigt eine derartige Bauart, bei der die Gesamteinrichtung auf einer Grundplatte angeordnet ist. Eine neuere „elektrische" Ausführung ist nicht auf die *Dauer* der Morse-Zeichenelemente, sondern auf die *Zahl* der Wechsel je Zeichenelement abgestimmt. Dadurch wird die Anordnung unabhängig von der Drehgeschwindigkeit am Kurbelinduktor. Als Empfangsrelais wird ein sog. Weckerrelais verwendet, das

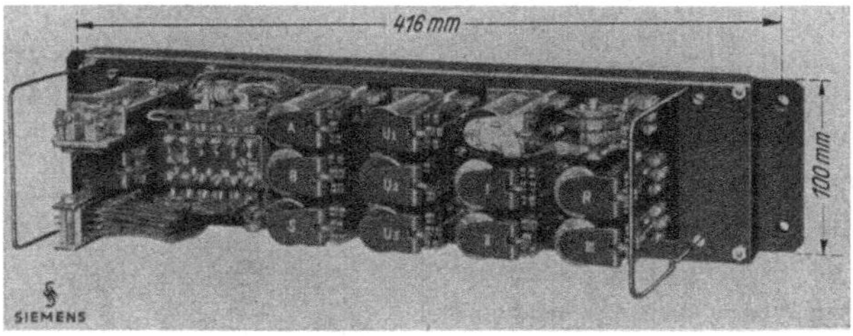

Abb. 113. Rufausscheider mit Relaisketten zur Aussiebung der Morsezeichen.

sich auf dem System eines Wechselstromweckers aufbaut. Die Abzählung der Wechsel wird ohne Schrittschaltwerk oder Relaiskette mittels Kondensatoren (Sammelkondensator und Schöpfkondensator) vorgenommen. Eine „mechanische" Ausführung benutzt ebenfalls die Zahl der Wechsel als Kennzeichen des Zeichenelementes. Zur Auswertung der aufgenommenen Wechsel dient ein „Steigrad", das entsprechend dem Zeichenelement mehr oder weniger weit verdreht wird.

Entspricht die Auswertung des Rufausscheiders einem der Zeichen, die für die betreffende Stelle vorgesehen sind, so wird je nach Art des Anrufes die zugehörige Anruflampe eingeschaltet. Wird der aufgelaufene Anruf aus irgendwelchen Gründen nicht abgefragt, so findet das Löschen dieses Anrufes durch das nächste Morsezeichen auf der Leitung statt. In der halbselbsttätigen Vermittlung sind die erforderlichen Lampen in das Bedienungsfeld eingebaut. Der Rufausscheider kann auch einer beliebigen Sprechstelle zugeordnet werden; diese erhält dann zusätzlich einen besonderen Lampenbeikasten für die Unterscheidung der Anrufe. Abb. 114 gibt eine Übersicht über eine OB-Gesellschaftsleitung mit angeschlossener Wählanlage. Der Anschluß von Fernsprechanlagen kann dabei sowohl an den Enden als auch sonst an beliebigen Punkten der Leitung vorgenommen werden.

Ruf- und Sprechstromkreise der Fernsprecher müssen derart ausgebildet sein, daß eine Mehrzahl von Fernsprechern nebst zusätzlichen Weckern an die OB-Gesellschaftsleitung angeschlossen werden können. Als Bedingung ist von den Verwaltungen vielfach die Forderung gestellt worden, daß auf einer Gesellschaftsleitung von 1 N Sprechdämpfung 15 OB-Fernsprecher und 7 zusätzliche Wecker einwandfrei zu betreiben sein müssen. Auch wenn alle Sprechstellen zu gleicher Zeit angerufen werden (Sammelruf), muß zwischen den entferntesten Teilnehmern eine ausreichende Verständigung gewährleistet sein.

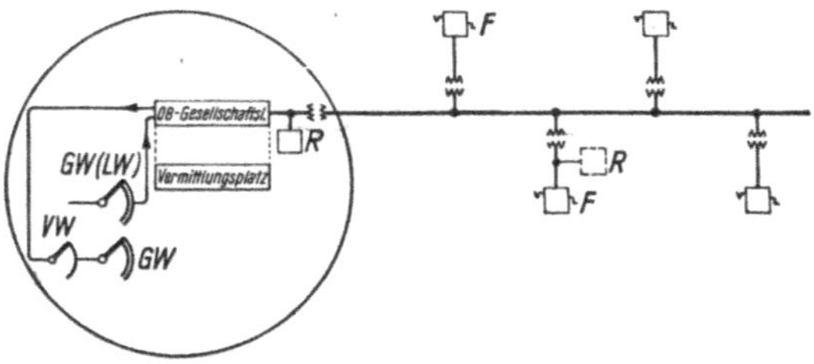

R = Rufausscheider, F = OB-Fernsprecher mit Kurbelinduktor.

Abb. 114. OB-Gesellschaftsleitung in Verbindung mit einer Wählanlage.

Ist die Gesellschaftsleitung Stör- oder Starkstrombeeinflussungen ausgesetzt, z. B. längs elektrisch betriebener Bahnstrekken, Hochspannungsleitungen usw., so muß sie zum Schutze von Teilnehmern und Einrichtungen abgeriegelt werden. Zur Abriegelung dienen besondere Schutzübertrager (Abb. 115), die z. B. zwischen Sprechstelle und Leitung eingefügt werden und dann beide galvanisch voneinander trennen. Derartige Schutzübertrager werden mit Stecker- oder Klemmenanschluß, für Wandbefestigung und Gestelleinbau ausgeführt; sie sind in der Fertigung mit z. B. 2000 V Wechselspannung gegen Überschlag geprüft, so daß mit ihnen eine ausreichende Sicherung erreicht wird.

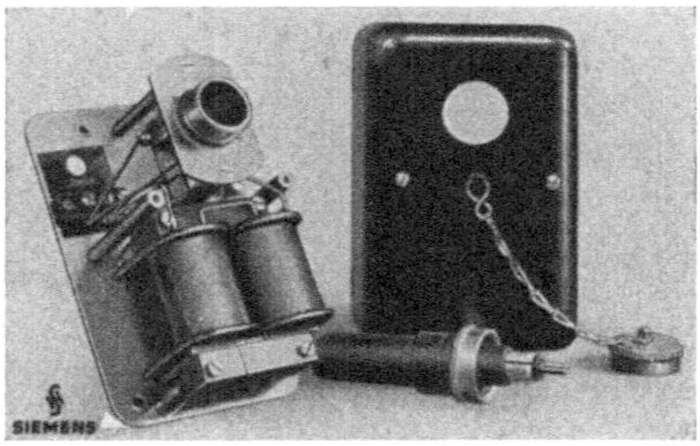

Abb. 115. Schutzübertrager mit Steckeranschluß.

4. OB-Gesellschaftsleitung mit Wahlzusatz.

„Reine“ OB-Gesellschaftsleitungen setzen für den gesamten Verkehr, der aus einer Gesellschaftsleitung in eine angeschlossene Selbstanschlußanlage fließt, die Inanspruchnahme einer Vermittlung voraus. Die Errichtung einer Vermittlung allein wegen dieses Verkehrs ist jedoch nicht wirtschaftlich. Aber auch in Anlagen, in denen bereits für andere Verkehrsarten Vermittlungsplätze bestehen, ist man bemüht, die Tätigkeit der Vermittlungsperson möglichst einzuschränken.

Die „OB-Gesellschaftsleitungen mit Wahlzusatz“ tragen dieser Betriebsforderung Rechnung; sie ermöglichen einen vollselbsttätigen Ver-

Abb. 116. OB-Fernsprecher mit Wahlzusatz (Sockel).

kehr von Sprechstellen der Gesellschaftsleitung nach Teilnehmern angeschlossener Selbstanschlußanlagen. Die Sprechstellen erhalten zu die-

Abb. 117. OB-Fernsprecher mit Wahlzusatz (freistehende Zusatzeinrichtung).

sem Zweck zusätzlich zum OB-Fernsprecher einen Wahlzusatz in Form eines Sockels (Abb. 116), eines Anbaues oder einer freistehenden Zusatzeinrichtung (Abb. 117). Der Verkehr zwischen den Sprechstellen der Gesellschaftsleitung sowie der Verkehr aus der Wählanlage erfährt keine Veränderung gegenüber der bereits geschilderten Ausführung.

Bei einer Verbindung nach einer Sprechstelle der Selbstanschlußanlage stellt der Teilnehmer der Gesellschaftsleitung zuerst durch Einhören fest, ob die Leitung frei ist. Danach drückt er die Taste seines Wahlzusatzes, wodurch eine in der Mitte geerdete Brücke in die Gesellschaftsleitung eingeschaltet und die Ue der Anlage belegt wird. Während der nachfolgenden Nummerngabe wird die eingeschaltete Brücke kurzgeschlossen und die Erde taktmäßig entsprechend der gewählten Ziffer abgetrennt. In der Ue wird die Zeichengabe von einem Relais aufgenommen, das ebenfalls über eine Brücke an die Leitung angeschaltet ist.

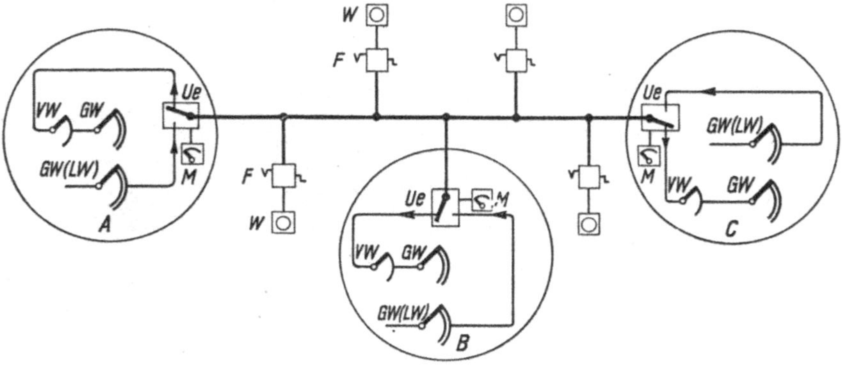

F = OB-Fernsprecher mit Kurbelinduktor, *M* = Mitlaufwerk, *W* = Wahlzusatz.

Abb. 118. OB-Gesellschaftsleitung mit Wahlzusatz in Verbindung mit mehreren Wählanlagen.

Belegung und Nummernwahl benutzen also einen neuen Stromkreis über Erde und die parallel geschalteten Adern der Doppelleitung. Der Sprechverkehr wickelt sich dann wieder, wie üblich, über die beiden Adern ab.

Sind mehrere Selbstanschlußanlagen an die Gesellschaftsleitung angeschlossen, so werden ihre Ue alle durch den Tastendruck belegt. Danach ist zur Ausscheidung der gewünschten Anlage die Wahl einer Kennzahl erforderlich. Diese wird in den Ue durch besondere „Mitläufer" geprüft, die jede Stromstoßgabe überwachen und nur bei zutreffender Kennzahl durchschalten (Abb. 118).

Da für das Belegen der Ue und während der Nummerngabe Erde als Rückleitung benutzt wird, ist das Einfügen von Schutzübertragern nicht möglich. Diese Betriebsform für Gesellschaftsleitungen kann daher nicht auf starkstrombeeinflußten Leitungen benutzt werden.

Die OB-Gesellschaftsleitungen sind die einfachsten Ausführungen der Gesellschaftsleitungen. Entsprechend dem geringen Aufwand werden sie bestimmten Verkehrsbedingungen nicht gerecht. Als störend muß die Anrufart durch Morsezeichen angesehen werden. Das einwandfreie Abgeben und sofortige Erfassen der Rufzeichen erfordert eine gewisse Schulung. Besonders bei größeren Sprechstellenzahlen und starkem Verkehr ist das schnelle Erkennen des eigenen Rufzeichens schwierig; der Teilnehmer wird durch das aufmerksame Hinhören bei jedem Ruf von seiner eigentlichen Tätigkeit abgelenkt. Zwar kann Abhilfe durch Verwendung von Rufausscheidern getroffen werden, wodurch wenigstens Störungen durch die Rufe für andere Sprechstellen vermieden werden. Bei einer derartigen Ausrüstung aller Sprechstellen mit Rufausscheidern und mit den dadurch erforderlichen größeren Batterien muß jedoch der Aufwand mit dem für neueste Wahlrufanlagen mit Induktivwahl verglichen werden, die gleichzeitig zahlreiche weitere Betriebsvorteile bieten.

Für einen Teil der Anwendungsfälle muß ferner die fehlende Geheimhaltung der Gespräche als Nachteil angesehen werden. Als Vorteil steht demgegenüber die einfache Ausrüstung der Sprechstellen und ihre geringe Wartung. OB-Gesellschaftsleitungen sind daher besonders für entlegenere Gegenden und für Gesellschaftsleitungen mit geringerem Verkehr geeignet. Sie werden u. U. auch auf wichtigen Strecken aus Sicherheitsgründen als Ersatz-Verbindungswege für Notbetrieb vorgesehen.

Demgegenüber wird vermehrten Betriebsbedingungen durch die nachstehend beschriebenen Wahlrufanlagen Rechnung getragen, in denen für die Verbindungsherstellung Schaltmittel der Wähltechnik benutzt werden. Für diesen vollselbsttätigen Betrieb auf Gesellschaftsleitungen sind mehrere Ausführungsformen entstanden. Dabei ergaben sich ähnlich wie im Fernwahlverbindungsverkehr nacheinander drei Entwicklungsstufen: „Gleichstromwahl“, „Wechselstromwahl“ und „Induktivwahl“. Neben der neuesten Ausführung, den Wahlrufanlagen mit Induktivwahl, wird gegenwärtig auch noch eine der älteren Formen, die Wahlrufanlagen nach dem Speichersystem, verwendet. Beide Ausführungen werden daher nachstehend beschrieben.

5. Wahlrufanlage nach dem Speichersystem.

Der Verkehr der Sprechstellen der Gesellschaftsleitung untereinander und der Verkehr mit Teilnehmern angeschlossener Wählanlagen wird in jeder Richtung vollselbsttätig abgewickelt. Die dafür erforderlichen Schaltmittel sind zum größten Teil in einer Zentraleinrichtung (Abb. 119) untergebracht. Die Zentraleinrichtung (24 V) hat einen Speicher für die Stromstoßgabe, der die Zeichen von den Sprechstellen aufnimmt und umgesetzt wieder auf die Leitung gibt. Jede Sprechstelle (Abb. 120) erhält neben dem Tischfernsprecher mit Nummernschalter, Drehschauzeichen und Aufschaltetaste zwei Wandbeikästen, in denen sich Schrittschaltwerk und Relais sowie eine Ortsbatterie für

4 V befinden. Als Schrittschaltwerke werden Wählerrelais verwendet. Wählerrelais (Abb. 121) sind Relais, bei denen die Ankerbewegungen zum Schalten von Nockenscheiben oder Schaltarmen ausgenutzt werden. Man verwendet sie überall dort an Stelle von Drehwählern, wo wenig Energie oder wenig Raum zur Verfügung steht.

Beim Abheben des Handapparates wird die Zentraleinrichtung durch Schleifenschluß an der Sprechstelle belegt; dabei sendet die Zentraleinrichtung ein Wechselstromzeichen über die Leitung, das die Schalt-

Abb. 119. Zentraleinrichtung für Wahlrufanlagen nach dem Speichersystem.

werke aller Sprechstellen um einen Schritt weiterschaltet. Sämtliche Sprechstellen, mit Ausnahme der anrufenden, sind dadurch für abgehenden Verkehr gesperrt; der Besetztzustand der Leitung wird an allen Fernsprechern durch Schauzeichen angezeigt. Die Schleifenunterbrechungen bei Wahl der zweistelligen Anrufnummer — es können bis 30 Sprechstellen an eine derartige Wahlrufleitung angeschlossen werden — stellen den Speicher der Zentraleinrichtung gleichstrommäßig ein. Nach Aufnahme der Anrufnummer sendet die Zentraleinrichtung, entsprechend umgerechnet und umgesetzt, eine ununterbrochene Reihe von Wechselstromzeichen auf die Leitung, wodurch die Schaltwerke in den Sprechstellen schrittweise weitergeschaltet werden. Ihre Endstellung entspricht in der gewünschten Sprechstelle der Anrufstellung; dort allein ertönt also der Wecker (Einzelanruf!), und nur dort kann durch Abheben des Handapparates die Sprechverbindung aufgenommen werden (Geheimsprechen!). Die Abgabe des Rufzeichens wird dem Anrufenden durch ein Freizeichen zurückgemeldet, so daß dieser stets über den jeweiligen Stand der Verbindung unterrichtet ist. Haben nach Gesprächsschluß beide Teilnehmer aufgelegt, so wird durch die Auftrennung der Gleichstromschleife ein langes Wechselstromzeichen von der Zentraleinrichtung gegeben. Während dieses Auslösezeichens schalten sich die Schaltwerke aller Sprechstellen in die Anfangsstellung zurück. Neben dem Anruf einzelner Sprechstellen können auch Gruppen- und Sammelrufe abgegeben werden.

Zum Absetzen außerordentlich dringender Meldungen usw. ist die Möglichkeit vorgesehen, in ein bestehendes Gespräch einzutreten — eine Betriebsbedingung, die für viele Verwaltungen wichtig ist. Durch Drücken einer Aufschaltetaste, die für den gewöhnlichen Verkehr durch ein Bleisiegel gesperrt ist, kann der betreffende Fernsprecher zwangsweise an die Leitung angeschaltet werden. Ein regelmäßiges Nachprüfen der Siegel und die Vorschrift, ihre Verletzung stichhaltig zu begründen, schützt vor mißbräuchlicher Benutzung der Aufschaltetaste. Geheimsprechen bleibt also im ordnungsmäßigen Betrieb trotz Aufschaltetaste gewährleistet.

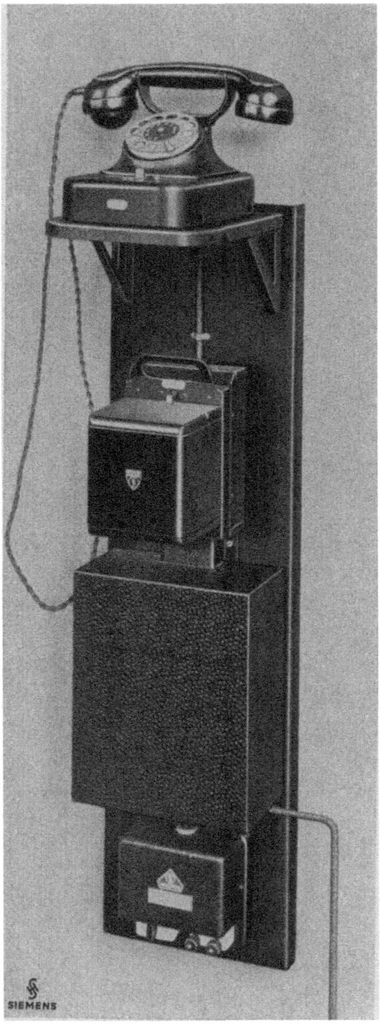

Abb. 120. Sprechstelle für Wahlrufanlagen nach dem Speichersystem.

Bei Anschluß von Selbstanschlußanlagen an die Wahlrufleitung wird die Zentraleinrichtung zweckmäßig in einer dieser Anlagen aufgestellt. Weitere Selbstanschlußanlagen erhalten lediglich Anschlußübertragungen (Abb. 122). Im Verkehr von und nach Teilnehmern der Selbstanschlußanlage haben die Anrufenden vor Abgabe der Teilnehmerrufnummer die Kennzahl der Leitung bzw. der betreffenden

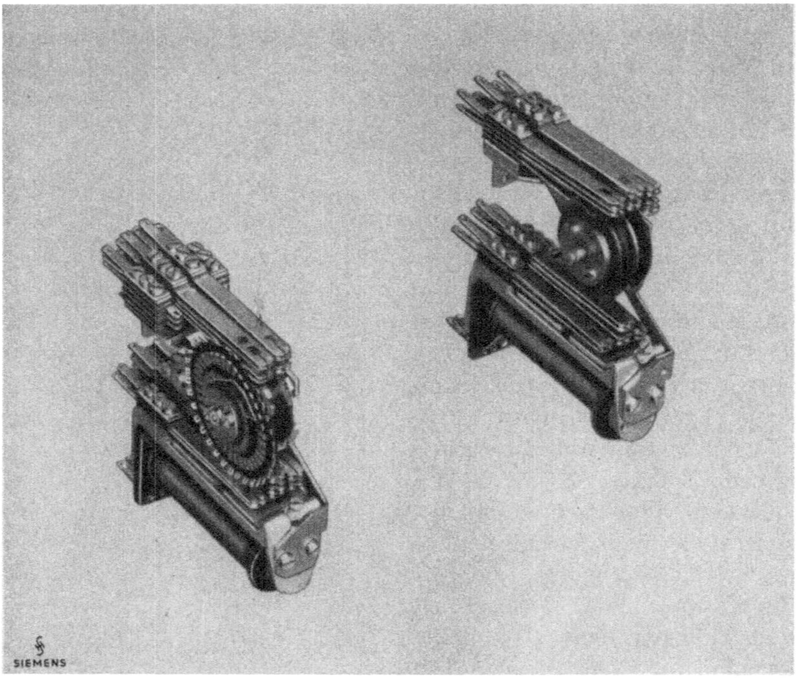

Abb. 121. Wählerrelais verschiedener Bauart.

Anlage zu wählen. Ist die Wahlrufleitung bereits belegt, so erhält der Teilnehmer der Wählanlage nach Wahl der Kennzahl ein Besetztzeichen.

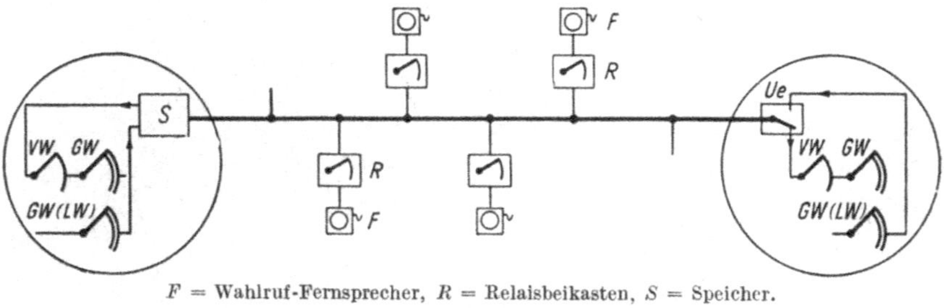

F = Wahlruf-Fernsprecher, R = Relaisbeikasten, S = Speicher.

Abb. 122. Wahlrufanlage nach dem Speichersystem in Verbindung mit zwei Wählanlagen.

Legt ein Teilnehmer seinen Handapparat nach Gesprächsschluß nicht auf oder wählt er nach dem Abheben nicht, so wird die Wahlrufleitung nach einer gewissen Zeit von der Zentraleinrichtung aus durch ein langes Wechselstrom-Auslösezeichen frei gemacht. Die betreffende Sprechstelle wird gleichzeitig gesperrt, bis dort wieder aufgelegt worden ist; etwaige Anrufe kommen jedoch auch bei derartig gesperrten Sprechstellen an.

Da die Zeichengabe von der Sprechstelle zur Zentraleinrichtung gleichstrommäßig durch Schleifenunterbrechungen gegeben wird, ist eine Abriegelung der Leitung bzw. der Sprechstellen nicht möglich. Wahlrufanlagen nach dem Speichersystem können also nicht für Leitungen verwendet werden, die z. B. starkstrombeeinflußt sind. Als nachteilig können bei sehr starkem Verkehr u. U. auch die Wartezeiten nach der Nummernwahl und nach Gesprächsschluß empfunden werden, da alle Zeichen erst zur Zentraleinrichtung gegeben und dort vom Speicher aufgenommen und neu ausgesendet werden. Ferner stellt die Gleichstromzeichengabe vom Teilnehmer nach der Zentraleinrichtung gewisse Ansprüche an die Leitungen. Dagegen bietet diese Ausführung gegenüber den OB-Gesellschaftsleitungen schon Vorteile, wie vollselbsttätiger Verkehr, Einzelanruf und Geheimsprechen.

6. Wahlrufanlage mit Induktivwahl.

Mit dieser Ausführungsform werden alle neuzeitlichen Betriebsforderungen für Gesellschaftsleitungen erfüllt. Trotz der Übernahme neuer Bedingungen werden die Vorteile der bisher beschriebenen Ausführungen beibehalten.

Die bei dem üblichen Fernsprechverkehr im allgemeinen an einer Stelle, in der Anlage, zusammengefaßten Wähleinrichtungen — ebenso wie die Zentraleinrichtung der Wahlrufanlage nach dem Speichersystem — sind hierbei über die einzelnen Sprechstellen verteilt. Dadurch wird der Verkehr unabhängig von zentralen Einrichtungen, wie z. B. Speicher usw. Jede Sprechstelle erhält einen Tischfernsprecher mit Nummernschalter, Drehschauzeichen und Aufschaltetaste, ferner einen Relais- und einen Batteriekasten, die auf gemeinsamer Grundplatte angeordnet sind (Abb. 123), sowie den zum Aufladen der Batterie erforderlichen Trockengleichrichter.

Da die Abriegelung von Leitung oder Sprechstellen eine wichtige Betriebsforderung ist (z. B. bei Starkstrombeeinflussung, Mehrfachausnutzung), wurde auf jede gleichstrommäßige Zeichengabe oder Mitbenutzung der Erde verzichtet. Aus wirtschaftlichen Gründen wurde die Induktiv-Stromstoßgabe verwendet, bei der die einzelnen Zeichen, wie schon ausgeführt, unter Benutzung einer Batterie durch Stromstöße wechselnder Richtung und veränderlicher Stromform gebildet werden. Jeder Stromstoß wird dabei durch Ein- oder Ausschalten der Erstwicklung eines besonders bemessenen Stromstoßtransformators auf die Zweitwicklung induziert und auf die Leitung gegeben. Durch eine besondere Schaltungsanordnung — an Stelle einer einzigen Erstwicklung hat der Stromstoßtransformator zwei gegeneinander geschaltete Teilwicklungen, von denen stets eine ein- und die andere gleichzeitig ausgeschaltet wird — erzielt man trotz Verwendung einer Ortsbatterie von nur 6 V die erforderliche Sendeleistung. Die 6-V-Batterie, die bei der Wahl kurzzeitig mit etwa 4 bis 6 A belastet ist, wird im allgemeinen selbsttätig entsprechend der Stromentnahme über einen Trockengleichrichter aus dem Wechselstromnetz gepuffert. In den Relaisbeikästen steuern gepolte

Abb. 123. Sprechstelle einer Wahlrufanlage mit Induktivwahl.

Relais als Empfangsrelais die Schalteinrichtungen. Als Schrittschaltwerke sind auch hier Wählerrelais eingesetzt.

Neben dem vollselbsttätigen Verkehr der Sprechstellen untereinander und mit Teilnehmern der angeschlossenen Selbstanschlußanlagen werden folgende wichtige Betriebsbedingungen erfüllt. Der Ruf ertönt nur an der angerufenen Sprechstelle (Einzelanruf!). Der Zustand der Leitung (frei oder besetzt) wird durch Schauzeichen an allen Fernsprechern gekennzeichnet, so daß die Handapparate nicht vergeblich abgehoben zu werden brauchen. Nicht angerufene Teilnehmer können durch Abheben ihres Handapparates nicht in ein bestehendes Gespräch eintreten (Geheimsprechen!), da sich die Schaltwerke sämtlicher unbeteiligten Sprechstellen nicht in ihrer Anruf- bzw. Sprechstellung befinden. Für dringende Fälle ist jedoch der Eintritt in ein bestehendes Gespräch durch Drücken einer Aufschaltetaste vorgesehen; im Bedarfsfall kann das bestehende Gespräch sogar zwangsweise getrennt werden. Mißbräuchliche Benutzung der Aufschaltetaste wird durch ein Bleisiegel verhindert, mit dem die Taste, ebenso wie bei der Ausführung nach dem Speichersystem, gesichert ist.

Die Rufnummern der Sprechstellen sind ein- oder zweistellig und können beliebig zugeteilt werden. Die Verbindung ist unmittelbar nach Beendigung der Wahl hergestellt. Der Ruf wird gleichstrommäßig an der gewünschten Sprechstelle veranlaßt; seine ordnungsmäßige Abgabe wird dem Anrufenden durch ein Rufzeichen (Freizeichen) zurückgemeldet. Der Teilnehmer ist also stets über den Zustand der Verbindung unterrichtet und „hängt nicht in der Luft". Gleichzeitig wird durch das Rufzeichen eine Art Störungseingrenzung ermöglicht, da der Teilnehmer bei fehlendem Rufzeichen, d. h. bei fehlendem Ruf, benachbarte Sprechstellen anrufen und so feststellen kann, ob der Fehler an seinem Fernsprecher, an dem des gewünschten Teilnehmers oder auf der Leitung (Leitungsbruch!) liegt.

Nach Gesprächsbeendigung wird die Verbindung durch den Teilnehmer ausgelöst, der zuerst auflegt (Auslösung oder Rückauslösung). Wartezeiten sind also schaltungstechnisch weder nach der Wahl noch nach dem Auflegen bedingt. Sprechstellen, an denen nach dem Abheben nicht gewählt wird oder an denen der Handapparat nicht aufgelegt ist, werden nach einer einstellbaren Frist selbsttätig von der Leitung abgeworfen. Unnötiges oder mißbräuchliches Belegen und Sperren der Leitung bleiben also auf ein Mindestmaß beschränkt. Ein Anruf kommt auch bei Sprechstellen an, die sich somit nicht im ordnungsmäßigen Anrufzustand befinden (Handapparat abgenommen = Sprechstellung!). Wird die Leitung an irgendeiner Stelle ohne gleichzeitigen Kurzschluß unterbrochen, so ist noch ein Teilverkehr auf jedem der beiden Abschnitte möglich.

Neben dem Anruf einzelner Teilnehmer können von jeder Sprechstelle aus Sammel- und Gruppenrufe vorgenommen werden. Bei Sammel- und Gruppenruf werden die Ruf-(Frei-)zeichen der angerufenen Sprechstellen unterdrückt, damit diese Gespräche nicht von den Sprechstellen aus gestört werden, an denen nicht abgehoben wird. Die Auslösung einer Sammel- oder Gruppenverbindung ist nur von der einberufenden Stelle aus möglich.

Die Anzahl der angeschlossenen Sprechstellen ist aus technischen und betrieblichen Gründen begrenzt; sie hängt von Leitungsart und -länge, Sprechstellenhäufung, Sprechdämpfung, Gesprächshäufigkeit usw. ab. Um über diese Höchstzahl hinausgehen zu können, die von Fall zu Fall verschieden ist, wird die Leitung durch „Kupplungsübertragungen" (Abb. 124) in zwei oder mehr Abschnitte unterteilt. Jeder Abschnitt nimmt dann die zutreffende Höchstzahl von Sprechstellen auf. Neben der gesteigerten Anschlußmöglichkeit ergibt sich dadurch gleichzeitig eine Mehrfachausnutzung der Wahlrufleitung, da die Teilnehmer der einzelnen Abschnitte nach Bedarf untereinander verkehren können, ohne die gesamte Leitung während des Gespräches zu belegen.

Abb. 124. Kupplungsübertragung.

Beim Abheben des Handapparates wird bei der üblichen Einschaltung der Kupplungsübertragungen zunächst die gesamte Leitung vorbereitend belegt. Die erste Ziffer der Nummernwahl kennzeichnet den Leitungsabschnitt. Liegt die gewünschte Sprechstelle in der eigenen Teilstrecke, so geben die Kupplungsübertragungen sofort selbsttätig die nicht benötigten Leitungsabschnitte wieder frei. Auf ihnen können dann weitere Verbindungen aufgebaut werden. Wird eine Sprechstelle eines bereits belegten Abschnittes gewählt, so gibt die Kupplungsübertragung Besetztzeichen zum Anrufenden zurück. Jede Nummernwahl wird in den Kupplungsübertragungen von Mitlaufwerken überwacht, die die erforderlichen Schaltungen vornehmen.

Der Einbau derartiger Kupplungsübertragungen ist ferner ganz allgemein bei Anschluß von *mehreren* Selbstanschlußanlagen zweckdienlich (Abb. 125). Es hat sich in solchen Fällen gezeigt, daß der Verkehr besonders stark in Richtung zur nächstgelegenen Anlage fließt. Die Kupplungsübertragung teilt dann die Leitung in Abschnitte mit besonders starkem Eigenverkehr auf, ohne jedoch den Verkehr über die Gesamtleitung zu erschweren.

Eine andere Schaltungsausführung der Kupplungsübertragung belegt die angeschlossene Leitung nicht sofort beim Abheben des Handapparates (vorbereitende Belegung), sondern erst nach Wahl einer Kennzahl. Derartige Kupplungsübertragungen sind also Verbindungsmittel

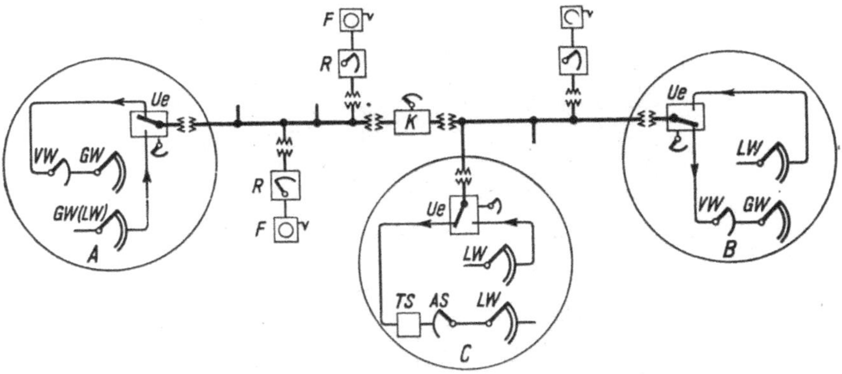

A, B = Wählanlage, *C* = Kleinanlage, *F* = Wahlruf-Fernsprecher, *K* = Kupplungsübertragung, *R* = Relaisbeikasten, *TS* = Teilnehmerschaltung.

Abb. 125. Wahlrufanlage mit Induktivwahl mit Kupplungsübertragung in Verbindung mit mehreren Wählanlagen.

zwischen Leitungen oder Leitungsabschnitten, die nur einen geringeren Verkehr von Leitung zu Leitung aufweisen.

An den Stellen, in denen verschiedene Wahlrufleitungen zusammentreffen, müssen naturgemäß mehrere „Sprechstellen" vorgesehen werden. In Abb. 126 ist eine Anordnung wiedergegeben, in der für jede Leitung ein besonderer Fernsprecher aufgestellt wurde. Oberhalb der drei Fernsprecher befinden sich die Relaisbeikästen; rechts daneben sind die beiden Kupplungsübertragungen, darüber ist der zugehörige Trockengleichrichter angebracht. Seit Entwicklung des Mehrfachfernsprechers (vgl. S. 163) kann eine derartige Anhäufung von Fernsprechern durch Zusammenfassung der Anschlüsse vermieden werden.

Anschlußübertragungen für Selbstanschlußanlagen (Abb. 127) können an beliebigen Punkten der Leitung eingesetzt werden. Sie sind ähnlich wie die Kupplungsübertragungen mit einem Mitlaufwerk ausgerüstet; die Kennzahlen für diesen Verkehr sind im allgemeinen einstellig. Die

Mitläufer überwachen die Nummernwahl auf der Leitung und schalten bei zutreffender Wahl nach der Selbstanschlußanlage durch. Die weitere Stromstoßgabe wird dann auf bereitgestellte Wähler umgesetzt. Entsprechend den Wahlrufsprechstellen sind auch diese Ue bei einem bestehenden Gespräch auf der Leitung gegen jede weitere Belegung, in diesem Falle aus der Selbstanschlußanlage, gesperrt. Eine besondere

Abb. 126. Anordnung mehrerer Wahlruf-Fernsprecher und Kupplungsübertragungen in einer Dienststelle.

Ausführungsform gestattet den Anschluß von Wahlrufleitungen an 25teilige Kleinanlagen (vgl. *C* in Abb. 125). Das eingebaute Mitlaufwerk nimmt dann je nach Kennzahl zwei verschiedene Belegungen vor. Durch die eine Belegung kann eine der Sprechstellen der Kleinanlage erreicht werden; die andere ahmt den Tastendruck nach, den der Teilnehmer der Kleinanlage zwecks Belegung der Verbindungsleitung ausführen muß; die Verbindung von der Wahlrufsprechstelle baut sich dann sofort über Kleinanlage und Verbindungsleitung bis zur vorgeordneten Anlage auf.

Abb. 127. Anschlußübertragung für Wählanlagen.

Als ein wesentlicher Vorzug der einfachen OB-Gesellschaftsleitungen wird oft angeführt, daß auf freier Strecke jederzeit tragbare Fernsprecher an die Leitung angeschlossen werden können. Auch diese Betriebs-

Abb. 128. Relaisbeikasten einer Notrufempfangsstelle.

forderung ist für Wahlrufanlagen mit Induktivwahl übernommen worden; trotz der verfeinerten Technik der Anlage kann für einen derartigen „Notruf“ der gleiche tragbare OB-Fernsprecher mit Kurbelinduktor wie bei den OB-Gesellschaftsleitungen verwendet werden. Der Induktorruf, der eine bestimmte Länge haben muß, kommt bei einer „Notrufempfangsstelle“ (Abb. 128) an, von der die Meldung je nach Bedarf weitergegeben werden kann. Da die gepolten Empfangsrelais der einzelnen Sprechstellen durch den Induktorstrom ganz verschieden beeinflußt sein können, gibt die Notrufempfangsstelle bei jedem Notruf kurz hintereinander selbsttätig einen Belegungs- und einen Auslösestromstoß ab. Danach kehren die Schaltwerke sämtlicher Sprechstellen wieder in die Ruhestellung zurück. Die Notrufempfangsstelle kann unter anderem auch in Form eines besonderen Anschlusses in die halbselbsttätige Vermittlung (vgl. S. 126) einbezogen werden. Ankommende Notrufe werden dann von der Vermittlungsperson entgegengenommen und können gegebenenfalls nach einem beliebigen anderen Anschluß weitervermittelt werden.

XIV. Befehlsanlagen.

1. Allgemeines.

Befehlsanlagen sind auch unter der Bezeichnung „Kommandoanlagen“, „Zug- oder Betriebsüberwachungsanlagen“, „Train Dispatching“ usw. bekannt. Derartige Anlagen dienen dazu, die Nachrichtenübermittlung zwischen einer leitenden Stelle und einer größeren Anzahl ihr untergeordneter Stellen zu vereinfachen; sie wurden besonders für die schnellste Durchgabe zahlreicher Meldungen und Anordnungen entwickelt.

Befehlsanlagen werden daher eingesetzt, wenn der Betrieb von einer verantwortlichen Stelle aus bis ins einzelne überwacht und geregelt werden oder wenn die Betriebsabwicklung nicht einem starren Plan folgen soll, sondern darüber hinaus die sofortige Anpassung an alle Ereignisse und die Ausnutzung jeder Möglichkeit gefordert wird.

Mit Befehlsanlagen wird beispielsweise der Zugverlauf auf dicht befahrenen Strecken geleitet oder der Bahnhofsverkehr und Rangierdienst geregelt. Sie können ferner für die Befehlsübermittlung in Kraftanlagen verwendet werden usw.

2. Betriebsbedingungen.

Eine Befehlsanlage setzt sich aus einer „Befehlstelle“ und einer größeren Anzahl von „Außensprechstellen“ (auch Außenstellen genannt) zusammen. Die Befehlstelle (Abb. 129) ist der Sitz des „Überwachers“; hier gehen alle Meldungen ein, und von hier aus werden die erforderlichen Anordnungen an die Außensprechstellen gegeben. Die Außensprechstellen sind auf die verschiedenen Betriebspunkte verteilt, die zum Wirkungsbereich des Überwachers gehören.

Der Leitgedanke bei der Entwicklung der Anlage war, schnellste Durchgabe *zahlreicher* Meldungen an die Befehlstelle und *mühelose* Rückgabe der erforderlichen Anweisungen an die in Betracht kommenden Stellen zu ermöglichen. Ein Verkehr der Außensprechstellen untereinander ist bei dieser Anlage im allgemeinen betrieblich unerwünscht; er kann jedoch in Ausnahmefällen mit Hilfe der Befehlstelle durchgeführt werden.

Die Außensprechstellen treten also nur mit der Befehlstelle in Verbindung, so daß für diese Verkehrsrichtung besondere Auswahlvorgänge, d. h. die Abgabe unterschiedlicher Zeichen oder Stromstoßreihen, nicht

Abb. 129. Befehlstelle einer Befehlsanlage mit Wechselstromwahl.

erforderlich sind. Der Überwacher dagegen muß sich für jeden Anruf eine oder einige Außensprechstellen aus einer größeren Anzahl auswählen. Dabei ist zu berücksichtigen, daß die Außensprechstellen sehr oft längs einer oder mehrerer längerer Strecken liegen; sie werden daher aus betrieblichen und wirtschaftlichen Gründen entweder alle zusammen oder in mehreren Gruppen parallel an eine oder mehrere Doppelleitungen angeschlossen. Für den Anruf der gewünschten Außensprechstelle kann nur eine selbsttätige Verbindungsherstellung in Betracht kommen, wobei zwecks Entlastung des Überwachers nur die einfachsten und unumgänglichsten Handgriffe zuzulassen sind.

Im einzelnen ergeben sich auf Grund der Verhandlungen mit verschiedenen Verwaltungen die nachfolgend aufgeführten Grundbedingungen:

1. Aus wirtschaftlichen Gründen müssen die Außensprechstellen ihrem Einsatz gemäß alle zusammen oder in mehreren Gruppen parallel an eine oder mehrere Doppelleitungen angeschlossen werden.

2. Einfachste Handhabungen bei der Abgabe und Entgegennahme eines Anrufes, sowohl an der Befehlstelle als auch an den Außensprechstellen. An der Befehlstelle z. B. muß ein Tastendruck zum Auswählen und selbsttätigen Rufen der gewünschten Außensprechstelle genügen; ein in der Außensprechstelle abgegebenes Kennwort soll im allgemeinen bereits den „Anruf" in der Befehlstelle bewirken.

3. Neben dem „Einzelruf" (Anruf *einer* Außensprechstelle) müssen gleichzeitig mehrere Außensprechstellen angerufen werden können („Gruppenruf"). Die Zusammenstellung eines Gruppenrufes muß jederzeit völlig *beliebig* möglich sein. Die Außensprechstellen dürfen dabei nicht nacheinander gerufen werden, sondern der Ruf muß bei allen gewünschten Stellen gleichzeitig durchgeführt werden.

4. Der Ruf darf nur an der oder an den gewünschten Außensprechstellen ertönen (keine Auswahl durch Morsezeichen).

5. Sowohl Einzel- als auch Gruppenrufe müssen in kürzester Zeit durchgeführt sein.

6. Der Überwacher muß eine Bestätigung dafür erhalten, daß der Ruf an der Außensprechstelle ertönt.

7. Außensprechstellen mit abgehobenem Handapparat dürfen den Anruf nicht verhindern.

8. Die Rufdauer muß bei Bedarf vom Überwacher auf einfachste Weise und beliebig verlängert werden können.

9. Sollte die Stromstoßgabe durch irgendeinen Vorgang gefälscht werden, so darf keine Außensprechstelle angerufen werden. Dem Überwacher muß dieser Zustand sofort auffallen.

10. Irrt sich der Überwacher beim Drücken einer Taste, so muß er den Irrtum berichtigen können, ohne daß der nicht gewollte Anruf zustande kommt.

11. Zwecks Arbeitserleichterung muß Rede und Gegenrede in der Befehlstelle über Mikrophon und Lautsprecher (= Lautfernsprecher) abgewickelt werden können.

12. Bei Abschaltung des Lautfernsprechers muß der Anruf durch ein akustisches oder optisches Zeichen gekennzeichnet werden.

13. Geheimsprechen ist nicht gefordert.

14. Stromversorgung und Wartung müssen einfach sein.

3. Aufbau und Betriebsweise.

In einer Befehlsanlage können der Befehlstelle, dem Sitz des „Überwachers“, je nach Ausführung bis 30 bzw. 60 Außensprechstellen zugeordnet werden.

Die Außensprechstellen sind im allgemeinen über ein größeres Gebiet verteilt; charakteristisch für Befehlsanlagen ist, daß die einzelnen Betriebstellen längs einer oder mehrerer „Linien“ liegen. Die Befehlstelle befindet sich dabei sehr oft nicht am Ende, sondern an einem besonders wichtigen Punkt der Strecke (Abb. 130); u. U. wird die Befehlstelle auch an Orten eingesetzt, in denen sich die Strecke gabelt. Aus betrieblichen und wirtschaftlichen Gründen sind die Außensprechstellen daher stets parallel an eine oder mehrere Doppelleitungen angeschlossen.

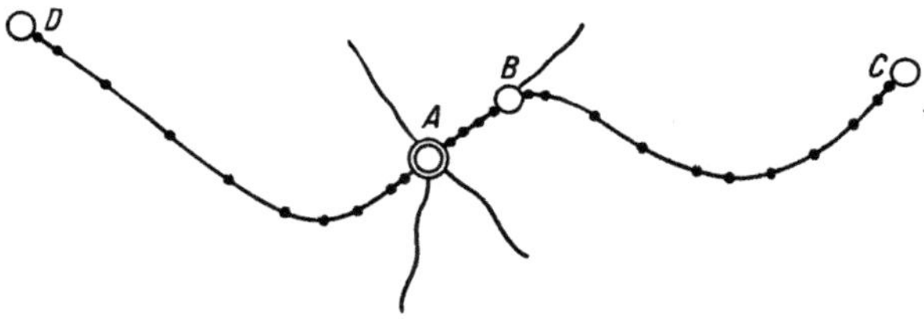

Abb. 130. Streckenplan einer Befehlsanlage mit 25 Außensprechstellen.

Die Befehlstelle befindet sich z. B. im Bahnhof A; es ist angenommen, daß von dort aus die Betriebsreglung für die beiden Streckenabschnitte ABC und AD erforderlich ist.

Von der Befehlstelle aus müssen somit bei jedem Anruf eine oder mehrere Sprechstellen ausgewählt werden, die zusammen mit anderen parallel an einer Leitung liegen. Eine Unterscheidung durch Morsezeichen ist sowohl wegen der dabei erforderlichen Handgriffe und des Zeitverlustes für den Überwacher als auch wegen der damit verbundenen Störungen für die nicht gewünschten Sprechstellen zu verwerfen. Es wird daher eine Technik ähnlich der verwendet, die für Wahlrufanlagen (vgl. S. 179) entwickelt wurde.

Jede Außensprechstelle erhält neben dem Fernsprecher eine Relaiseinrichtung, die aus mehreren Relais und einem Schrittschaltwerk besteht (vgl. Abb. 133). Als Schrittschaltwerk wurde aus Gründen der Raum- und Stromersparnis ein Wählerrelais verwendet (vgl. Abb. 121). Stromstoßreihen von der Befehlstelle aus, die von geeigneten Empfangsrelais aufgenommen werden, schalten die Wählerrelais aller Außensprechstellen bei jedem Anruf schrittweise weiter; auf bestimmten Schritten, die z. B. der Anrufnummer der betreffenden Außensprechstelle, der Rufstellung usw. entsprechen, werden von den Nockenscheiben der Wählerrelais Kontakte geschlossen. Durch eine entsprechende Schaltungsanordnung wird der Ruf nur an den gewünschten Sprechstellen veranlaßt.

Die Anrufnummern sind dabei von der Lage der Außensprechstellen längs der Strecke unabhängig, d. h. die Außensprechstellen brauchen nicht etwa in der Reihenfolge ihrer Anrufnummern eingesetzt zu werden. Neue Sprechstellen können daher längs der Strecke beliebig eingeschoben werden, ohne daß sich daraus Änderungen der Anrufnummern ergeben.

An der Befehlstelle ist jeder Außensprechstelle eine besondere Anruftaste zugeordnet. Der Überwacher hat also — das Wählen der Rufnummer mit einem Nummernschalter würde ihn zeitlich zu sehr belasten — zum Anruf lediglich die betreffende Anruftaste zu drücken. Dadurch werden von einer Relaiseinrichtung Stromstoßreihen in bestimmter Art und Reihenfolge ausgesendet und die Schrittschaltwerke der Außensprechstellen entsprechend gesteuert. Eine Überwachungslampe bzw. ein Schauzeichen zeigen dem Überwacher an, daß der Wahlvorgang richtig begonnen hat und wie lange die Stromstoßgabe anhält. Zum Aussenden und Abmessen der Stromstoßreihen werden nur Relais und ein Drehwähler benutzt (vgl. S. 194).

Neben den Anruftasten sind in der Befehlstelle weitere durch Größe, Lage, Farbe und Beschriftung hervorgehobene Tasten vorgesehen.

Zwei von ihnen, die sog. Anfangs- und Endtaste, dienen der „Tastenspeicherung“ und „Speicherungsbeendigung“ bei Gruppenrufen. Ein Gruppenruf wird vorgenommen, wenn der Überwacher eine Mitteilung gleichzeitig an mehrere Außensprechstellen abgeben will. Da die jeweils in Betracht kommenden Stellen von Fall zu Fall andere sein werden, wäre eine durch Schaltungsmaßnahmen festgelegte Gruppenbildung im allgemeinen unzweckmäßig. Der Überwacher muß vielmehr die Möglichkeit haben, sich die jeweils gewünschten Gruppen je nach Bedarf und völlig beliebig zusammenzustellen.

In den hier behandelten Ausführungen ist es bei einem Gruppenruf lediglich erforderlich, als Einleitung die Anfangstaste (A), danach die Anruftasten der gewünschten Außensprechstellen und zum Schluß die Endtaste (E) zu drücken. Sollen z. B. gleichzeitig die Außensprechstellen 5, 8, 15 und 21 angerufen werden, so drückt der Überwacher nacheinander die Tasten „A“, 5, 8, 15, 21 und „E“. Durch die Anfangstaste wird ein sofortiges Ablaufen der Stromstoßreihe verhindert (Tastenspeicherung); beim Drücken der Endtaste beginnt die Stromstoßgabe (Speicherungsbeendigung). Am Schluß der Stromstoßgabe ertönen *gleichzeitig* die Wecker der gewünschten Außensprechstellen 5, 8, 15 und 21. Durch die verwendete Technik konnte erreicht werden, daß die für einen Gruppenruf erforderliche Zeit, ebenso wie bei einem Einzelruf, nur wenige Sekunden dauert.

Eine weitere Taste, die sog. „Irrungstaste“, dient dazu, irrtümlich gedrückte Tasten wieder auszulösen. Durch Drücken der „Rufverlängerungstaste“ kann im Bedarfsfalle die Rufdauer über die sonst vorgesehene Zeit hinaus verlängert werden. Als übliche Rufdauer hat sich betrieblich eine Zeit von etwa zwei Sekunden als zweckmäßig erwiesen.

Anruf- und Sondertasten sowie Lampen oder Schauzeichen sind in einem Tastenpult zusammengefaßt (vgl. Abb. 131 und 137). Das Tastenpult enthält ferner einen Handapparat und den Anschluß für Kopfhörer und Brustmikrophon, die als Ersatz für den im allgemeinen verwendeten Lautfernsprecher (Lautsprecher und Mikrophon) bzw. für die Benutzung in betriebsschwachen Zeiten gedacht sind.

Zum Anruf der Befehlstelle von einer Außensprechstelle aus genügt dort im allgemeinen das Abheben des Handapparates und, wenn die Leitung frei ist, ein mündlicher Zuruf über das Mikrophon. Dieser Zuruf

Abb. 131. Tastenpult der Befehlstelle einer Befehlsanlage mit Wechselstromwahl.

— es kann z. B. ein Kennwort der betreffenden Außensprechstelle angegeben werden — erschallt dann im Lautsprecher der Befehlstelle.

Durch einen am Tastenpult befindlichen Schalter kann veranlaßt werden, daß Anrufe im Lautsprecher, im Handapparat oder Kopfhörer oder auf einer Anruflampe und einem Wecker ankommen.

Die Relaiseinrichtungen der Befehlstelle sind in einem kleinen Wandschrank, die jeder Außensprechstelle in einem Relaisbeikasten untergebracht. Wandschrank wie auch Relaiskasten sind durch längere Kabel mit dem Tastenpult bzw. mit dem Fernsprecher der Außensprechstelle verbunden, damit sie auch außerhalb des betreffenden Dienst- oder Aufenthaltsraumes untergebracht werden können.

Nachstehend sollen zwei Ausführungsformen für Befehlsanlagen besprochen werden, die sich in jahrelangem praktischem Betrieb bewährt haben.

Ihr Hauptunterschied, aus dem heraus sich in vielen Fällen ihre jeweilige Benutzung ergibt, liegt in der Zahl der anzuschließenden Außensprechstellen. Technisch unterscheiden sie sich vor allem durch die verwendete Art der Stromstoßgabe. Bei der einen Ausführung wird „Wechselstromwahl", bei der anderen „Induktivwahl" benutzt, zwei Wahlarten, die auch für Fernwahl, in Wahlrufanlagen usw. nebeneinander bestehen. Die Ausführung mit Wechselstromwahl wurde für einen Höchstausbau von 60 Außensprechstellen entwickelt, während die Ausführung mit

Abb. 132. Wähleinrichtung der Befehlstelle für Befehlsanlagen mit Wechselstromwahl (Gehäuse abgenommen).

Induktivwahl auf höchstens 30 Außensprechstellen beschränkt wurde. Diese Höchstzahlen ergaben sich aus den Betriebsverhältnissen der Verwaltungen, die bisher Befehlsanlagen bevorzugt eingesetzt haben.

4. Befehlsanlage mit Wechselstromwahl.

Ausbau. Die Anlage umfaßt neben der Befehlstelle im allgemeinen bis 30 Außensprechstellen; eine Erweiterungsmöglichkeit auf 60 Außensprechstellen ist vorgesehen. Neben dem Tastenpult (Abb. 131) und der zugehörigen Wähleinrichtung mit Relais, Drehwähler usw. (Abb. 132) enthält sie einen Lautfernsprecher (Lautsprecher und Mikrophone) nebst Verstärkereinrichtung (vgl. Abb. 129). Die Wähl- und Verstärkereinrichtungen sind in einem Wandschrank bzw. -beikasten mit staubsicherem Gehäuse oder Kappe untergebracht.

Die Außensprechstellen erhalten Relaisbeikästen und Fernsprecher ohne Nummernschalter (Abb. 133). Diese OB-Fernsprecher haben Taste und Besetztschauzeichen. Die durch die Schaltung des Fernsprechers erzielte Rückhördämpfung ist für das Sprechen in geräuschvollen Räumen besonders wichtig. Eine Mikrophontaste am Handapparat schaltet das Mikrophon nur im gedrückten Zustand ein, wodurch Raumgeräusche voll-

Abb. 133. Außensprechstelle einer Befehlsanlage mit Wechselstromwahl. Der Beikasten (Kappe abgenommen) enthält u. a. ein Wechselstromrelais, zwei Gleichstromrelais und ein Wählerrelais. Der Fernsprecher hat Ruftaste und Schauzeichen.

kommen von der Leitung ferngehalten werden können und die Übertragungsgüte eines Gesprächs durch neu hinzutretende Sprechstellen nicht verschlechtert wird. Der Relaisbeikasten enthält die für den Anruf erforderlichen Schaltungsteile (Relais, Wählerrelais usw.).

Stromstoßgabe. Zur Stromstoßgabe werden von der Befehlstelle aus Wechselstromzeichen auf die Leitung gegeben.

Die Wechselstromzeichen werden in den Außensprechstellen von Wechselstromrelais (vgl. Abb. 59) aufgenommen, die das Weiterschalten der Wählerrelais veranlassen. Die Wählerrelais benötigen für einen Umlauf von Nullstellung zu Nullstellung 36 Schritte. Diese 36 Schritte werden für jeden Anruf (Einzel- oder Gruppenruf) einmal zurückgelegt.

Bei einem Einzelruf sind drei zusammenhängende Stromstoßreihen zu unterscheiden: Auswahl der gewünschten Außensprechstelle; Weiterschalten bis zur Rufstellung; Weiterlaufen in die Nullstellung. Zwischen diesen Stromstoßreihen liegen kurze Wahl- und Rufpausen (s. später).

	Vorzeichen	1. Stromstoßreihe (= Auswählen der gewünschten Stelle)	Kurze Wahlpause	2. Stromstoßreihe (= Weiterschalten in die Rufstellung)	Rufstellung und Rufpause	3. Stromstoßreihe (= Rufabschaltung und Weiterschalten in die Nullstellung)
Tasten im Tastenpult (Befehlsstelle)	—	$T_1 \ldots T_{18}$	T_{18}	$T_{18} \ldots T_{30}$	—	
Drehwählerkontakte (Befehlsstelle)	0 1	2 ... 19	19	19 ... 31	32 ... 42	43 44 45 46 47 ... 51 0
Wählerrelais-Kontakte (Außensprechstellen)	0 1	2 ... 19	19	19 ... 31	32 ← → 32	33 34 35 0 0 ... 0 0
Außensprechstellen	—	$A_1 \ldots A_{18}$	A_{18}	$A_{18} \ldots A_{30}$	—	

Abb. 134. Anruf zur Außensprechstelle A_{18} einer Befehlsanlage mit Wechselstromwahl.

Die Stromstöße werden in der Wähleinrichtung der Befehlstelle durch das Wechselspiel einer Relaiskette veranlaßt; Länge der jeweils auszusendenden Stromstoßreihen und Länge der eingelegten Pausen werden von einem Drehwähler bestimmt, der bei jedem Anruf die gedrückte Taste feststellt. Dieser Drehwähler legt von Nullstellung zu Nullstellung 52 Schritte zurück. Für jeden Anruf, einerlei ob Einzel- oder Gruppenruf, ist nur *ein* Umlauf des Drehwählers erforderlich.

Einzelrufe von der Befehlstelle aus. An der Befehlstelle wird die Anruftaste der gewünschten Außensprechstelle (z. B. 18) gedrückt. Dadurch wird zuerst ein „Vorzeichen" und danach die Wahlreihe selbst (z. B. 18 Stromstöße) gesendet. Diese erste Stromstoßreihe ist beendet, wenn der Drehwähler den Kontakt erreicht hat, der mit der gedrückten Taste verbunden ist. Ist die Taste 18 gedrückt, so stehen der Drehwähler in der Befehlstelle und die Wählerrelais sämtlicher Außensprechstellen auf dem 19. Schritt (= Vorzeichen + 18 Wechselstromstöße; vgl. Abb. 134). Dies ist in der gewünschten Außensprechstelle die Anrufstellung, in der dort der Stromkreis für das Rufen während der nachfolgenden kurzen Wahlpause vorbereitet wird. Danach schaltet die anschließende zweite Stromstoßreihe die Wählerrelais aller Außensprechstellen weiter bis auf den 32. Schritt. In dieser Stellung wird in allen Außensprechstellen die Ortsbatterie an den Rufstromkreis gelegt; lediglich in der gewählten Sprechstelle (bei Gruppenruf in allen gewählten Sprechstellen; s. später) ist der Rufstromkreis jedoch so weit vorbereitet, daß der Gleichstromruf zustande kommt. Die Ruflänge ist auf Grund der betrieblichen Erfordernisse auf etwa zwei Sekunden festgelegt. Die Länge dieser Rufpause wird durch den Drehwähler der Befehlstelle bemessen, der verlangsamt von Schritt 32 auf Schritt 42 weiterschaltet, ohne daß Stromstöße auf die Leitung hinausgehen. Erst mit dem Weiterschalten in Stellung 43 beginnt die Stromstoßgabe wieder, durch die die Wählerrelais aller Außensprechstellen in die Nullstellung gelangen. Die nach dem Erreichen der Nullstellung noch eintreffenden Stromstöße [Schritt 47...51 und 52 (= 0) des Drehwählers] wirken nicht mehr auf die Wählerrelais ein.

An der angerufenen Außensprechstelle wird abgehoben, und es kann gesprochen werden. Die für die Anrufvorgänge erforderliche Zeit beträgt nur wenige Sekunden.

In den Außensprechstellen wird der Rufstromkreis entweder während des betreffenden Stromstoßes (Schließungszeit des Wechselstromrelais) oder innerhalb der Stromstoßpause (Öffnungszeit des Stromstoßrelais) vorbereitet. Dadurch hat man die Möglichkeit, im Verlauf der vorgesehenen 30 Wahlschritte 60 Außensprechstellen auszuwählen, also den Anruf in der kürzesten Zeit und auf wirtschaftlichste Weise vorzunehmen.

Gruppenruf von der Befehlstelle aus. Sollen mehrere Außensprechstellen, z. B. 5, 8, 15 und 21, angerufen werden, so ist zuerst die Anfangstaste zu drücken, die eine „Tastenspeicherung" veranlaßt. Danach sind die Tasten der gewünschten Außensprechstellen und schließlich die Endtaste zu betätigen. Mit der Endtaste wird die Tastenspeicherung aufgehoben, und die Stromstoßgabe beginnt.

Der Drehwähler der Befehlstelle sucht seine Kontaktbank Schritt für Schritt nach gedrückten Tasten ab. Bei jeder gedrückten Taste wird in der beschriebenen Weise die kurze Wahlpause eingelegt, die zur Vorbereitung des Rufstromkreises in der betreffenden Außensprechstelle dient. Im Verlauf eines Wählerumlaufes werden also Wahlpausen beispielsweise auf den Schritten 6, 9, 16 und 22 eingelegt und damit die Sprechstellen 5, 8, 15 und 21 auf den Weckerruf vorbereitet. Während der sich anschließenden Rufpause findet bei allen im Gruppenruf gewünschten Außensprechstellen der Gleichstromruf gleichzeitig statt. Entsprechend können auch mehrere Außensprechstellen in ein bestehendes Gespräch einbezogen werden. Durch einen einmaligen Umlauf von Drehwähler und Wählerrelais ist also der *gleichzeitige* Anruf der Sprechstellengruppe veranlaßt worden.

Anzeige der Wahl- und Rufvorgänge in der Befehlstelle. Der Überwacher muß sich ständig einen Überblick über den Betriebszustand der Anlage verschaffen können. Hat er daher eine oder mehrere Anruftasten gedrückt, so bleiben diese Tasten bis nach der Vollendung des Rufes in dieser Stellung. Am Schluß des Wählerumlaufes springen sie selbsttätig wieder aus ihrer Anruflage zurück. Dem Überwacher wird so bis zur Beendigung des Anrufes angezeigt, welche Außensprechstellen seine Anordnungen entgegennehmen werden. Eine Überwachungslampe leuchtet während der gesamten Zeit, während der die Stromstöße auf die Leitung gegeben werden.

Der eigentliche Ruf wird nicht von der Befehlstelle ausgesendet, sondern es wird innerhalb der Außensprechstelle ein Weckerstromkreis über die Ortsbatterie geschlossen. Der Rufstrom wird gleichzeitig induktiv auf die Leitung übertragen, so daß der Überwacher ihn mithören kann und über die Ankunft seines Anrufes unterrichtet ist.

Rückstellung irrtümlich gedrückter Tasten. Hat sich der Überwacher beim Drücken der Anruftasten geirrt, so kann er mittels einer Irrungstaste die niedergedrückten Tasten wieder auslösen. Dies ist besonders wichtig bei der Zusammenstellung eines Gruppenrufes.

Rufverlängerung. Erscheint dem Überwacher in einem Sonderfall, z. B. bei großer Dringlichkeit, die Rufdauer von zwei Sekunden nicht ausreichend, so kann er durch Drücken der Rufverlängerungstaste die Rufzeit beliebig verlängern. Der Ruf ertönt dann so lange, wie die Taste gedrückt wird. Der Beginn des Tastendruckes ist gleichgültig; er muß lediglich vor Beendigung des üblichen Rufes einsetzen.

Vermeidung von Falschanrufen. In dem verantwortungsvollen Betrieb, für den die Befehlsanlagen geschaffen wurden, könnte ein Falschanruf u. U. schädliche Auswirkungen haben. Unter Falschanruf wird hier verstanden, daß ein Anruf bei einer anderen als bei der Außensprechstelle ankommt, deren Anruftaste gedrückt wurde. Man kann zwar annehmen, daß der Überwacher dies sofort daran erkennt, daß sich eine falsche Außensprechstelle meldet; sicherer ist es jedoch bei der im allgemeinen außerordentlich dichten Anruffolge, wenn durch die verwendete Technik jede Mißdeutung von vornherein vermieden wird.

Es soll also angenommen werden, daß beispielsweise beim Anruf der Außensprechstelle 18 ein Stromstoß nicht über die Leitung gelangt. Die Wählerrelais würden dann nach dem Vorzeichen und 17 (statt 18) weiteren Stromstößen auf dem Kontakt für Außensprechstelle 17 (statt 18) stehen;

dort würde dann fälschlich der Rufstromkreis vorbereitet. Danach werden alle Wählerrelais bis auf Schritt 31 (statt in die Rufstellung 32) weitergeschaltet. Während der hier eingelegten Rufpause ertönt also kein Ruf! Erst beim Weiterschalten der Wählerrelais in die Ruhestellung wird auch der Schritt 32 überlaufen; hierbei schließt sich aber der Rufstromkreis der fälschlich vorbereiteten Außensprechstelle so kurzzeitig, daß kein Anruf in der geschilderten Form zustande kommen kann. Der Überwacher erkennt dies daran, daß die Rückgabe des Rufzeichens ebenfalls unterbleibt.

Anruf von einer Außensprechstelle aus. An der Außensprechstelle wird der Handapparat abgenommen und festgestellt, ob bereits ein Gespräch stattfindet. Hierbei ist es zweckmäßig, die Mikrophontaste (vgl. Abb. 133), mit der das Mikrophon eingeschaltet wird, noch nicht zu drücken. Diese Taste verhindert, wie schon erwähnt, daß störende Raumgeräusche auf die Leitung gelangen und die Übertragungsgüte für bereits bestehende Gespräche durch hinzukommende Sprechstellen verschlechtert wird.

Sind in der Befehlstelle Lautsprecher oder Kopfhörer angeschaltet, so genügt als Anruf der Zuruf eines Kennwortes („Nummer" der Außensprechstelle; „Zentrale" usw.). Wird der Handapparat an der Befehlstelle verwendet, so muß der Anruf optisch (Anruflampe) und akustisch (Wecker) gekennzeichnet werden. Zu diesem Zweck wird an der Außensprechstelle die Ruftaste des Fernsprechers gedrückt (Schleifenschluß).

Soll auf die unterschiedliche Sprechmöglichkeit in der Befehlstelle keine Rücksicht genommen werden, so muß die Anlage entweder für den sog. „phonischen" Anruf eingerichtet sein oder an der Außensprechstelle muß die Ruftaste in jedem Betriebszustand der Befehlstelle gedrückt werden. Bei Verwendung des „phonischen". Anrufes (vgl. auch S. 205) ertönt das Kennwort der Außensprechstelle im Lautsprecher, oder die ankommenden Sprachwechselströme schalten die optischen bzw. akustischen Anrufzeichen (Anruflampe, Wecker) ein. Wird dagegen bei jedem Anruf zur Befehlstelle die Ruftaste gedrückt, so ertönt, wenn der Lautfernsprecher in der Befehlstelle benutzt wird, im Lautsprecher ein Summerzeichen. Dieses Summerzeichen hört der Anrufende ebenfalls bei jedem Tastendruck und erhält so die Bestätigung, daß sein Anruf angekommen ist.

Anzeige der Wahlvorgänge in den Außensprechstellen. Während der Zeit, in der sich die Wählerrelais der Außensprechstellen nicht in der Ruhelage befinden, erscheinen an den Fernsprechern Schauzeichen. Dadurch wird unnötiges Abheben während eines Wahlvorganges vermieden.

Sollte auf Grund starker atmosphärischer Entladungen das Wechselstromrelais einer Außensprechstelle angesprochen haben (Drehschauzeichen erscheint), so meldet die Außensprechstelle dies der Befehlstelle

(Tastendruck), und die Auslösung wird von dort veranlaßt (Drücken der Anfangs- und Endtaste).

Stromversorgung. Die Befehlstelle erhält als Stromversorgung eine 24-V-Batterie. An den Außensprechstellen werden kleine Ortsbatterien von 4 V benötigt, die sich im allgemeinen aus zwei Sammlerzellen zusammensetzen. Diese können entweder in bestimmten Zeitabständen ausgewechselt oder über ein Netzanschlußgerät entsprechend der Stromentnahme aufgeladen werden. Als Stromversorgung für die Außensprechstellen können auch Trockenelemente verwendet werden.

Die für die Wahl erforderliche Wechselspannung von 50 Hz wird in der Befehlstelle über einen geeigneten Transformator dem Wechselstrom-

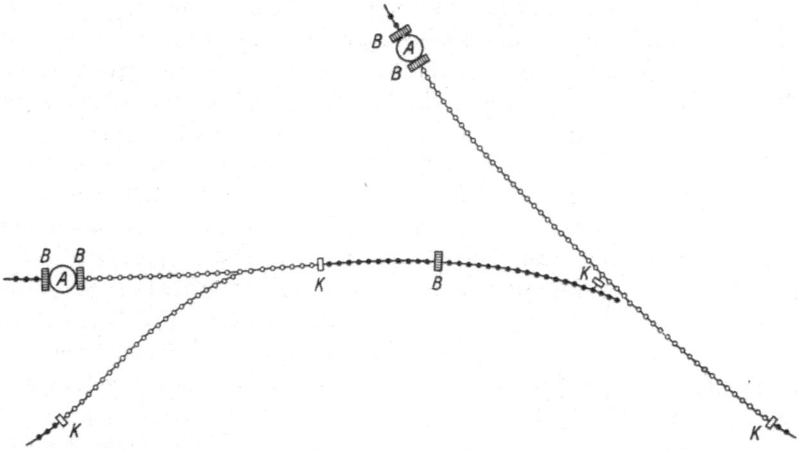

A = Bahnhöfe, B = Befehlstellen, K = Kupplungsübertragungen, ○ ● = Außensprechstellen

Abb. 135. Streckenplan mit mehreren aneinandergrenzenden Befehlsanlagen.

netz entnommen. Dieser Netztransformator ist für den Anschluß an die gebräuchlichen Netzspannungen eingerichtet; er enthält auf seiten der Anlage Anschaltepunkte, denen die erforderliche Spannung je nach Ausdehnung der Anlage entnommen wird.

Um den Betrieb auch für Zeiten eines etwaigen Netzausfalles sicherzustellen, ist als Ersatz ein Einankerumformer vorgesehen. Dieser wird aus der vorhandenen 24-V-Batterie betrieben und während des Netzausfalls für jede Stromstoßgabe selbsttätig angelassen. Setzt die Netzspannung wieder ein, so wird selbsttätig auf Stromentnahme aus dem Netz zurückgeschaltet.

Die für den Lautfernsprecher erforderliche Verstärkereinrichtung ist als Netzanschlußgerät ausgebildet (vgl. Abb. 129).

Kupplungsübertragung. In Verkehrsunternehmungen grenzen u. U. die Befehlsanlagen benachbarter Bezirke aneinander. In diesen Fällen ist ein Verkehr der betreffenden Überwacher untereinander erforderlich. damit wichtige Mitteilungen gegenseitig ausgetauscht werden können, Soll dieser Verkehr nicht über das allgemeine Fernsprechnetz, sondern ebenfalls über die Befehlsanlagen abgewickelt werden, so sieht man zwischen den betreffenden Anlagen Kupplungsübertragungen vor (Abb. 135). Die Kupplungsübertragung wird nach entsprechendem Tastendruck vom Überwacher durch ähnliche Wahlvorgänge belegt, wie sie für den Anruf

Abb. 136. Kupplungsübertragung und zwei Fernsprecher verschiedener Befehlsanlagen in einer Sprechstelle vereinigt.

nach Außensprechstellen geschildert wurden. Die Kupplungsübertragung schaltet daraufhin zur benachbarten Befehlsanlage durch und veranlaßt den Anruf an der anderen Befehlstelle.

Als Verbindungspunkt wird im allgemeinen eine Stelle vorgesehen, die beiden Befehlstellen untergeordnet ist, also Fernsprecher für beide Anlagen hat. Abb. 136 zeigt eine derartig eingerichtete Außensprechstelle; die Kupplungsübertragung befindet sich zwischen den Beikästen der beiden Fernsprecher.

Für die Kupplungsübertragung ist dann keine besondere Stromversorgung erforderlich, da die der beiden Außensprechstellen mitbenutzt werden kann.

Eine unmittelbare Anwahl der Außensprechstellen von einer fremden Befehlstelle aus ist bisher als betrieblich unzweckmäßig nicht vorgesehen worden, da dies von den Verwaltungen als ein u. U. schädlicher Eingriff in den fremden Befehlsbereich gewertet wird.

5. Befehlsanlage mit Induktivwahl.

Ausbau. Die Anlage nimmt neben der Befehlstelle bis 30 Außensprechstellen auf. Die Befehlstelle enthält ein Tastenpult (Abb. 137) mit zugehöriger Wähleinrichtung, Lautfernsprecher (Lautsprecher und Mi-

Abb. 137. Tastenpult der Befehlstelle einer Befehlsanlage mit Induktivwahl.

krophone) und die Verstärkereinrichtung für den Lautfernsprecher. In der Wähleinrichtung (kleiner Wandschrank mit staubsicherem Blechgehäuse, Abb. 138) sind die zur Stromstoßgabe usw. erforderlichen Schaltungsteile zusammengefaßt.

Die Außensprechstellen sind mit Relaisbeikästen und OB-Fernsprechern (übliche Fernsprecherbauart ohne Nummernschalter, Abb. 139) ausgerüstet. Auch hier ist eine Schaltung mit Rückhördämpfung verwendet. Der Relaisbeikasten enthält die zum selbsttätigen Anruf über eine gemeinsame Doppelleitung erforderlichen Relais, Wählerrelais usw.

Stromstoßgabe. Bei der Stromstoßgabe schalten die Empfangsrelais der Außensprechstellen die einzelnen Wählerrelais schrittweise weiter. Je Umlauf führen die Wählerrelais 36 Schritte aus. Bei jedem Anruf (Einzel- bzw. Gruppenruf) werden diese 36 Schritte einmal zurückgelegt.

Jeder Außensprechstelle ist ein besonderer Schritt zugeordnet. Der Wahl- und der Rufvorgang für einen Einzelruf setzen sich aus zwei Stromstoßreihen zusammen. Die erste Stromstoßreihe nimmt die Auswahl der gewünschten Sprechstelle vor. Nach einer kurzzeitigen Wahlpause schaltet die zweite Stromstoßreihe alle Wählerrelais weiter auf den 35. Schritt (Rufstellung); in dieser Stellung wird eine Rufpause eingelegt. Der Ruf, der nur an der bzw. an den gewünschten Außensprech-

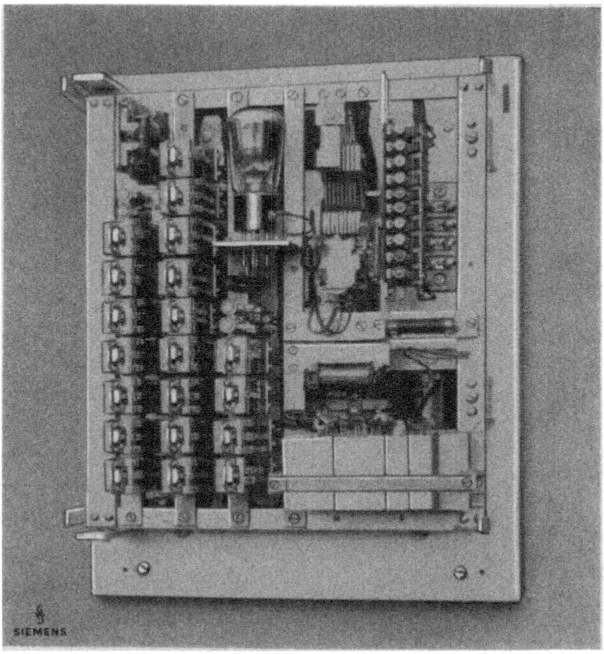

Abb. 138. Wähleinrichtung der Befehlstelle einer Befehlsanlage mit Induktivwahl. Die durch ein staubsicheres Gehäuse geschützte Einrichtung enthält gleichzeitig die Gleichrichterröhre für den „phonischen" Anruf.

stellen ertönt, hört beim Weiterschalten in die Nullstellung, also beim letzten Schritt der Wählerrelais, auf.

In der Befehlstelle entstehen die Stromstoßreihen durch das Wechselspiel einer Relaiskette. Ihre jeweilige Länge sowie die Dauer der eingelegten Wahl- und Rufpausen werden durch einen Drehwähler festgelegt. Dieser Drehwähler überläuft bei einem Umlauf von Nullstellung zu Nullstellung 52 Kontaktlamellen.

Zur Stromstoßgabe wird Induktivwahl benutzt (vgl. S. 94). Durch Unterteilen der Erstwicklung des Stromstoßtransformators entstehen Sendespannungen, die auch für größere Entfernungen ausreichen (vgl.

S. 179). Als Empfangsrelais hat jede Außensprechstelle ein gepoltes Relais (Abb. 63).

Liegen die Außensprechstellen längs mehrerer Strecken, sind also mehrere Doppelleitungen vorgesehen, so veranlassen Umschalterelais selbsttätig, daß die Stromstöße nur auf die in Betracht kommende Doppelleitung gegeben werden.

Abb. 139. Außensprechstelle einer Befehlsanlage mit Induktivwahl.

Zur Stromstoßgabe wird als Stromquelle die 24-V-Batterie der Befehlstelle verwendet. Wechselstrom oder Rufstrom — der Ruf wird auch hier gleichstrommäßig an der gewünschten Außensprechstelle vorgenommen — sind daher nicht erforderlich.

Einzelruf von der Befehlstelle aus. Zum Anruf wird an der Befehlstelle die betreffende Anruftaste gedrückt. Dadurch wird von der Wähleinrichtung zuerst ein Vorzeichen ausgesendet, das die gepolten Relais sämtlicher Außensprechstellen in die Arbeitsstellung umlegt. Anschließend werden dann selbsttätig Wahlstromstöße abgegeben, die jeweils aus zwei einander entgegengesetzten Einzelstromstößen bestehen. Das die Stromstoßgabe veranlassende Wechselspiel der Relaiskette wird unterbrochen, wenn der Drehwähler in der Befehlstelle den Kontakt erreicht hat, der der gedrückten Taste entspricht. Die Wählerrelais aller Außensprechstellen sind währenddessen entsprechend weitergeschaltet worden. In der kurzzeitigen Wahlpause, die sich an die erste Stromstoßreihe anschließt, wird in der gewünschten Außensprechstelle, und nur dort, der Rufstromkreis vorbereitet. Danach wird die Stromstoßgabe fortgesetzt, bis alle Wählerrelais ihren letzten Schritt (35. Schritt, vgl. Abb. 140) erreicht haben. In dieser „Rufstellung“

wird der Rufstromkreis an die Ortsbatterie gelegt; jedoch nur in der gewünschten Sprechstelle ist der Rufstromkreis so weit vorbereitet, daß der Wecker ertönt. Ein Übertrager in dem Weckerkreis gibt den Rufstrom als Summerzeichen auf die Leitung; dies ist für den Überwacher die Rückmeldung, daß der Ruf stattfindet. Die Rufdauer ist auf etwa zwei Sekunden bemessen. Diese Zeit wird durch den Drehwähler der Befehlstelle festgelegt, der 13 Schritte verlangsamt weiterläuft, ohne daß dabei Stromstöße auf die Leitung gegeben werden. Nach Ablauf der Rufpause werden die Wählerrelais in die Nullstellung weitergeschaltet; der Ruf bricht ab, und die Sprechverbindung kann aufgenommen werden. Die gesamten Schaltvorgänge für einen Anruf umfassen nur wenige Sekunden.

Die Wählerrelais haben also insgesamt 36 Schritte auszuführen. 30 Sprechstellen sind angeschlossen; zwei Schritte werden für die Rufstellung und zur Rufabschaltung (Nullstellung) benötigt. Die übrigbleibenden Schritte sind als „Raststellen" zwischen die Anschlüsse der 30 Außensprechstellen eingestreut.

	Vorzeichen	1. Stromstoßreihe, Wahlpause und 2. Stromstoßreihe (entsprechend der gedrückten Taste)							Rufstellung, Rufpause und Rufabschaltung	
Tasten im Tastenpult (Befehlstelle)	—	$T_1 \ldots T_9$	Raststellung	$T_{10} \ldots T_{18}$	Raststellung	$T_{19} \ldots T_{27}$	Raststellung	T_{28} T_{29} T_{30}	—	—
Drehwählerkontakte (Befehlstelle)	0 1	2 … 10	11	12 … 20	21	22 … 30	31	32 33 34	35 36 37 … 49	50 51 0
Wählerrelais-Kontakte (Außensprechstellen)	0 0	1 … 9	10	11 … 19	20	21 … 29	30	31 32 33	34 35 ←→ 35	0 0 0
Außensprechstellen	—	$A_1 \ldots A_9$	—	$A_{10} \ldots A_{18}$	—	$A_{19} \ldots A_{27}$	—	A_{28} A_{29} A_{30}	—	—

Abb. 140. Zusammenhang zwischen Tasten, Kontaktlamellen (Schritte des Drehwählers und der Wählerrelais) und Außensprechstellen in Befehlsanlagen mit Induktivwahl.

Sie ermöglichen es, die Anlage ohne die Einrichtungen der Befehlstelle mit einer Behelfseinrichtung zu betreiben, an der dann die Wahlstromstöße mit einem Nummernschalter über einen Stromstoßtransformator abzugeben sind. Da mit dem Nummernschalter nur Wahlreihen von höchstens 10 Stromstößen erzeugt werden können, sind für den Umlauf der Wählerrelais die genannten Raststellen erforderlich. Ihre Lage ist aus Abb. 140 ersichtlich. Die Außensprechstelle 19 z. B. würde bei einem derartigen Notbetrieb durch Wählen der Nummer 001, die Außensprechstelle 30 unter der Nummer 0003 erreichbar sein.

Gruppenruf von der Befehlstelle aus. Bei gleichzeitigem Anruf mehrerer Außensprechstellen hat der Überwacher zuerst eine Anfangstaste zu drücken, durch die eine „Tastenspeicherung" veranlaßt wird. Danach werden die Anruftasten der gewünschten Außensprechstellen und anschließend die Endtaste betätigt. Durch das Drücken der Endtaste wird die Tastenspeicherung aufgehoben und der Wahlvorgang eingeleitet.

Der Anrufvorgang entspricht im großen und ganzen dem beim Einzelanruf. Der Drehwähler der Befehlstelle sucht seine Kontaktbank nach gedrückten Tasten ab. In jeder Stellung, die einer gedrückten Taste entspricht, wird eine kurze Wahlpause eingelegt, während der in der betreffenden Außensprechstelle der Rufstromkreis vorbereitet wird. Im Verlauf der Stromstoßgabe, d. h. bei einem einmaligen Umlauf des Drehwählers bzw. der Wählerrelais, sind also alle gewünschten Außensprechstellen für den Anruf vorbereitet und werden am Schluß während der Rufpause gemeinsam gerufen. In ähnlicher Weise können auch mehrere Außensprechstellen in ein bestehendes Gespräch einbezogen werden.

Anzeige der Ruf- und Wahlvorgänge in der Befehlstelle. Die vom Überwacher gedrückten Anruftasten bleiben bis zur Beendigung des Wahlvorganges in ihrer Arbeitsstellung; sie springen selbsttätig wieder in ihre Ruhestellung zurück, wenn der Drehwähler seinen letzten Schritt ausführt. Während des Verlaufs der Stromstoßgabe sind dem Überwacher also die von ihm angerufenen Sprechstellen gekennzeichnet. Die Dauer der Stromstoßgabe wird ihm ferner durch ein Schauzeichen angezeigt. Ist das Schauzeichen in Ruhe, so bedeutet dies, daß die Einrichtung für die Aussendung neuer Stromstoßreihen bereit ist.

Der eigentliche Ruf wird an den betreffenden Außensprechstellen selbst erzeugt, indem ein Gleichstromwecker an die Ortsbatterie gelegt wird. Gleichzeitig wird der Ruf als Summerzeichen auf die Leitung zurückgegeben, so daß der Überwacher über die Abgabe des Rufs unterrichtet ist.

Rückstellung irrtümlich gedrückter Tasten. Sind eine oder mehrere Tasten versehentlich gedrückt, so kann dies mittels der Irrungstaste wieder rückgängig gemacht werden. Das Drücken der Irrungstaste wirkt sich sogar noch während der Stromstoßgabe aus; erst wenn die Wählerrelais auf den 35. Schritt geschaltet werden, d. h. erst wenn der Ruf an der Außensprechstelle schon stattfindet, ist die Benutzung der Irrungstaste wirkungslos.

Rufverlängerung. Die Rufverlängerungstaste gibt die Möglichkeit, die Rufdauer über die vorgesehenen zwei Sekunden hinaus beliebig zu verlängern. Der Ruf ertönt dann so lange, wie die Taste gedrückt wird. Der Beginn des Tastendruckes ist nicht festgelegt; der Tastendruck muß nur vor Beendigung der normalen Rufzeit einsetzen.

Vermeidung von Falschanrufen. Ebenso wie bei der Ausführung mit Wechselstromwahl ist bei der Bauart mit Induktivwahl ein Falschanruf technisch unterbunden, d. h. es wird schaltungsmäßig verhindert, daß ein Anruf bei einer anderen als bei derjenigen Außensprechstelle ertönt, deren Anruftaste gedrückt wurde. Wie schon gesagt, sind diese und ähnliche Sicherheitsmaßnahmen bei dem verantwortungsvollen Betrieb und der außerordentlichen Verkehrsbeanspruchung, die zu der Entwicklung dieser Sonderanlagen geführt haben, zweckmäßig.

Sollte also ein Stromstoß zuwenig nach den Außensprechstellen gelangen, so hat dies erstens zur Folge, daß der Rufstromkreis in einer falschen Außensprechstelle vorbereitet wird, zweitens aber gleichzeitig, daß sich deren Wählerrelais während der Rufpause nicht in der Rufstellung befindet. Der Ruf kann also nicht stattfinden. Das Wählerrelais der fälschlich vorbereiteten Außensprechstelle durchläuft vielmehr erst nach der Rufpause ganz kurzzeitig die Rufstellung (35. Schritt), so daß kein Anruf zustande kommen kann.

Anruf von der Außensprechstelle aus. Von der Außensprechstelle aus wird die Verbindung mit dem Überwacher in jedem Falle durch einfaches Abheben des Handapparates und, sofern die Leitung frei ist, durch Hineinsprechen eines Kennwortes (z. B. „Überwachung", „Zentrale" usw.) aufgenommen. An der Befehlstelle ist der Anruf je nach Stellung eines Schalters entweder sofort im Lautsprecher oder im Handapparat bzw. Kopfhörer zu hören oder er schaltet besondere Anrufzeichen ein („phonischer" Anruf). Man kann dabei drei Betriebsfälle unterscheiden.

1. Der Lautfernsprecher ist angeschaltet (übliche Anordnung). Der Anruf ertönt dann sofort im Lautsprecher.

2. Der Anruf ist bei einer anderen Stellung des Schalters im Handapparat oder im Kopfhörer zu hören.

3. In der dritten Stellung des Kippschalters wird bei jedem Anruf über eine Gleichrichterröhre eine Anruflampe eingeschaltet („phonischer" Anruf), auf die durch ein Weckerzeichen (abschaltbar) hingewiesen wird. Die Gitterspannung einer stark negativ vorgespannten Röhre (Aufbau vgl. Abb. 138) wird hierbei durch die ankommenden Sprachwechselströme entsprechend verlagert, so daß ein im Anodenkreis liegendes Anrufrelais erregt wird und die weiteren Schaltvorgänge veranlaßt. Bei dieser An-

rufart erhält der Anrufende ein Summerzeichen zurück, das ihm das Zustandekommen des Anrufes anzeigt.

Verschiedenes. Durch Störspannungen, z. B. atmosphärische Entladungen, können bei Freileitungen u. U. die gepolten Relais umgelegt werden. Dieser Betriebsfall, der höchstens wie ein Vorzeichen wirken könnte, stellt keine Störung für die Abwicklung einer nachfolgenden Stromstoßgabe dar; unerwünscht ist jedoch der dann auftretende Stromverbrauch in der betreffenden Außensprechstelle. Ein in der Befehlstelle dafür vorgesehenes, besonders empfindliches gepoltes Relais veranlaßt daher nach Umlegung sofort selbsttätig ein Auslösezeichen. An jeder Außensprechstelle besteht ferner durch die Aufschaltetaste die Möglichkeit, auch bei umgelegtem gepoltem Relais mit der Befehlstelle in Verbindung zu treten; von dort kann die Auslösung dann von Hand durch Drücken der Rufverlängerungstaste vorgenommen werden.

Auf starkstrombeeinflußten Leitungen können alle Sprechstellen zum Schutz für Benutzer und Einrichtungen abgeriegelt werden. Diese Schutzübertrager werden in der Fertigung z. B. mit 2000 V Wechselspannung geprüft.

Stromversorgung. Die Wähleinrichtung der Befehlstelle wird aus einer 24-V-Batterie gespeist. Für den „phonischen" Anruf wird eine 12-V-Trockenbatterie verwendet. Der Lautfernsprecher ist für Netzanschluß ausgebildet.

Die Außensprechstellen sind sowohl für 4-V- als auch für 6-V-Betrieb eingerichtet. Das Anpassen an die gewünschte Spannung erfordert lediglich das Ein- oder Ausschalten einiger Drahtbrücken. Der 6-V-Betrieb wird nur dann angewendet, wenn diese Spannung, z. B. für einen ebenfalls vorhandenen Wahlruf-Fernsprecher, bereit steht. Im allgemeinen werden Akkumulatorenbatterien vorgesehen, die entweder in bestimmten Zeitabständen ausgewechselt oder über ein Netzanschlußgerät entsprechend der Stromentnahme aufgeladen werden; es können jedoch auch Trockenelemente verwendet werden.

Zusammenfassung.

Die vorstehenden Abschnitte geben einen Überblick über Einrichtungen und Schaltmittel, die bei der Ausrüstung großer Bahn-Fernsprechnetze mit Wählverkehr zur Verfügung stehen. Dabei wurde ein neuzeitliches Schrittschaltsystem zugrunde gelegt, dessen Bauteile und Schaltungsgrundzüge sich in langjährigem Betrieb in öffentlichen Netzen des In- und Auslandes bestens bewährt haben. Seit der Einführung dieses besonders für Bahn-Fernsprechanlagen geschaffenen *Einheitssystems* (1934) wurden zahlreiche Anlagen im In- und Auslande in Betrieb genommen, die alle an das System gestellten Erwartungen voll erfüllten. Dies gilt nicht nur für den Verkehr innerhalb der einzelnen Anlagen, sondern auch für den Selbstwählfernverkehr über große und größte Entfernungen. So werden beispielsweise heute schon durch die Teilnehmer Verbindungen zwischen Sprechstellen vollselbsttätig hergestellt, die 1600 km und mehr auseinander liegen. Allein die dadurch erreichte Schnelligkeit in der Nachrichtenübermittlung ist ganz besonders in einem verantwortungsvollen und lebenswichtigen Betrieb, wie ihn jedes Verkehrsunternehmen darstellt, von einer Bedeutung, die nicht hoch genug eingeschätzt werden kann.

Abkürzungen.

AS = Anrufsucher.
ASLW = Anrufsucherleitungswähler.
ASMW = Anrufsuchermischwähler.
AÜ = Ausgleichsübertrager.
BAS = Blindanrufsucher.
DK = Durchgangskennzeichen, Endverstärker-Durchgangzkennzeichen.
EV = Endverstärker.
FES = Fernleitungsendschaltung.
FGW = Ferngruppenwähler.
FLW = Fernleitungswähler.
G = Gabel
G_A = Gabel auf Seiten der Anlage.
G_L = Gabel auf Seiten der Leitung.
GW = Gruppenwähler.
HU = Hakenumschalter, Gabelumschalter.
KL = Kondensatorleitung.
k_0 = Kontakt des Hebdrehwählers.
LV = Leitungsverlängerung, künstliches Dämpfungsglied.
LW = Leitungswähler.
MK = Mehrfach-Kleingerät für Trägerfrequenztelephonie.
MW = Mischwähler.
N_a = Nachbildung.
N_A = Nachbildung der Anlage.
N_L = Nachbildung der Leitung.
N_{SE} = Nachbildung des Signalempfängers.
nsa = Steuerkontakt des Nummernschalters.
nsi = Stromstoßkontakt des Nummernschalters.
nsr = Überbrückungskontakt des Nummernschalters.
OB = Ortsbatterie.
PGW = Postgruppenwähler.
PLW = Postleitungswähler.
RVW = Rückfragevorwähler.
SE = Signalempfänger.
Sp = Sperre, Sperrglied.
TFT = Trägerfrequenztelephonie.
Tr = Transformator, Stromstoßtransformator.
TS = Teilnehmerschaltung.
Ü = Übertrager.
Ue = Relaisübertragung.
UeWE = Relaisübertragung mit Weichenempfänger.
UeWS = Relaisübertragung mit Weichensender.
UT = Unterlagerungstelegraphie.
UW = Umsteuerwähler.
VW = Vorwähler.
WE = Weichenempfänger.
WS = Weichensender.
ZB = Zentralbatterie.

Veröffentlichungen über Bahn-Fernsprechanlagen.

WIESSNER, A.: Die Fernsprechanlage der Bodensee-Toggenburgbahn. Siemens Fortschr. Fernsprechtechn. 1933 Heft 7/8.

HEYM, A.: Moderne Wahlrufanlagen. Siemens Fortschr. Fernsprechtechn. 1935 Heft 11/12.

WIESSNER, A. u. E. HETTWIG: Der Fernsprechverkehr im Dienste der Reichsbahn. Siemens-Z. 1935 Heft 7.

DOBMAIER, A.: Aus Selbstanschlußtechnik und Selbstanschlußbetrieb. Z. ges. Eisenb.-Sicher.-Wes. 1935 Heft 10, 11, 12.

HETTWIG, E.: Vermittlungseinrichtungen bei den Eisenbahnen. Siemens-Z. 1936 Heft 4.

— Über Bezirksleitungen bei Eisenbahnen. Siemens-Z. 1936 Heft 9.

DOBMAIER, A.: Die Entwicklung der Bahnselbstanschluß- (Basa-) Bezirksfernsprechanlagen. Z. ges. Eisenb.-Sicher.-Wes. 1936 Nr. 11, 12, 13.

HETTWIG, E.: Die Fernsprechtechnik bei Unfällen im Dienste der Eisenbahnen. Siemens-Z. 1936 Heft 10.

— Erleichterungen im Fernsprechverkehr auf Bahnhöfen. Siemens-Z. 1936 Heft 11.

— Fernsprechanlagen bei den Eisenbahnen. Siemens Fortschr. Fernsprechtechn. 1936, Heft 15.

WEIGAND, F.: Die Wahlanruf- und Zugüberwachungsanlage der S. A. Ferrovie Nord, Milano. Siemens Fortschr. Fernsprechtechn. 1936 Heft 15.

HETTWIG, E.: Planung von Eisenbahn-Fernsprechnetzen. Z. Fernm.-Techn. 1937 Heft 2, bzw. Siemens-Z. 1937 Heft 2.

— Aufbau von Eisenbahn-Fernsprechnetzen. Z. Fernm.-Techn. 1937 Heft 3, bzw. Siemens-Z. 1937 Heft 4.

— Kennzahlenvergebung in Eisenbahn-Fernsprechnetzen und Schaltungsmittel im Selbstwählfernverkehr. Z. Fernm.-Techn. 1937 Heft 4, bzw. Siemens-Z. 1937 Heft 5.

— Technik und Aufbau des Siemens-Einheitssystems für Eisenbahn-Fernsprechanlagen. Z. Fernm.-Techn. 1937 Heft 5, bzw. Siemens-Z. 1937 Heft 7.

GRUBRICH, H.: Großzügiger Einsatz von Tonfrequenzfernwahl in einem Verkehrs-Fernsprechnetz. Siemens Fortschr. Fernsprechtechn. 1937 Heft 18.

KEYSER, A.: Wirtschaftliche Gestaltung von Fernsprecheinrichtungen und -netzen für Eisenbahnen. Siemens Fortschr. Fernsprechtechn. 1937 Heft 18.

HETTWIG, E.: Fernsprechen über Gesellschaftsleitungen. Siemens Techn. Mitt. des Fernmeldewerks (Fernsprechgerät) 1937 Bd. Fg 2 Heft 1.

— Technik und Betriebsweise von Befehlsanlagen. Siemens Techn. Mitt. des Fernmeldewerks (Fernsprechgerät) 1939 Bd. Fg. 2 Heft 9.

KIRCH, J.: Bau von Einheits-Bahnselbstanschlußanlagen. Otto Elsner Verlagsgemeinschaft, Berlin 1942.

Sachverzeichnis.

GPSR Compliance

The European Union's (EU) General Product Safety Regulation (GPSR) is a set of rules that requires consumer products to be safe and our obligations to ensure this.

If you have any concerns about our products, you can contact us on ProductSafety@springernature.com

In case Publisher is established outside the EU, the EU authorized representative is:

Springer Nature Customer Service Center GmbH
Europaplatz 3
69115 Heidelberg, Germany

Batch number: 10682323

Printed by Printforce, the Netherlands